Emil Zopfi

# Kilchenstock

*Der Bergsturz in den Köpfen*

Limmat Verlag
Zürich

Umschlagbild von Hans Staub, November 1930
(Schweizerische Stiftung für die Photographie, Zürich)
Foto des Autors von Urs Siegenthaler



ISBN 3 85791 275 8

Das Problem der wirklichen Welt ist, dass wir uns seit Jahrtausenden fragen, ob sie eine Botschaft enthält und ob diese Botschaft einen Sinn hat.

*Umberto Eco, Im Wald der Fiktionen*

# LINTHAL – KILCHENSTOCK

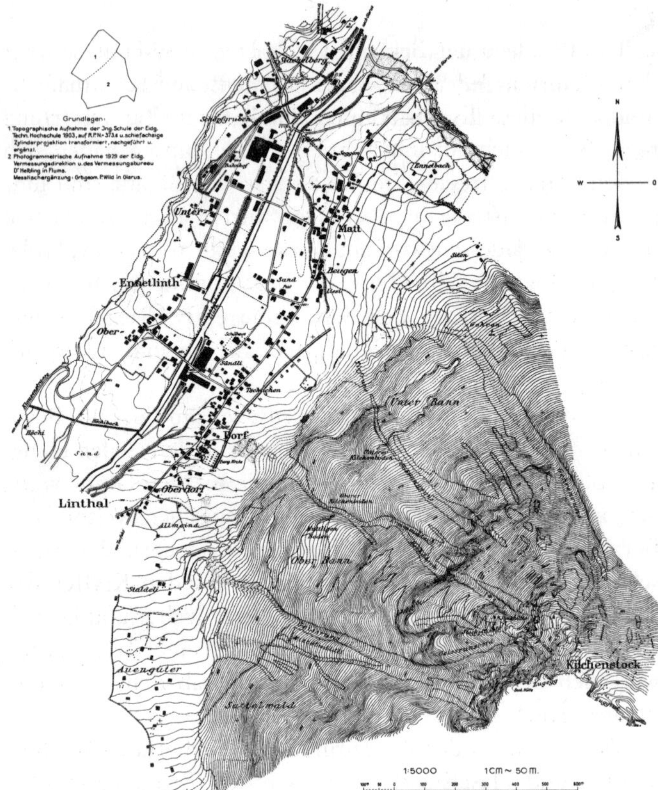

# Aufstieg

Schwarz stand der Berg im Licht. Der alte Mann sass vor dem Haus auf der Bank, zeigte hinauf in den Schatten. «Er kommt wieder.» Es war Sommer, Hitze lag im Tal. Ich schlug mein Notizbuch auf und schrieb. Neue Runsen haben sich in den Hang gefressen, im Wald versteckt, Bäume sind umgestürzt, Fels ist abgebrochen. Der Sturm hat grosse Flächen des Schutzwaldes entwurzelt, Borkenkäfer fressen im Holz. Er hoffe, sagte der alte Mann, der Berg komme nur brockenweise. Unten sei der Fels fest, bilde einen Riegel. Angst habe er nicht. Damals, als Kind, ja, da habe man den Berg gefürchtet.

Es war im Jahr 1283, als die Menschen am Fuss des Bergs eine Kirche bauten, ihr Turm lehnte sich an den steilen Hang, als wolle er die Mächte beschwören, die auf dem Gipfel wohnen, zwischen Erde und Himmel. Im magischen Weltbild der Bergler stand der Turm als Bannzeichen gegen den Berg, schützte vor Lawinen und Steinschlag, vor den Kräften der Zerstörung, die ständig drohten. «Meister Walter und Ulrich, sin son» hiessen die Baumeister, lese ich auf einer Tafel. Ulrich war auch der erste Sigrist. Die Kirche gab dem Berg den Namen: Kilchenstock.

Verloren stand der alte Turm in der wuchernden Wildnis, Weiden und Haselstauden schossen auf, Brombeerstauden rankten über Schutt. Eine Runse zog vom Berg herab, mündete in ein ausgebaggertes Becken. Ich schritt durch die Pforte im Wall, der das Dorf gegen den Berg schützt, ein Bauer schnitt Gras, grüsste knapp. Ich kämpfte mich durchs Dickicht, kletterte über Felsbrocken und Wurzelstöcke. Am Turm blätterte gelblicher Verputz, an der Fassade zeichnete sich noch der Giebel des Schiffs ab, das längst abgebrochen war. Durch eine Öffnung in der meterdicken Bruchsteinmauer kroch ich ins Innere, kühl war es, still, es roch nach Moder und Vergangenheit. Licht fiel durch schmale Scharten in die dämmrige, düstere Leere. Ein neues Dach schützte das nutzlose Gemäuer, bewahrte die Erinnerung vor dem Zerfall. Ich sass auf einem Baumstamm und schrieb.

Linthal, hinterstes Dorf im Tal der Linth, eingeschlossen von Bergen, Ende der Welt. Auf zwei Schuttkegeln am Fuss des Kilchenstocks siedelten die Menschen im Lauf der Jahrhunderte in zwei Weilern, Matt hiess der nördliche, Dorf der südliche. Von jedem führte ein Pfad zur Kirche, die in der Mitte lag, etwas erhöht und geschützt am Berg. Wild mäanderte die Linth im Talgrund, riss häufig Weg und Steg weg. Zum dritten Weiler auf der westlichen Seite, wo der Saumpfad über den Klausenpass anstieg, gab es keine feste Brücke, Ennetlinth gehörte zu Rüti, der nächsten Gemeinde im Tal. Bis die Menschen den Fluss zähmten, in ein künstliches Bett zwangen, eine Brücke ans andere Ufer schlugen. Die drei Weiler wurden eine Gemeinde, wuchsen zum Dorf zusammen. Im Jahr 1879 dampfte die erste Eisenbahn bis ins hinterste Tal, Spinnereien und Webereien standen am Fluss, weiter im Norden erhoben sich die Holztürme der Stoffdruckereien, an denen sich farbige Tücher im Wind blähten. Die Industrie brauchte Bauholz und Brennholz, die bewaldeten Hänge des Kilchenstocks lieferten es. Im Winter schlugen die Bauern die Bäume, trieben die Stämme durch Rinnen und Ritte hinab bis an die Strasse. Der Raubbau rächte sich. Steine rollten durch die Rinnen ins Tal, fielen aufs Kirchendach, prallten an die Friedhofsmauer. Wasser frass sich ins weiche Schiefergestein, trieb Erde und Schutt hinab, riss die Schutzmauern weg, überschwemmte die Wiesen. Geerenruns, Tüfruns, Ätschruns und Geissruns wurden die Runsen in den Bergflanken genannt, die im Laufe der Zeit zu tiefen Schluchten erodierten. Die Anwohner schlossen sich zu Korporationen zusammen, eine für jede Runse, sie stiegen auf den Berg, verbauten in Fronarbeit den Hang, schichteten Steine zu Mauern, Sätz genannt, pflanzten Bäume. Im Jahr 1907 fegte eine riesige Lawine vom Berg, riss Wald und Geröll mit sich. «Der Berg ist erwacht», sagten die Menschen. Ein Jahr zuvor hatten sie das Kirchenschiff abgebrochen und das schlanke Giebeldach des Turms. Zwei neue Gotteshäuser standen im Dorf. Der Bann war gebrochen.

Ich erinnerte mich: das Wort Kilchenstock hatte in meiner Familie einen bitteren Klang. «Mein Grossvater», sagte ich zum alten Mann, «war Bauer im Sand in Rüti, erinnern Sie sich an Sandbalz?» Der alte Mann nickte. Und erzählte. Laub habe man früher geholt am Berg, zum Streuen im Stall. Und Himbeeren seien gewachsen, weit herum berühmt. Das Vieh habe man der Bergflanke entlang zur Alp getrieben, den Weg gebe es heute nicht mehr. «Mein Grossvater musste auswandern», sagte ich. «Der Berg hat ihn vertrieben.»

«Wir hoffen, es werde einmal ein Ende nehmen», sagte der alte Mann.

Ich wollte den Berg besteigen. Heinrich Stüssi erwartete mich vor seinem Haus, den Rucksack auf dem Rücken, in den Händen den Bergpickel. Es war ein klarer Tag, die weisse Wand des Tödi sperrte im Süden das Tal, im Westen flammte die Kalknase des Ortstocks in der Sonne, finster wuchtete im Osten die Pyramide des Kilchenstocks. Wir schritten durchs Dorf, Heinrich Stüssi erzählte. Es war die Zeit der grossen Wirtschaftskrise der dreissiger Jahre, die Fabrikherren kürzten Lohn und Arbeitszeit, die grösste Spinnerei am Ort stellte den Betrieb ein, entliess alle Arbeiterinnen und Arbeiter. Gewerkschaftlich organisiert waren sie kaum und leisteten keinen Widerstand. Die Bauern steckten tief in Schulden, suchten ihr Heil in den nationalen Bewegungen. Und der Berg rutschte und drohte das Dorf zu begraben. Steine und Schlammlawinen stürzten vom Kilchenstock. Geologen hatten einen gewaltigen Bergsturz vorhergesagt, der unvermeidlich kommen müsse.

In steilen Windungen stieg der Weg durch den Wald, über Wurzeln, Steine, feuchtes Laub gewannen wir rasch an Höhe. Die Talsohle lag in der Sonne, die Linth glitzerte zwischen den Buchenstämmen in der Tiefe, das Dröhnen der Autos und Motorräder drang von der Klausenstrasse herüber. Eine zerfallende Steinmauer, von Moos überwuchert, Himbeerstauden, roter Holunder, Erdbeeren, Brennesseln, Farn. Rüstig und mit regelmässigem Schritt stieg Heinrich Stüssi voran, über siebzig war er schon, drahtig gebaut, ein weisshaariger Asket mit dem ernsten Gesicht des Weisen. Lehrer war er gewesen in Linthal, Lokalhistoriker, unermüdlicher Sammler von Geschichte und Geschichten. Wir sprachen wenig, der Aufstieg raubte den Atem, die Gedanken trieben dahin.

Der Weg wand sich durch den Windwurf, den 1991 der Sturm Vivian in die Bergflanke gerissen hatte, die Bäume waren abgesägt, aus den Stümpfen Schutzwehre gezimmert. Über der Kahlfläche hing an einem Transportseil ein Baumstamm, stumm wie ein erhängter Mensch. Zwischen zwei Pfosten war eine Borkenkäferfalle gespannt, ein schwarzer Kasten aus Plastik. Raubbau hatte einst den Berg verletzt, ging mir durch den Kopf. Seither hat der Raubbau globales Ausmass angenommen: Die Erde ist zum Treibhaus geworden, Verkehr und Industrie produzieren Kohlendioxyd und andere Treibgase, welche den Wärmehaushalt der Erde aus dem Gleichgewicht bringen, die Temperatur der Atmosphäre steigt stetig an. Das Eis an den Polen schmilzt, die Meeresspiegel steigen, Flut- und Sturmkatastrophen nehmen zu, in den Bergen taut der Permafrost auf, der die Hänge stabilisiert. Die Natur wehrt sich gegen die Eingriffe der Menschen.

Immer steiler stieg der Hang, Steine rollten unter unseren Füssen in die Tiefe. Zwischen Gebüsch und knorrigem Nadelholz verloren wir die Wegspur. Mühsam zogen wir uns an Stauden in die Höhe, erreichten einen mit Tannen bestandenen Grat zwischen tiefen Schluchten. Wasser rauschte, manchmal fiel ein Stein. Dann brach eine Lichtung unvermittelt die Steilheit der Bergflanke, ihr Boden war mit grossblättriger Pestwurz bewachsen. In ihrer Mitte hatte eine Hütte gestanden, doch sie war zerfallen, vom Schnee zu Boden gedrückt. Der Giebel ragte auf wie Bug und Heck eines gestrandeten Schiffs. Schindeln und Täferbretter faulten, ein verbeulter Kessel, Flaschen, Glasscherben und Bierdosen lagen verstreut, zwischen zerbrochenen Balken moderte altes Heu. Die verrosteten Metallspitzen eines Blitzableiters ragten wie Spiesse aus den Ruinen. «Das war die Stockhütte. Hier hauste der Förster Zweifel den ganzen Sommer und beobachtete den Berg», erklärte Heinrich Stüssi. Zweifel hat auch mein Grossvater geheissen.

Wir setzten uns zur Rast, assen und tranken. Heinrich Stüssi breitete auf dem Waldboden Papiere aus: Pläne, Dokumente, Gutachten, Briefe, Berichte. Ein Foto zeigte den Förster Zweifel, den Pfarrer Friedrich Frey aus Linthal und den Geologen Gabriel Freuler im Sommer 1930 vor der Hütte. Frey ernst, mit Spitzbart, Nagelschuhen, die Krummpfeife im Mund. Zweifel mit dem Filzhut auf dem Kopf, in der Westentasche eine Uhr, Wadenbinden, an einer Kette sein Dackel. Freuler lachte verlegen in die Kamera, leicht gebückt, auf den Bergstock gestützt, den Feldstecher umgehängt. Drei Männer, drei Welten: der Bergler, der Kirchenmann, der Wissenschaftler. «Treue Wächter des Kilchenstockes» stand unter dem Bild.

Heinrich Stüssi sagte: «Pfarrer Frey war 1929 nach Linthal gekommen, aus Interesse für den Berg. Er hat über den Kilchenstock ein Archiv angelegt.»

# Ankunft
## 1929

Der Winter 1928/29 war in Europa der strengste und härteste seit Menschengedenken. Der kälteste Monat war der Februar. Es herrschten in der Schweiz, in Deutschland und andern Ländern am 12. Februar Temperaturen von minus 25 bis minus 30 Grad. Die Seen waren gefroren, auch der Zürichsee. Der Winter kam sehr früh, Linthal bekam schon im Oktober eine hohe Schneedecke und im Auen lagen im November über zwei Meter Schnee.
Am 12. Februar, dem kältesten Tag, trug ich in Sax bei minus 25 Grad meinen gesamten Hausrat durch den langen Pfarrgarten und am 13. Februar zogen wir auf die Reise nach Linthal.
(Erinnerungen von Friedrich Frey)

Friedrich Frey zündet eine Brissago an. Der Fahrer beugt sich über das Lenkrad, wischt mit der Hand über die beschlagene Windschutzscheibe. Seine Hände sind blau, die Nase tropft. Sturmböen peitschen Schnee über die Passhöhe des Ricken, es zieht durch Ritzen in die Kabine des Möbelwagens, der Rauch kringelt sich. In einer Wächte rutscht der Lastwagen, ein Schrank schlägt hinter ihnen gegen die Wand. Der Motor stottert. Frey hält seinen Sohn fest, der stumm neben ihm sitzt und den Kopf an seinen Arm lehnt. Dann dröhnt der Motor wieder regelmässig, leise klirren die Schneeketten. Die Strasse fällt ab gegen Süden.

«Folgen die andern?» fragt Frey.

Der Fahrer schaut in den Rückspiegel und nickt. Jetzt liegt die Linthebene vor ihnen, eine verschneite Fläche, da und dort ein Haus, eine Torfscheune, in der Ferne der Zürichsee. Im Süden verhüllt sich das Tal der Linth mit Schneewolken.

«Der See ist zugefroren», sagt der Fahrer.

Frey nickt. Er kaut am Stummel der Brissago.

«Sie fahren sogar mit Automobilen auf dem Eis herum.»

Frey gibt keine Antwort. Schaut hinab in die Ebene, die vor im liegt ohne Form, ohne Kontur. Wie unsere Zukunft, denkt er. Er hat etwas aufgegeben. Die angenehme Pfarrei in einem weiten Tal. Das Pfarrhaus am Sonnenhang. Liebe Menschen. Ein rechtes Gehalt. Und noch etwas hat er zurückgelassen: Emma, die erste Frau, die Mutter seines siebenjährigen Sohnes und dreier Töchter. Die Mädchen sitzen mit Gertrud, der Stiefmutter, im Taxi, das ihnen folgt, zugedeckt mit Wolldecken, Wärmeflaschen an den Füssen. Auf ihrem Schoss hält Gertrud ihr erstes Kind, wieder eine Tochter, drei Monate alt. Für Frau und Kinder ist es eine Reise in eine neue Welt. Er selber kehrt heim, er ist in Glarus aufgewachsen, in Netstal bei Pfarrer Thürer Vikar gewesen. Nach dem Tod von Emma hat er eine neue Aufgabe gesucht, sein Vater hat ihm von Linthal erzählt. Das Dorf findet keinen Pfarrer. Alle haben Angst vor dem Berg, der droht. Das Pfarrhaus steht direkt am Fuss des Kilchenstocks, von dem es heisst, er werde schon bald auf das Dorf stürzen, es begraben wie einst Elm. Frey liebt die Natur, die Berge, er vertraut auf Gott, nach einem Besuch in Linthal hat er sich für die Aufgabe entschieden. Wenn Gertrud fragt, beruhigt er sie. «Ich werde den Berg nicht aus den Augen lassen», hat er ihr versprochen.

Der Fahrer haucht in die Hände. In der Kabine ist es so kalt, dass sein Atem kondensiert. Sie haben die Bise im Rücken, kommen gut voran. Die Berge rücken zusammen, ihre Spitzen sind im Nebel versteckt, die Wände weiss, nur da und dort tritt grauer Fels hervor. Fronalpstock, Schild, die Wiggiswand, der Glärnisch, der im Schnee wie ein Himalayariese aussieht. Einmal müssen sie einem Pflug ausweichen, den vier Pferde ziehen. Schellen tingeln, leise rieselt körniger Schnee.

Ohne Halt fahren sie durch Glarus, die breiten Fassaden der Kantonshauptstadt kommen Frey seltsam fremd vor, obwohl er hier gewohnt hat und zur Schule gegangen ist. Verhörschreiber und Staatsarchivar ist der Vater gewesen, die Mutter ist eine Glarnerin, eine Blumer. «Einer meiner Söhne sollte ein Amt im Glarnerland annehmen», hat ihn der Vater gedrängt, der Bruder ist Pfarrer im Appenzellischen.

Frey bietet dem Fahrer eine Brissago an.

«Danke, ich rauche nicht.»

«Recht so», sagt Frey, «ich rauche, dafür trinke ich nicht. So hat jeder sein Laster.»

Ein eigenartiger Gedanke geht im durch den Kopf, während er mit dem aufflammenden Strohhalm die Brissago anzündet. Die letzte Hexe, die in Glarus geköpft worden ist, im Jahr 1782, war ebenfalls aus Sax ins Tal gekommen, Anna Göldi hatte sie geheissen. Als Fremde war sie ein Opfer politischer Intrigen der gnädigen Herren geworden. Ein leiser Schauder fährt ihm über die Haut. Emma war auch eine Göldi gewesen. Wie werden sie uns aufnehmen, als Fremde oder als Eigene? Dann fasst er sich wieder. Er ist nicht abergläubisch, er ist Theologe, und zudem steht er mit beiden Beinen auf dem Boden. Die Grippe hat Emma vor zwei Jahren dahingerafft, zehn Monate später hat er Gertrud geheiratet, die Kinder brauchen eine Mutter.

Doch er musste weg aus dem Pfarrhaus von Sax, jeder Winkel in Haus und Garten hat ihn an Emma und an ihre wenigen gemeinsamen Jahre erinnert. Linthal, das ist die neue Aufgabe, sagt er sich wieder. Das Dorf am Ende des Tals, das Dorf am Ende der Welt, das verlorene Dorf am Fuss des Berges, der droht. Die Gemeinde ist bettelarm, die Fabriken in der Krise. Die Linthaler stehen im Ruf, nicht sehr kirchlich gesinnt zu sein. Gerade deshalb brauchen sie einen Pfarrer, der ihnen beisteht in der Not, der ihnen Selbstvertrauen gibt und Kraft und Hoffnung. Friedrich Frey hat sich entschlossen, ein Opfer zu bringen.

Die Dämmerung fällt als düsterer Schleier ins Tal, der Weg ist weit gewesen. Ein paar Häuser säumen die Strasse, eine Wirtschaft, die katholische Kirche, das Hotel Adler. Da und dort steigt Rauch aus dem Kamin, die Fenster sind spärlich beleuchtet, nirgends ein Mensch. Beim Raben, einem Hotel mit Metzgerei, verzweigt sich die Strasse, steigt an zur reformierten Kirche. Der Fahrer hält an. Frey steigt aus, streckt seine Glieder, sie sind steif vom langen Sitzen. In seinem Bart hängen kleine Eiszapfen. Der Stummel der Brissago fällt in den Schnee. Er atmet tief. Dann hebt er den Buben vom Sitz, stellt ihn auf den Boden. Aus dem Taxi steigen die Töchter, die Frau mit dem Jüngsten auf dem Arm, das dick in Decken gehüllt ist. Sie schaut ihn an.

Er nickt. «Da wären wir also.»

Das Pfarrhaus steht breit und grau an der Strasse. Dahinter steigt die bewaldete Bergwand steil an, verliert sich im Nebel. Schwer lastet der Schnee auf den Tannen.

«Wir sind angekommen», sagt Frey nochmals, wie um sich selber zu überzeugen. «Da ist unser Haus. Da die Kirche. Da hinten der Kilchenstock.»

Die Mädchen freuen sich, werfen Schneebälle. «Wir dürfen auf dem Boden schlafen, auf den Matratzen!» ruft Bethli, die Älteste.

Der Fahrer löst die Plane des Zügelwagens. «Dann wollen wir also.»

«Das ist also der Berg», sagt Gertrud leise.

«Ja», sagt Frey. «Du brauchst keine Angst zu haben. Im Winter schläft er.»

Ein Mann kommt die Dorfstrasse herab, die Hände in den Hosentaschen, die Zipfelkappe in der Stirn. «Herr Pfarrer, guten Abend.»

Er streckt Frey die Hand hin. Sie kennen sich.

«Dann ist das die Frau Pfarrer. Schiesser, Kirchenpräsident. Willkommen in Linthal.» Ungeschickt zieht er seine Zipfelmütze vom Kopf, stülpt sie gleich wieder auf.

Der Fahrer hat die Plane hochgerollt und steht auf der Brücke. Sie beginnen den Hausrat ins Pfarrhaus zu tragen.

---

Über die Gefahr der Bewegungen am Kilchenstock wird aus Linthal gemeldet: Tatsache ist, dass der Beobachtungsdienst bisher keine wesentlichen Veränderungen in der Gefahrenzone festgestellt hat. Immerhin wird die Situation eigenartig beleuchtet durch das Gesuch eines Industriellen in Linthal, der bei der glarnerischen Regierung eine halbe Million Franken Schadenersatz nachsuchte für den Fall, dass sein Betrieb früher oder später durch einen Felssturz Schaden nehmen sollte. (Zürcher Post, 31. Dezember 1928)

Warm und feucht ist die Luft im Spinnsaal, die Scheiben tropfen. Heinrich Sigrist schreitet durch den Gang zwischen den Garndrosseln, die Spindeln pfeifen, die Getriebe dröhnen, der Lärm der Maschinen ist Musik in seinen Ohren. Seit dreissig Jahren lebt er mit ihnen, riecht das warme Öl, atmet den Baumwollstaub, spürt ihr Vibrieren, ihre Kraft, elf Stunden am Tag, zehn am Samstag. Hilfsarbeiter war er mit fünfzehn, dann Aufstecker und Ansetzer, Drossler an der Ringspinnmaschine, später wechselte er in die Weberei nach Ennenda, die auch Bebié gehört, er ölte Webstühle, arbeitete sich vom Handlanger hoch zum Weber. Nach einem Krach mit dem Meister kündigte er und bewarb sich wieder in Linthal. Doch Bebié sperrte ihn für vier Jahre aus: «Deswegen läuft man nicht fort.» Das war eine Lektion. Heinrich Sigrist hat gelernt: lieber den Lärm der Maschinen als die Stille des Hungers, lieber Arbeit als Stempeln.

Da steht eine Spindel still, der Faden ist gerissen. Er greift sich die Enden, verknotet sie, seine Finger sind grob, doch geschickt, der Spinnring flirrt wieder um die Spule, zwirnt sie voll mit dem Garn, das Rohstoff ist für Tuch und Kleidung, die den Menschen vom Tier unterscheidet. Garn wird es immer brauchen, solange es Menschen gibt, sagt sich Sigrist. Doch die Maschinen drehen immer schneller, eine einzige Arbeiterin bedient immer mehr Spulen, die Hetze nimmt zu. In England stehen eine Million Menschen auf der Strasse, in Deutschland eine halbe, schon vierhundert Arbeitslose stempeln im Kanton.

Zwei Spinnerinnen biegen um die Maschine, schieben Holzkisten auf Schienen, die den Drosseln entlanglaufen. Sie ziehen die gefüllten Spulen von den Spindeln, stecken neue auf, während die Spindeln weiterdrehen, die Hände der Frauen fliegen, als seien sie Maschinenteile, sie verrichten ihre Arbeit mechanisch, fast ohne hinzusehen, und schwatzen dazu. Ihre Stimmen gellen durch den Lärm, auf den Kopftüchern liegt Baumwollstaub wie Schnee.

«Mach Platz, Heiri», ruft ihm Fämi zu.

«Ein Faden ist gerissen», sagt Sigrist. «Musst besser aufpassen.»

«Pass du auf, dass wir dich nicht gleich in die Kiste pakken.» Sie packt ihn am Ellbogen, schiebt ihn zur Seite.

Die Frauen lachen. Sigrist schaut ihnen zu, unter den Arbeitsschürzen zeichnen sich ihre breiten Hüften ab, es sind starke Bauerntöchter.

«Hast du das gelesen?» Fämi klaubt einen Zeitungsausschnitt aus ihrer Schürzentasche. Er ist zerknittert und voller Ölflecken. Sigrist kneift die Augen zusammen, das Licht ist schlecht.

«Wo hast du den her?»

«Mein Schatz hat ihn geschickt. Aus dem Züribiet.»

Sigrist liest. Der Bergsturz, wieder einmal. Schon lange redet man davon. Er glaubt nicht daran. Der Berg steht tausend Jahre, er wird wohl die nächsten hundert noch stehen.

Er liest, dass ein Industrieller aus Linthal Schadenersatz fordere vom Kanton, falls ein Felssturz auf die Fabrik falle.

«Das ist der Alte», sagt Fämi. «Es steht hier zwar kein Name.»

«Vielleicht ist es der Kunz», sagt die andere Drosslerin. «Die Fabrik gehört Juden, heisst es.»

«Gewiss nicht, der Kunz im Ennetlinth ist zu weit weg vom Berg, auch der Schuler in Rüti. Es kann nur unsere Fabrik gemeint sein. Albert Bebié ist ja selber schon nach Zürich gezügelt, letztes Jahr. Der hat Schiss.»

«Wegen seinen Kindern, heisst es, nicht wegen dem Berg. Die gehen dort zur Schule», wirft Sigrist ein.

«Warum können sie nicht hier zur Schule, wie alle andern?»

«Sieben Kinder. Da müssten wir ja das Schulhaus vergrössern», lacht Fämi. Dann wird ihr Gesicht ernst. «Glaubst du auch, dass der Kilchenstock kommt, Heiri?»

Die Frauen hängen ihre Kisten ab, über ihre Gesichter rinnt Schweiss.

Sigrist wiegt den Kopf. «Wir wollen das Beste hoffen.»

Er denkt an den Sonntag vor vier Jahren, als er vom eidgenössischen Turnfest in Genf heimkehrte mit den Kameraden vom Verein. In weissen Turnerhosen, Leibchen, mit Bändern über der Brust und Kränzen, so marschierten sie mit Fahnen, Trommeln und Musik in Zweierkolonne vom Bahnhof her an der Fabrik vorbei durchs Dorf zum Adler, Leute standen an der Strasse und klatschten. Irgendwann am Abend nahm ihn Gabriel Zweifel, der Prokurist, zur Seite: «Du, Bebié will die Weberei schliessen, wegen der Stickereikrise ist der Markt zusammengebrochen.»

Wie erschlagen stand er da, alle Freude war dahin, Angst hatte ihn gepackt.

«Bebié hat angeboten, dich in der Spinnerei weiterzubeschäftigen.» Es war ihm keine Wahl geblieben, er hatte Frau und Kinder. So war er halt Spinner geworden statt Weber. Hauptsache, man hat Arbeit, denkt er. In diesen Zeiten.

---

> Sehr geehrter Herr Pfarrer!
> Es ist mir leider nicht möglich, auf Ihre Fragen eine sichere Antwort zu geben, da ich den Kilchenstock bei Linthal seit Jahren nicht mehr genauer studiert habe und daher über die gegenwärtigen Bedingungen in seiner Gipfelregion nicht genau orientiert bin. Ich kann also nicht sagen, ob ein grösserer, das Dorf gefährdender Abbruch wahrscheinlich ist oder ob das Gestein eher allmählig abbröckeln wird. (Jakob Oberholzer an Friedrich Frey, 28. Januar 1929)

Kaum ein Strahl Sonne dringt über die Berge, die wie aus schwarzem Papier geschnitten rund um das Tal stehen und das Dorf in einen schattigen Kessel sperren. Hinter dem Selbsanft im Süden gleisst Licht. Gertrud hat die Namen der Gipfel gelernt: Der Ortstock im Westen, ein gewaltiger Felsturm, breit und sperrig Kammerstock und Zutreibestock im Süden, eisstarrend der Bifertenstock und ebenso steil und unnahbar der Steinturm des Selbsanft. Zuhinterst dann, wie der Bug eines weissen Schiffes über die andern Gipfel hinausragend, ein Zipfel des Tödi. Der Kilchenstock im Osten ist der niedrigste und nächste, eigentlich gar kein richtiger Berg, von der andern Talseite sieht er aus wie ein verschneiter Sandhaufen. Unbedeutend, harmlos in der Runde der grossen Fels- und Eisgipfel. Doch gerade in diesem Harmlosen schlummerte der Schrecken. Manchmal fällt ihr bei seinem Anblick das Wort vom Wolf im Schafskleid ein, das Böse, das sich unter einem weissen Mantel verbirgt, um dann unvermittelt zuzupacken. Der Schnee im Winter ist das Schafskleid des Kilchenstocks.

Gertrud schneidet mit dem Messer feine Späne von einem Tannenscheit, schichtet sie auf Zeitungspapier, streicht ein Schwefelholz an. Hell flammt das Feuer im Herd auf, verbreitet angenehme Wärme. An den Fenstern wachsen Eisblumen. Sie legt dünne Buchenscheiter nach.

Friedrich betritt die Küche. «Ist der Kaffee fertig?»

Er hält ein Papier in Händen. «Mir ist nochmals der Brief von Oberholzer in die Finger gekommen, beim Einräumen.»

«Oberholzer? Wer ist das?»

«Ein bekannter Geologe, ein grosser Kenner der Glarner Alpen. Doktor Jakob Oberholzer aus Glarus. Ich habe ihn um Auskunft gebeten.»

«Und? Was schreibt er.»

Während er vorliest, setzt Gertrud Wasser auf, holt das Kaffeepulver aus dem Schrank, misst zwei Löffel in den Krug. Sie hört die ruhige Stimme ihres Mannes. Er ist acht Jahre älter, erfahren und klug. Weit ist er schon in der Welt herumgekommen, manchmal erzählt er von Deutschland, wo er im Krieg Verwundete und psychisch Kranke gepflegt hat im Lazarett des Pfarrers Friedrich von Bodelschwingh in Bethel bei Bielefeld. Er kenne, so hat er einmal gesagt, die Abgründe des Lebens. Sie hat Vertrauen in Friedrich und doch Angst.

«Nun kommt das Wichtigste», sagt er. «Doktor Oberholzer schreibt, der Kilchenstock sei nicht etwa ein Schuttberg, sondern bestehe von der Talsohle bis zum Gipfel aus gewachsenem Fels, sogenanntem Flyschsandstein, der so zäh ist, dass man damit Strassen pflastert. Dazwischen allerdings lagert Tonschiefer, wie er auch im Sernftal als Dachschiefer abgebaut werde.»

«Also wie in Elm? Wo der grosse Bergsturz war?» Erschrocken schaut sie ihn an.

«Man kann den Elmer Plattenberg nicht mit dem Kilchenstock vergleichen. In Elm haben die Menschen Raubbau getrieben, haben den Berg ausgebeutet. Aus reiner Habgier haben sie selbst die Stützpfeiler im Bergwerk weggehauen. Und selbst als sich tiefe Spalten öffneten, haben sie weitergemacht und alle Warnungen in den Wind geschlagen.»

«Aber es war derselbe Stein. Schiefer, aus dem die weichen Schiefertafeln und Griffel gemacht werden.»

Er geht nicht auf ihren Einwand ein, liest weiter: «Günstig ist der Umstand, dass die Schichtung im allgemeinen bergeinwärts fällt, weshalb nicht ein grosser Bergschlipf gegen das Tal entstehen kann, wie zum Beispiel bei Goldau.»

Das Wasser kocht. Gertrud giesst es über das Kaffeepulver. Dampf steigt aus dem Krug. Sie wärmt Milch. Frey steht am Fenster, reibt mit dem Daumen ein Loch in die Eisblumen, schaut hinaus. «Die Geologen sind sich uneins», sagt er. «Im letzten Herbst fand eine Konferenz statt in Linthal, mit dem Gemeinderat, dem Regierungsrat, Fachleuten und dem berühmten Geologen Professor Albert Heim aus Zürich. Heim hat vor der grossen Gefahr gewarnt. Andere meinen dagegen, der Berg sei harmlos, er breche, wenn schon, nur in kleinen Stücken ab. Wem soll man glauben?»

Sie erwartet, jetzt werde er vom Glauben sprechen, vom Vertrauen in Gott. Doch zu ihrer Überraschung sagt er: «Ich werde hinaufsteigen, sobald es geht, und mir selber ein Bild machen.»

«Ist das nicht gefährlich?»

«Es gibt einen Weg, sagen die Einheimischen. Und sogar eine Hütte am Berg.»

Sie stellt zwei Tassen auf den Tisch und schenkt ein. Er setzt sich und rührt schweigend den Kaffee.

---

> Hochgeehrter Herr Landammann!
> Als Sie mich vergangenen Sommer um eine Oberexpertise betreffend die Absturzgefahr am Kilchenstock ob Linthal fragten, musste ich leider absagen, weil nach meiner schweren Krankheit 1926 und bei meinem Alter ich eine solche Untersuchungsbegehung nicht mehr zu leisten im Stande bin. Dagegen halte ich denjenigen, der dann mit der Oberexpertise betraut worden ist, der richtigen Beurteilung dieses Falles nicht fähig. Die ganze Sache ist so ernst, eine fürchterliche Katastrophe so wahrscheinlich, dass Schweigen meinerseits mir als ein Verbrechen erschiene. (Albert Heim an Landammann Edwin Hauser, 24. November 1928)

Wenn Albert Heim am Arbeitstisch im Chalet Hagrose am Zürichberg den Kopf hebt, sieht er über den Bäumen den weiten Bogen der Alpen vom Titlis bis zum Tödi, dem klotzigen Berg, der sein Leben als Geologe begründet hat, vor über sechzig Jahren. Als Kantonsschüler modellierte er das Tödimassiv als Relief, der berühmte Arnold Escher von der Linth suchte ihn auf, um das Werk zu begutachten. Er war sein Schüler geworden und nach dem Tod Eschers sein Nachfolger, der jüngste Professor am Polytechnikum und an der Universität in Zürich und bald der bekannteste Geologe der Schweiz. Tempi passati. Nun ist er alt und krank und arbeitet trotzdem noch rastlos, Tag und Nacht beinahe. Er kann nicht schlafen, die Polymyositis peinigt ihn mit furchtbaren Muskelkrämpfen, seine linke Hand ist steif. Zum Glück nicht die rechte, so kann er immer noch schreiben. Und er schreibt und schreibt, und es kommt ihm vor, als hätte er tausend Jahre gelebt, so viele Bilder und Erinnerungen steigen in den schlaflosen Nächten in ihm auf.

Es klopft. Seine Tochter Helene bringt den Tee und die

Post. Er schaut auf, doch ihre Augen weichen aus, wie ein Schatten verschwindet sie durch die Tür. Er wendet sich dem Stapel von Briefen zu. Zu allen möglichen Dingen bittet man um seinen Rat. Da will ein Chemiker aus Bern wissen, ob seine Mutter aus Linthal wegziehen müsse wegen dem «wandernden» Berg. Dem Fabrikanten Bebié habe er scheint's auch empfohlen, zu verkaufen und wegzuziehen. Das erzähle man sich im Dorf, seine Mutter sei beunruhigt.

Albert Heim lehnt sich zurück, legt seine Lesebrille auf den Tisch, blau stehen die verschneiten Berge im Süden. Der Tödi, immer der Tödi, zieht seinen Blick an. Alles hat dort begonnen, vielleicht wird alles dort enden, der Kreis sich schliessen. «Du Tal des Tödi bist vom Tod der Traum», hat der Dichter Karl Kraus geschrieben, im Tierfehd hinter Linthal. Er logierte im abgelegenen Hotel Tödi zuhinterst im Tal und schrieb an seinem Drama «Die letzten Tage der Menschheit».

«Der Berg ist wie eine Krankheit», sagte Albert Heims Frau einmal, als sie noch gemeinsam an dem langen Tisch in der Bibliothek arbeiteten. Marie war die erste Ärztin der Schweiz. Täglich sassen sie viele Stunden da, lasen und schrieben, sprachen wenig, und so zerrann ihr gemeinsames Leben, fast fünfzig Jahre. Marie ist schon ein Dutzend Jahre tot. Sie sagte: «Wie ich zu leidenden Menschen geholt werde, wirst du zu Rutschungen, Tunnel- und Ufereinbrüchen und drohenden Bergstürzen gerufen.»

«Wie der Arzt, so kommt auch der Geologe manchmal zu spät», gab er zur Antwort. In Elm war er zu spät gekommen, im Herbst 1881, nie wird er dieses Schreckensbild vergessen können. Es verfolgt ihn bis in seine Träume. Er sieht den urgewaltigen Schuttstrom vom Plattenberg, welcher die Menschen zerquetscht hat, als wären sie Insekten, die man mit den Schuhen zerreibt, 79 Erwachsene und 37 Kinder. Als er ankam in Elm, irrten noch Katzen und Hühner über den Schutt, suchten ihre Heimstätten und Besitzer. Der Bergsturz hatte alles hinweggefegt, Häuser und Scheunen, das Wasser des

Sernft staute sich. Die Menschen standen vor der Steinwüste, hilflos, erschüttert, grau im Gesicht. «Es darf nie mehr geschehen», hatte er sich damals gelobt.

Und nun droht Linthal dasselbe Schicksal. Wieder ein Berg, der sich bewegt, mit unaufhaltsamer Gewalt, und ein Dorf bedroht. Wieder Menschen, die nicht verstehen und nicht glauben wollen, was geschieht, die sich ihrer Sorglosigkeit hingeben. Und wieder sogenannte Experten, in Wirklichkeit Ignoranten, die beruhigende Phrasen dreschen.

Eine grosse Unruhe hat Albert Heim ergriffen, er studiert die Berichte und Messdaten, die man ihm zuschickt, mehrmals und peinlich genau, versucht sich ein Bild zu machen, auch wenn er nicht mehr hinaufsteigen kann und die Lage am Berg beurteilen. Er vertraut den andern Experten nicht. Oberexperte Hans Schardt? Er hat ihn nie ausstehen können, zwischen ihnen ist noch immer eine Rechnung offen. Schardt ist sein Nachfolger am Polytechnikum, keine Kapazität leider, er hat nicht einmal Geologie studiert, sondern Pharmazie. Eine Schande für den Lehrstuhl! Schardt hat seinen Rat stets in den Wind geschlagen. Warum hat man ausgerechnet ihn als Obergutachter nach Linthal geholt? Es ist ein Affront gegenüber Heim. Als zweiter Gutachter amtet Rudolf Staub, Heims Schüler und vor kurzem zum Nachfolger von Schardt gewählt. Heim hatte diesmal seinen Sohn Arnold für den Lehrstuhl vorgeschlagen, war aber beim Schulrat abgeblitzt. Arnold sei zu alt, befanden die Schulpolitiker. So hat auch seine Freundschaft mit Staub gelitten.

Albert Heim hat immer wieder zur Feder gegriffen und geschrieben, zuletzt an den Glarner Landammann Hauser, vertraulich. Der Kilchenstock sei krank. «Ich entschloss mich deshalb zu beiliegendem Briefe an die Behörden meines geliebten Glarnerlandes. Wollen Sie bitte denselben entgegennehmen. Gewiss wird er für Sie und Ihre Kollegen schwere Stunden bringen. Das liegt aber in der Natur, nicht im Briefe. Für mich ist es noch schwerer. Denn Sie können die Verantwortlichkeit in einem gewissen Masse auf die Geologen abladen, wir aber müssen die unsere selbst tragen.» Der Regierungsrat hat ihm daraufhin unaufgefordert ein Honorar von zweihundert Franken geschickt, eine schöne Geste. Man hört noch auf ihn in Glarus, heisst das. Albert Heim hat das Geld sofort der Gemeinde Linthal weitergereicht. Er braucht es nicht, er ist alt und lebt allein mit seiner Tochter.

Der Tee ist kalt geworden. Heim ist so in Gedanken versunken, dass er ihn vergessen hat. Wie oft hat er kalten Tee getrunken auf seinen unzähligen geologischen Exkursionen? Trauer ergreift ihn, wenn er daran denkt, dass er nie mehr durch seine geliebten Berge wandern kann.

---

> Wir wollen nicht tatenlos dastehen und den Kopf in den Sand stecken. Trotz der bedenklichen Prognose, die uns die Fachleute zum Teil stellen, haben wir immer noch das Recht, auf einen besseren Verlauf der Sache zu hoffen. Auch in unserer Versammlung weilen noch Männer, die, gestützt auf ihre langjährige Erfahrung und eingehende Kenntnis der Verhältnisse am Kilchenstock, die Ansichten der Experten nicht in allen Beziehungen teilen. (Mitteilungen des Gemeinderates Linthal an die Gemeindeversammlung vom 3. März 1929)

Im Pfarrhaus ist im untersten Stock die Gemeindeverwaltung untergebracht, darüber ein Unterrichtszimmer und das Versammlungslokal, Sängersaal genannt. Mit schweren Schuhen steigen Männer die Treppe herauf, grüssen den neuen Pfarrer, treten mit ihm in den Raum, in dem schon einige sitzen und sich mit gedämpften Stimmen unterhalten. Frey zögert, setzt sich dann zuhinterst ans Fenster in eine leere Stuhlreihe. Er kennt erst wenige, eine Woche ist er im Amt. Ab und zu nickt ihm einer zu, murmelt einen Gruss. Die Bauern, die durch die Tür treten, tragen mit Blumen bestickte Kutten, die Hände stecken in den Hosentaschen, der Filz bleibt auf dem Kopf, Pfeife oder Stumpen ragen zwischen Schnauz und Bart hervor. Die meisten gehen leicht gebückt, einige scheinen zu hinken. Ihr Tagwerk ist hart und gefährlich, beim Holzen und beim Heutransportieren mit dem Schlitten gibt es viele Unfälle. Die Arbeiter unterscheiden sich durch ihre Kleidung, Jacke, Hemdkragen, da und dort eine Krawatte oder eine Fliege, eine Uhrenkette hängt an der Weste. Sie schreiten rascher, die käsigen Gesichter sind rasiert. Der Saal füllt sich langsam, Stallgeruch verbreitet sich.

Vorn steht ein Tisch quer, die Gemeinderäte haben Platz genommen. Bernhard Stüssi, Gemeindepräsident und Regierungsrat, blättert geschäftig in einem Aktenordner. Er hat einen Bericht verfasst, vier Seiten mit der Maschine getippt, und darin die Vorgänge am Kilchenstock seit dem ersten Felssturz im Mai des Jahres 1926 in der Geissruns zusammengefasst. Er erwähnt die Messungen, die Begehungen, die Gutachten, die sich widersprechenden Meinungen und Prognosen der Experten. Professor Staub warnt, Professor Schardt beruhigt. «So weit sind wir nun heute. Und was nun?» schreibt der Gemeindepräsident. Was sollen die Bürger tun, wenn die Wissenschaft sich streitet, wie sich die Politiker entscheiden? Die Welt ist aufmerksam geworden, «sensationslüsterne Zeitungsreporter haben sich des Stoffes bemächtigt und verbreiten in der Welt die Kunde, dass unser Dorf von einem Bergsturz bedroht sei».

Pfarrer Frey muss das Lachen verbeissen, als er liest: «Es wird gut sein, wenn die Bewohner des bedrohten Gebietes Wertschriften, Kostbarkeiten dieser und jener Art, vielleicht auch grössere unbenutzte Bargeldbeträge in Sicherheit bringen.» Nichts besitzt er, weder dieser noch jener Art. Nur die Bücher, allein die Bücher sind sein Kapital, Theologie und Wissenschaft. Die Bauern und Arbeiter im Saal sehen auch nicht aus, als ob sie Schätze versteckt hätten in ihren Häusern, Wertschriften und Kostbarkeiten. Bargeld hat in dieser Zeit ohnehin niemand zuviel.

Ein Mann setzt sich neben den Pfarrer, gibt ihm die Hand, «Fritz Zweifel, Coiffeur.»

Die andern halten Distanz, lassen Frey spüren, dass er neu ist im Dorf, ein Fremder, der Pfarrer, eine Respektperson. An seiner Einsetzung vor einer Woche hat er aus dem Johannesevangelium gepredigt. «Gott ist die Liebe, und wer in der Liebe bleibt, der bleibt bei Gott und Gott in ihm.» Die Verkündung der frohen Botschaft sei ihm das wichtigste Anliegen, hat er gesagt. Werden diese Menschen hören? Hat er die richtigen Worte gewählt, jetzt, wo sie ganz anderes bewegt, wo der Berg droht und die Wirtschaftskrise und von Liebe keine Rede ist? Stumm sass die Gemeinde da, die Gesichter zeigten keine Bewegung. Beim Bankett setzte sich Gemeindepräsident Stüssi neben ihn, liess beiläufig ins Gespräch einfliessen: «Es ist hier üblich, dass der Pfarrer die Armenpflege präsidiert und die Schule.» Ämter, die niemand will, weil sie mit viel Arbeit und unangenehmen Aufgaben verbunden sind. Frey hat genickt. Es muss wohl sein, es gehört zum Opfer. Dann hat ihn Stüssi auf den Kilchenstock angesprochen, Frey ist ausgewichen: «Zuerst will ich einmal hinaufsteigen, mit eigenen Augen schauen, was sich dort oben tut.»

«Sie, als Pfarrer?» fragte Stüssi überrascht. «Warum nicht?» hat Frey zurückgefragt. Und gedacht: Gerade ich, als Pfarrer. Von seinem Vorgänger heisst es, er sei vor dem Berg geflohen.

Der Gemeindepräsident tingelt mit einem Kaffeelöffel ans Glas, steht auf, eröffnet mit umständlichen Formulierungen die ausserordentliche Versammlung, begrüsst die Bürger. Begrüsst auch den neuen Pfarrer in der Gemeinde, wünscht ihm Glück und Gottes Segen. Froh sei man, dass man überhaupt einen Seelsorger gefunden habe, in diesen schwierigen Zeiten. Dann liest er den Bericht vom Blatt, langsam und langfädig, die Männer hören zu, über die Tische gebeugt, die Köpfe in die Hände gestützt. Sonntagabend, früh wird das Tagwerk wieder beginnen. Manchmal begleitet die Worte des Präsidenten ein Raunen, ein anschwellendes Murmeln. Dann hält er inne, wirft einen strengen Blick in die Runde. Sofort verstummt das Gemurmel, er fährt fort. Vor zwei Jahren habe der Regierungsrat Messungen angeordnet, die Runsenkorporationen und die drei Tagwengemeinden zu Massnahmen angewiesen im Forstbereich, sie seien nur zum Teil befolgt worden. Solidarität heisse das Gebot der Stunde, die Korporationen müssten zusammenspannen, sich zu einer einzigen vereinigen. «Möge ein gütiges Geschick unsere liebe Gemeinde Linthal vor grösserem Unheil bewahren!»

Er setzt sich, greift nach dem Glas, nimmt einen Schluck Wasser. «S Wort isch frii.» Es ist die alte Formel der Landsgemeinde, die Aufforderung an die Bürger, zur Sache zu sprechen.

Zögernd heben sich Hände, Fragen werden gestellt. Sind Haus und Hof versichert? Das Mobiliar, das Vieh? Wohin, wenn man evakuieren muss? Stimmt es, dass man mit Kanonen hinaufschiessen will wie einst in Elm? Könnte man nicht den Fels mit Bohrlöchern, Schächten, Stollen und Pflaster befestigen, ein Profdssor soll das vorgeschlagen haben? Einige lachen im Saal.

Stüssi antwortet zögernd, er ist kein gewandter Redner. Die Gebäude seien versichert, zu fünfzig Prozent, das Land zu dreissig, das Mobiliar nicht. Für eine allfällige Evakuierung sei man in Kontakt mit dem Militärdepartement, der Kanton lasse die Gemeinde nicht im Stich, schliesslich sei er selber in der Regierung, er stehe dafür gerade. Wichtig sei jetzt, dass sich die Korporationen zum Zusammenschluss finden könnten, «das schöne Wort von Volkssolidarität in die Tat umsetzen».

Ein Bauer in der vordersten Reihe steht auf, eine robuste Gestalt, gross und breit. Frey sieht ihn nur von hinten, der Coiffeur neben ihm flüstert: «Tagwensrat Schiesser Heinrich, der Bauerngeneral.» Jetzt verlange man Opfer von den über zweihundert Anstössern, fast alles Bauern, schmettert er in den Saal, dass fast die Scheiben zittern. «Man hört auf die Professoren aus Zürich, statt auf die Ansässigen, die Alten und Erfahrenen, die den Berg kennen und einhellig der Meinung sind, er komme nicht, und wenn, dann nur in kleinen Rutschen, wie es sie schon immer gegeben hat. Schon im letzten Jahrhundert hat man deshalb Verbauungen errichtet, mit Erfolg.» Mit den «studierten Herren Geologen und Wissenschaftlern» geht er scharf ins Gericht: «Sie lassen sich Wein und Speck auf den Berg tragen, tafeln in der Hütte dort oben und schicken der Gemeinde auch noch gesalzene Rechnungen. Je mehr Angst sie uns einjagen, desto mehr verdienen sie an uns.» Ihre Papierberge seien schon bald höher gewachsen als der Kilchenstock, und der mache trotzdem, was er wolle. «1863 haben unsere Vorfahren die erste Korporation gegründet, an der Geerenruns, und es folgten die Tüfruns-, die Ätschruns-, die Geissrunskorporation, sie haben verbaut, Mauern errichtet, den Berg gezähmt. Die Familien haben Eigentum abgetreten, Frondienst geleistet. Und deshalb sollen die Korporationen weiterbestehen wie eh und je. Mit einem Zusammenlegen werden alte Rechte verletzt. Oder wollen wir etwa alles kollektivieren wie in Sowjetrussland, Kolchosebauern werden, statt freie Schweizer?»

Schiessers Stimme hebt sich, heiser ist er. «Steht der Kilchenstock nicht schon tausend Jahre da? Also wird er wohl noch weitere tausend Jahre stehen bleiben. Gefahr droht unserem Volk von ganz anderer Seite, von den Sozialisten, den Kommunisten, den Juden und Freimaurern, nicht von unseren Heimatbergen! Die einen erdrücken uns mit Wucherzinsen, die andern wollen Grund und Boden verstaatlichen. Dagegen müssen wir zusammenstehen.» Die Bauern klatschen, die Arbeiter schweigen. Die Worte erinnern Friedrich Frey an andere, in Deutschland spricht einer unablässig von einem tausendjährigen Reich, das errichtet werden soll im Abendland, ein Bollwerk gegen alles Fremde und Neue.

Ein Arbeiter ruft: «Der Schiesser Heiri kann gut reden, er wohnt schön geschützt im Auen oben, kann von dort aus zuschauen, wie uns der Berg auf den Kopf fällt. Hat man nicht die alte Kirche aufgeben müssen wegen dem Steinschlag? Tausend Jahre alt war sie nicht, nur siebenhundert.»

Es ist spät, als die Versammlung zu Ende geht, ohne irgendeinen Beschluss gefasst zu haben. Die Männer zerstreuen sich in die Wirtschaften. Still wird es wieder im Pfarrhaus. Friedrich Frey tritt vor die Tür. Über dem Berg geht der

Mond auf, umgeben von einem weissen Ring, einem Halo. Das Licht bricht sich in Eiskristallen hoch in der Atmosphäre. Der Pfarrer betrachtet die Naturerscheinung, bis ihn die Kälte ins Haus treibt.

---

> Es ist aber kein Grund vorhanden, das Schlimmste vorauszusehen. Die Bewegung ist verhältnismässig langsam, und da es sich nicht um einen an seiner Stütze schon geschwächten Fels handelt, wie am Landesplattenberg, so wird, wenn keine besonderen Massnahmen getroffen werden können, sich der Abbruch während langen Jahren nur partienweise vollziehen. (Geologisches Gutachten über die Felsbewegungen am Kilchenstock von Hans Schardt, 17. Dezember 1928)

Der Föhn fegt durchs Tal, unruhig hopsen die Kaninchen in den Ställen hin und her. Heinrich Sigrist öffnet ein Gittertor, packt das Tier an den Ohren und am Leib, hebt es auf eine Holzkiste. Das Kaninchen duckt sich, angstvoll glotzen seine Augen ins Licht. Mit einem Kamm beginnt Sigrist, die Angorawolle von der Haut zu lösen, sie ist verfilzt und von Schmutz verklebt. Er reisst, das Kaninchen zappelt mit den Hinterbeinen. Schneeweiss wird das Wollgarn sein, wenn es gereinigt und gesponnen ist, feine Pullover werden daraus gestrickt für die Kinder der Reichen. Für Sigrist sind die Kaninchen ein Nebenverdienst und ein Osterbraten. Nichts wird dem Arbeiter geschenkt. Ist die Schicht in der Fabrik zu Ende, kommt der Garten dran, die Kaninchen müssen gefüttert und gemistet werden, die Geissen gemolken. Der Föhn treibt Papierfetzen über den Hinterhof, Staub wirbelt. Hoch oben am Berg rumpelt es dumpf, eine Lawine oder fallende Steine. Das Kaninchen ist kahl, an einigen Stellen blutet die Haut. Sigrist stellt es in seinen Käfig zurück, schiebt eine Handvoll Heu nach, schliesst den Riegel.

Als er sich umdreht, steht Fritz Zweifel hinter ihm, der Coiffeur. Breit grinst er: «Wenn ich meine Kunden so kämmen würde wie du deine Kaninchen, käme bald niemand mehr.»

«Die Tiere tun mir leid. Aber es geht nicht anders.»

«Ich würde manchmal gern etwas fester rupfen! Bei dem und jenem, du weisst schon.»

Der Coiffeur streckt Sigrist die gelbe Packung mit den Parisiennes hin, sie rauchen, sprechen übers Wetter. Der Föhn ist ein unerschöpfliches Thema. Die einen haben Kopfweh, die andern Herzklopfen, die dritten hören Stimmen. Zweifel weiss immer den neuesten Dorfklatsch.

Er fragt: «Stimmt es, dass der Bebié den Betrieb schliessen will?»

«Das ist doch nur ein Gerücht.»

«Als Coiffeur hört man dies und das. Meistens ist etwas dran.»

«Niemand weiss Genaues. Viele haben Angst, aber zugeben will es niemand.»

«Du auch?»

Sigrist zerdrückt die Zigarette mit der Schuhspitze. «Ich war schon einmal arbeitslos. Ich weiss, wie das ist.»

«Wenn die Fabriken zumachen, kann ich auch aufhören», sagt der Coiffeur. «Von den Bärten der Bauern kann ich nicht leben.»

«Die Spinnerei Bebié liegt in der Gefahrenzone, so nahe am Berg. Kunz und der Schuler in Rüti werden wohl nicht aufgeben. Irgendwo gibt es immer Arbeit.»

«Arbeit schon, aber nichts zu essen.»

«Im Bericht heisst es doch, einer der Geologen glaube nicht an den Bergsturz.»

«Es war einer aus Glarus bei mir, aus der Verwaltung. Der behauptete, den wollten die andern zum Schweigen bringen. Weil er eine optimistische Prognose stelle.»

«Und warum denn?»

«Warum? Es geht ums Geld. Je grösser die Gefahr, desto mehr verdienen die Experten. Ist doch klar. Der Streiff Heiri hat mir einmal erzählt, wieviel Proviant er den Geologen auf den Berg tragen muss, wenn die Herren ihre Besichtigung machen. So gut essen wir nicht mal an Weihnachten.»

«Trotzdem sind wir auf sie angewiesen. Wer hilft uns denn sonst?»

«Die Bauern hören auf den Schiesser. Der Bauerngeneral ist gegen die Geologen.»

«Es geht ihm doch nur um seinen Einfluss. Er sagt, was die Bauern gern hören, was sie nichts kostet.»

«Immerhin hat er die landwirtschaftliche Genossenschaft gegründet, und die Milchgenossenschaft. Und jetzt heisst es, er wolle einen grossen, nationalen Bauernverband.»

«So etwas wie die deutsche Landvolk-Bewegung etwa? Die wehren sich mit Bombenanschlägen gegen Wucherzinsen und Pfändungen.»

«Ich weiss nicht. Die Bauern und die Arbeiter haben nicht dieselben Interessen. Im Krieg haben sie besser gelebt, und dann sind sie im Generalstreik gegen die Arbeiter marschiert.»

«Und dabei an der Grippe zugrunde gegangen.»

Sie rauchen noch eine Zigarette. Dann geht der Coiffeur wieder. Heinrich Sigrist nimmt sich das nächste Kaninchen vor, schneeweiss und luftig ist seine Wolle. Er denkt: Wie bei den Menschen. Die einen sind so, die andern anders. Die einen schmutzig, die andern sauber. Innen und aussen. Man weiss nicht, woher der Unterschied kommt. Manche sagen, es liege an der Rasse, selbst bei Menschen. Gescheite gebe es, edle von Geburt an, blond die edlen, die Arier, dunkel die Minderwertigen, Zigeuner, Juden, Slawen. Er glaubt nicht daran. Seine Angorakaninchen sind alle von derselben Rasse, und doch ist keines gleich wie das andere, und keines ist besser als ein Blauwiener oder ein belgischer Riese. Gedankenverloren streicht er die Wolle in den Sack, greift sich eine flauschige Flocke, beginnt sie zwischen Daumen und Zeigefinger zu zwirnen. Früher haben die Leute von Hand gesponnen und gewoben, bis die Fabriken kamen. Spinnrad und Webstuhl, Haus und Hof gehörten ihnen, sie waren Herr und Meister, und es war kein Unterschied zwischen Arbeitern und Bauern. Heute gehören die Höflein und Wiesen der Bank, die

Maschinen den Fabrikanten. Alle, die mit den Händen arbeiten, sind abhängig, eine mindere Klasse geworden.

Warum denn nicht selber anfangen? schiesst ihm durch den Kopf. Ein kleiner Betrieb, zwei, drei Webstühle aufstellen, seine Frau ist eine geschickte Weberin. Selber Unternehmer werden, statt nur Kaninchen züchten und ein bisschen Angorawolle produzieren für die feinen Herrschaften. Aber er verwirft den Gedanken gleich wieder, denkt an die Krise, an die steigende Zahl von Arbeitslosen. Wie soll ein Kleiner neu anfangen, wenn die Grossen entlassen und Betriebe schliessen?

---

> Ursprünglich war der obere Teil am Kilchenstock sehr stark bewaldet, was aus Protokollen des Tagwen Dorf hervorgeht. Da kamen 1840/1850 die rücksichtslosen Abholzungen, auch dies geht aus den Protokollen hervor. Durch das rücksichtslose Abholzen erfolgte die Verwitterung in den oberen Partien, dementsprechend stärkerer Murgang, und Grundlawinen setzten ein. (Erinnerung von Rudolf Zweifel, Förster)

Rudolf Zweifel steigt schnell, der Pfarrer folgt ihm, er schwitzt und atmet schwer. Es ist ihm, als seien seine Lungen mit Bleistaub gefüllt. Die genagelten Schuhe kratzen im Takt über Steine, Wurzelwerk und Laub. In gleichmässiger Steigung windet sich der Weg durch den Wald, er ist steil und schmal. Waldi, der braunweisse Dackel des Försters, läuft voraus, streunt durchs Gebüsch, schnuppert im Laub. Zweifel gibt einem Stein, der im Weg liegt, einen Tritt. Er kollert den Hang hinab, verschwindet mit immer weiteren Sprüngen in einer Rinne. «Hier haben sie früher Holz hinabgeschlittet im Winter, die Stämme sind fast von selber bis vor die Haustür gerutscht. Unsere Vorfahren haben den Berg geplündert. Dann kamen die Lawinen, die Steine, man musste verbauen.»

Frey bleibt stehen, greift sich die Pfeife aus dem Hosensack, stopft sie bedächtig. Er schaut ins Tal, die Wiesen und Felder sind schneefrei, aber noch braun. Die Häuser stehen der Strasse entlang aufgereiht wie Perlen an einer Kette, um die zwei Kirchen scharen sie sich dichter, als ob sie Schutz suchten. Am Fluss die zwei Fabriken, Bebié am rechten Ufer, ein weisser Klotz mit Dachaufbauten wie eine Burg, im Ennetlinth beim Bahnhof die Spinnerei Kunz. Dahinter am Hang das alte Kurhaus im Stachelberg, im Krieg Konkurs gegangen. Jetzt gehört es den Besitzern der Spinnerei Kunz, den Gebrüdern Wolf aus Stuttgart. Saaten und Wiesen dehnen sich vom Dorf bis an den Fuss des Kilchenstocks, gegen den Berg geschützt durch Trockenmauern, zwei Mauern trennen die Pfarrhoschet mit Apfelbäumen und einer Gruppe mächtiger Ahorne vom übrigen Land.

Er klopft die Pfeife an einem Buchenstamm aus. «Was meinen denn Sie zum Berg?» fragt er den Förster, um das Schweigen zu brechen. «Sie kennen ihn doch wie kein zweiter. Macht es Ihnen keine Angst, da hinaufzusteigen?»

Zweifel zieht seine Wadenbinden fest. Über sein rundes Gesicht fliegt ein Lachen. «So lange sich der Waldi nicht fürchtet, ist keine Gefahr.»

«Tiere haben ein feineres Gespür als Menschen, das ist wahr», sagt der Pfarrer.

Sie steigen weiter, das Dorf versinkt in der Tiefe. Bald treffen sie auf Schnee. Tiefe Fussspuren ziehen wie eine Treppe hangaufwärts. «Hier sind wir sicher», sagt Zweifel im Steigen. «Die Frühlingslawinen fahren in den Runsen ab. Heuer ist jedoch keine Gefahr, die Unterlage ist gut.»

«Sind die Lawinen auch schon bis ins Dorf gekommen?»

«Vor zwanzig Jahren, im März 1907, blieb die Ätschlaui erst beim Raben stehen. Ich war noch ein Kind. Wir kletterten über die Lawinenschollen und gruben Höhlen.»

«Angst hatten Sie nie?»

«Nicht vor dem Berg.»

Zweifel dreht sich um, steigt weiter. Jetzt passt er seinen Schritt dem Hund an, der mit seinen kurzen Beinen mühsam von Tritt zu Tritt springt. Der Hang wird steiler, der Wald lichtet sich. Der Pfarrer zieht sich an Stauden hoch, die aus dem Schnee ragen. Zweifel packt den Dackel an den Vorder-

und Hinterbeinen und hebt ihn auf den Rucksack. Waldi jault leise, doch er lässt es geschehen.

Dann erreichen sie die Lichtung mit der Stockhütte, die noch tief im Schnee vergraben ist. Nur das Dach ragt heraus, der Eingang ist freigeschaufelt.

Zweifel stösst die Tür auf, Rauchgeruch und Feuchtigkeit schlagen ihnen entgegen. Der Pfarrer stellt seinen Rucksack auf die Bank, setzt sich.

«Ich mache Kaffee», sagt der Förster. Neben dem Herd sind Scheiter aufgeschichtet. Zweifel spaltet mit dem Sackmesser ein Scheit in feine Späne, hält ein Streichholz daran. Es lodert auf wie eine Fackel. Mit der Pfanne holt er Schnee. Bald kocht der Kaffee, verdrängt den Geruch von feuchten Wolldecken und Schweissfüssen. Sie schneiden Brot und Speck ab, Zweifel bietet dem Pfarrer Käse an, «Glarner Alpkäse, eigenen». Kauend fügt er bei: «Man ist heute froh um das Eigene. Man muss es bewahren.»

Frey greift zu, der Aufstieg hat ihn hungrig gemacht.

Zweifel zieht eine Feldflasche aus der Seitentasche des Rucksacks. «Etwas Gebrannten in den Kaffee, Herr Pfarrer?»

«Danke, ich bin Abstinent.»

«Was heisst das?» fragt der Förster.

«Ich trinke keinen Alkohol.»

«Ach so. Warum?» Die Frage ist ihm herausgerutscht, rasch fügt er hinzu: «Ich bin halt nur ein Bauer, wissen Sie. Wir brauchen etwas Schnaps im Kaffee. Von wegen der Wärme.»

«Alkohol bringt viel Elend in die Welt», sagt der Pfarrer. «Alkoholismus ist die schlimmste Volkskrankheit. Wer trinkt, kann das Eigene nicht bewahren, nicht einmal den eigenen Charakter.»

Zweifel schraubt die Flasche zu, lässt sie schnell in der Tasche verschwinden.

«Nehmen Sie nur Ihren Schnaps», sagt Frey, doch der Förster schüttelt den Kopf. «Es geht auch ohne.»

Schweigend trinken sie den Kaffee aus, dann steigen sie

weiter hinauf, bis sie in die Ätschrunse hineinsehen können, eine ungeheuer steile Rinne, tief in die Bergflanke gefressen. Frey schwindelt beinahe, denn tief unten, fast senkrecht unter seinen Schuhen, sieht er das Pfarrhaus, exakt in der Verlängerung der Runse. Wenn ein Stein fallen würde, so kommt es ihm vor, würde er das Dach seines Hauses treffen. Doch alles ist ruhig, der Berg schläft seinen Winterschlaf.

«Wie ist es im Sommer hier?»

Zweifel zeigt hinauf: «Ein dauerndes Prasseln und Rutschen und Krachen. Die ganze Wand oben bewegt sich, da hat es Spalten und Klüfte und Schründe. Wahrscheinlich rutscht sogar der Gipfel des Bergs.»

Frey ist entsetzt. Über einem Felspfeiler, der lose an der Wand lehnt, ragen die Tannen schief in den Himmel. Der Zustand des Bergs ist schlimmer, als er sich vorgestellt hat. Plötzlich wird er unsicher, ob es richtig war, hier hinaufzusteigen. Er sieht die Felswand zusammenbrechen, durch den Schlund der Runse stürzen, die graue, donnernde Steinlawine wird alles verschlingen, das Pfarrhaus, die Kirche, die Fabrik, wird die Linth zudecken und stauen, das Tal wird in einem See ertrinken.

«Der Berg kommt», murmelt er, «irgendwann.» Dann versucht er, die schreckliche Vision aus seinem Kopf zu verdrängen und wieder klar zu denken.

Zweifel ist ein paar Schritte in die Runse gestiegen, mit den Nagelschuhen schlägt er Stufen in den harten Schnee, mit blossen Fingern krallt er sich fest.

«Pass auf!» ruft Frey, kommt unbemerkt ins Duzen.

«Keine Angst, Herr Pfarrer. Ich bin das gewohnt. Ich stehe sicher.»

Dann kehrt er zurück, zeigt ihm die Messpunkte, weisse Stecken, solide verankert mit einem Kreuz an der Spitze.

«Das war eine gefährliche Arbeit, als wir die aufgestellt haben.»

Selbst auf dem losen Pfeiler steht ein Messpunkt, «Punkt E», erklärt Zweifel. Zeigt auf weitere: «Punkt M, dort in der

Wand, Punkt C, Punkt F, Punkt S ganz oben am Grat, Punkt R am Gipfel.»

«Können Sie auch messen?»

«Gewiss. Der Ingenieur Härry hat mir gezeigt, wie man mit dem Theodolit umgeht», sagt Zweifel stolz.

«Gut so.» Doch mit Messen allein, das weiss Frey, ist der Berg nicht aufzuhalten. Man kann bloss feststellen, ob er sich bewegt, und vielleicht berechnen, wann er stürzt. Doch, ist der Berg etwa mit Beten aufzuhalten? Er gibt sich keine Antwort auf diese Frage, schaut hinab, sieht das Pfarrhaus, die Kirche, das Dorf, die Fabrik, die armseligen Wohnhäuser der Gemeinde wie eine zitternde, ängstliche Herde versammelt. Die Menschen brauchen mich, denkt er, komme, was wolle. Ob berechnen oder beten, es ist meine Aufgabe, mit ihnen auszuharren. Das Wort aus dem Johannesevangelium geht ihm durch den Kopf. «Ich bin der gute Hirt, der gute Hirt gibt sein Leben hin für die Schafe.»

Sie schultern ihre Rucksäcke und steigen ins Tal.

---

> Die Feier, welche die Zürcher Geologische Gesellschaft gestern in Schwanden aus Anlass des 80. Geburtstages von Herrn Professor Heim veranstaltete, wird den zahlreichen Teilnehmern als interessantes Erlebnis in freundschaftlicher Erinnerung bleiben. Ein Föhnvorstoss hatte die Wolken von unseren tiefverschneiten Bergen weggefegt, als die Gesellschaft, verstärkt durch eine Anzahl glarnerischer Naturfreunde, nach der Lochseite wanderte, um sich von Papa Heim die merkwürdigen Erscheinungen dieser klassischen geologischen Stätte erläutern zu lassen. (Glarner Nachrichten, 15. April 1929)

Aus schweren Wolken fällt Regen, die Linth wälzt sich braun. Feucht klebt der Schnee an den Steilhängen. Albert Heim schaut durch das Fenster des Eisenbahnwagens hinüber zur Wand des Wiggis, an dessen Fuss sich braune Lawinenkegel türmen. Rudolf Staub sitzt auf der Bank gegenüber. Sie unterhalten sich über die Wahlen in Italien, die Faschisten unter Mussolini haben einen gewaltigen Sieg errungen, ein Erdrutsch, steht in den Zeitungen. «Es war keine Wahl», meint Staub, «es gab gar keine Gegenkandidaten. Die Italiener konnten nur mit Ja oder Nein stimmen. Wehe denen, die nein stimmten.»

«Der Mussolini hat doch wenigstens Ordnung geschaffen im Land», sagt Heim. «Während die Sozialisten und Kommunisten daran sind, Deutschland endgültig zu ruinieren. Sogar der Vatikan hat sich mit den Faschisten versöhnt.»

«Schau dort», unterbricht ihn Staub. Eine Lawine hat sich am Rautispitz über Netstal gelöst, schmutziger Schnee fällt wie in Zeitlupe über die Wand, wie ein brauner Wasserfall, der in der Luft zerstäubt. Steine schlagen krachend auf Felsbänder.

«Unser Land muss neutral bleiben», nimmt Heim das Gespräch wieder auf, «deshalb bin ich noch immer im Volksbund für die Unabhängigkeit der Schweiz tätig. Der Beitritt zum Völkerbund war ein Fehler. Statt dass er Frieden stiftet, treibt er mit seinem Geschwätz die Welt in einen neuen Krieg.»

Staub schaut aus dem Fenster, er ist anderer Meinung, wie oft, wenn er mit Heim diskutiert, doch er mag nicht widersprechen. In Glarus steigen Gäste der Naturforschenden Gesellschaft zu, sie begrüssen den alten Gelehrten, sie schütteln ihm die Hand, gratulieren zum Geburtstag. Einer bedauert: «Der Spaziergang über Sool fällt wohl ins Wasser bei dem Wetter.»

«Glarner Wetter», meint der Alte. «Ich kenne das.» Er trägt seine runde Wollkappe, das weisse Haupthaar quillt ungestüm darunter hervor, sein Bart ist zerzaust.

«Wie geht es Ihnen gesundheitlich, Herr Professor?»

Heim zuckt die Achseln. «Ich darf nicht klagen. Doch ein kranker Mann werde ich bleiben, bis an mein Ende. Und das ist ja wohl auch nicht mehr so weit weg.» Die Augen hinter den kleinen Brillengläsern sind jedoch noch jung und wach geblieben.

In Schwanden steigt die Gesellschaft aus, bis zum Schwanderhof sind es nur ein paar Schritte. Dort ist im Saal ein langer Tisch gedeckt. Man serviert Netzbraten, Kartoffelstock, gedörrte Bohnen. Heim löffelt seine Diät, eine Lebersuppe, und trinkt dazu ein Glas Wasser. Staub prostet ihm diskret mit einem Glas Maienfelder zu. Sie lächeln sich zu, sie haben Berg- und Skitouren miteinander gemacht und zahlreiche geologische Exkursionen. Doch trotz dem Du ist die Distanz geblieben, politisch und gesellschaftlich leben sie in anderen Welten. Staub trägt Zweireiher, Gilet, modische Fliege, hochgeschnürte, blankpolierte Schuhe, ein Herr von Welt. Papa Heim wirkt in der derben Lodenjoppe und der Kappe wie ein uralter Bergbauer. Während des Essens kommen sie auf den Kilchenstock zu sprechen. Auch Staub hat dem Regierungsrat geschrieben, noch bevor Schardt sein Gutachten ablieferte.

«Ein jammervoller Wisch», meint Heim, «fünfzehn Seiten Text, eine dürftige Skizze, zwei Fotos, das ist alles. Wissenschaftlich wertlos, in den Schlussfolgerungen gefährlich naiv.»

Auch Staub schätzt die Gefahr höher ein als Schardt. «Etwa dreissig Prozent ist die Wahrscheinlichkeit, dass die Gesteinsmassen am Kilchenstock in einem Schub abstürzen, dass die Katastrophe eintritt.» Heim ist nicht einverstanden mit dieser Zahl, doch Staub wird von einem Herrn aus Glarus angesprochen, wendet sich ab.

Das Dessert wird aufgetragen, Meringues, Schlagrahm, Kaffee und Schnaps. Heim bekommt seinen Tee. Staub klopft ans Glas, begrüsst als Präsident der Zürcher Geologischen Gesellschaft die Herren und Gäste von Hochschulen und geologischen Gesellschaften aus ganz Europa, verliest Telegramme, würdigt Professor Albert Heim als bedeutendsten Schweizer Geologen, als Pionier der geologischen Erforschung der Schweizer Alpen. Zigarrenrauch beginnt den Saal zu füllen. Heim schaut zu, wie der Rauch in Schichten fliesst, durcheinander und übereinander, von unsichtbaren Kräften getrieben, wie die Schlieren sich verformen, Wirbel bilden. Wie die Sedimentschichten der Alpen, denkt er, deren Erforschung das Thema seines Lebens war. Wie sind die Alpen entstanden? Wie die Kalk- und Schieferschichten aus den Urmeeren über den kristallinen Kern der Gebirge geschoben worden? Das Glarnerland ist ein geologisches Labor, nirgends treten so vielfältige Überschiebungen, Falten und Brüche auf engem Raum zutage, ein chaotisches Bild für den Unwissenden. Sein Lebenswerk war es, hier Ordnung zu schaffen, ein System in das Chaos zu bringen, zu erklären, wie aus den flachen, in den urzeitlichen Meeren lagernden Sedimenten ein Gebirge wachsen konnte.

Heim entwarf eine Theorie: die Glarner Doppelfalte, eine von Norden und eine von Süden kommende Überschiebung treffen sich über dem Sernftal und bilden eine Art Tabaksbeutel, in dem das ältere Gestein das jüngere einpackt. Sein Mentor Arnold Escher hatte die grundlegenden Entdeckungen gemacht und die ersten Erkenntnisse über die geologischen Decken formuliert. Heim hatte sie verfeinert, zur Lehre erhoben, die ein halbes Jahrhundert lang galt. Bis andere bewiesen, dass sie falsch war. Der Franzose Marcel Bertrand hatte schon 1884 an der Doppelfalte gezweifelt, sein Schüler Maurice Lugeon entwickelte die moderne Deckenlehre, zusammen mit einem gewissen Hans Schardt aus Neuenburg ... Heim hatte es mit Fassung getragen, als «die Welschen» am internationalen Geologenkongress 1903 in Wien seine Theorie entthronten. Doch er war zu Kreuze gekrochen, hatte gratuliert. Und wenige Jahre darauf seinen Lehrauftrag an der Hochschule quittiert, um sein Lebenswerk zu vollenden, das dreibändige Werk «Die Geologie der Schweiz». Sein Nachfolger war Hans Schardt.

«Es schonet», sagt eine Stimme neben ihm. «Wollen wir doch noch zur Lochsiite spazieren, was meinen Sie, Herr Professor?» Heim schreckt auf, er ist während der Reden eingenickt.

Die Wolken stauen sich am Schild, der Föhn treibt sie aus dem Hinterland daher wie Walfische mit schwarzen Bäuchen. Zwischen ihnen klaffen blaue Löcher am Himmel. Die Strasse ins Sernftal ist trocken, die Herren wandern plaudernd und rauchend an der Therma vorbei, der Fabrik für elektrische Apparate.

«Da wächst die Zukunft», sagt einer. «Elektrizität, Maschinen, unsichtbare Energie. Die Textilindustrie ist am Ende. Aber auch im Glarnerland hat man die Zeichen der neuen Zeit erkannt.»

Sie steigen durch nasses Gras einer Wegspur folgend gegen Sool hinauf. Heim stützt sich auf seinen Stock, atmet schwer. Und erzählt, wie ihnen da einmal auf einer Exkursion ein Bauer nachlief, weil sie das Gras zertreten hatten. Da drückte er ihm einen Fünfliber in die Hand. Worauf der Bauer meinte: «So könnt ihr auch öfter kommen.»

Sie erreichen die Lochsiite, eine Kalkklippe im Wald. Unter einem senkrechten Felsband treten weichere Schichten zurück. Hier hat schon Hans Conrad Escher von der Linth, der Vater von Alfred Escher, entdeckt, dass die Gesteine verkehrt liegen, der älteste Verrucano zuoberst, darunter eine schmale Schicht sogenannter Lochsiitekalk, zuunterst junger eozäner Schiefer. Das widersprach jeder Logik. Und wie war der Spalt entstanden, der die Kalkschicht wie mit dem Messer gezogen in zwei Hälften spaltet? Aus diesen Beobachtungen, diesem Widersinn, diesen Fragen entwickelte sich die Theorie vom Bau der Alpen. Denn wie kann altes Gestein über dem jungen liegen? Doch nur, indem sich die Schichten umgedreht, überworfen und überschoben haben, wie eine Wolldecke, an deren einem Ende man schiebt. Der Spalt bildete dabei die Gleitfläche der Bewegung. Und woher stammte die unvorstellbare Kraft? Die Erde erkaltet, ihr Kern schrumpft, die kalte Aussenhaut schrumpelt zusammen wie bei einem Apfel, der vertrocknet, hatte man früher geglaubt. Heute weiss man, dass die Kontinente schwimmen, wie Eisschollen auf einem Meer, sie driften, prallen zusammen. So entstehen die gewaltigen Schubkräfte, die es braucht, um das harte Gestein wie eine Wolldecke zusammenzufalten und zu überschieben, oft sogar mehrfach und über Hunderte von Kilometern hinweg. Die Berge sind nicht tot, sondern sie leben, sind in ständiger Bewegung. Der Mensch glaubt, alles stehe still, weil ihm nur kurze Zeit vergönnt ist auf der Erde. Nur ab und zu spürt er, dass das eigentliche Wesen der Schöpfung ihre unablässige Veränderung ist. Dann, wenn Berge stürzen, wenn selbst Felsen nicht mehr fest sind.

Heim streicht mit der Hand liebevoll über den kantigen, rötlichen Verrucano, der weit vorspringt über die schmale Bank von Lochsiitekalk mit der Bruchlinie. Der blättrige Schiefer zuunterst ist knorrig verknotet und verformt. Er hält einen kurzen Vortrag aus dem Stegreif, erklärt, dass der Kalk so stark gestaucht und zusammengedrückt ist, weil er sich unter dem gewaltigen Druck der Überschiebung wie ein Schmiermittel verflüssigt hat. Vor sechzig Jahren sei er mit Arnold Escher erstmals an der Lochsiite gewesen. Er habe von der Idee der Überschiebungen gesprochen, aber nicht gewagt, sie zu publizieren. «Man würde es ja doch nicht glauben und mich ins Narrenhaus stecken», habe der bescheidene Escher gesagt. Man habe damals nicht geglaubt, dass sich das harte Gestein derart stark verformen lasse. «An der Lochsiite ist die erste Stufe der Erkenntnistreppe gemeisselt worden zu dem Wissen, das wir heute über die Entstehung der Alpen besitzen.» Heim erwähnt noch kurz Lugeon und Schardt, die auf den Untersuchungen von Bertrand basierend die Theorie vom Deckenbau der Alpen entwickelt haben und ihn, Heim, damit ebenfalls zum alten Eisen schickten. Doch: «Jede neue Erkenntnis wirft neue Fragen auf.» Die Herren klatschen Beifall.

Der Föhn hat nachgelassen, Regentropfen fallen. Vorsichtig steigt Albert Heim den Weg hinab, lässt die Lochsiite hinter sich. Wohl zum letzten Mal, denkt er.

---

Nach schönen, glücklichen Jahren des Wohlergehens, die durch nichts getrübt wurden, stieg langsam ein dunkler Schatten empor und legte sich als ein schwerer Albdruck auf das Dorf: Der Kilchenstock fing an, sich in beängstigender Weise zu rühren. Da konnte es geschehen, dass über Nacht ein Felsbrocken von beachtlicher Grösse in der Pfarrhoschet landete. (Erinnerung von Arnold Brändli, Pfarrer in Linthal 1920–1929)

Babetta eilt leichtfüssig über die Wiese im Sand in Rüti, nass ist das Gras, im Tal tobt das Schmelzwasser in der Linth. Neben dem Fluss rauscht die Fabrik, matt schimmern ihre Fenster im erwachenden Tag. Babetta ist sechzehn, eben konfirmiert, Tochter des Sandbauern Balz. In der Fabrik wird sie Geld verdienen wie die älteren Schwestern, wie viele Junge aus den Dörfern. Vier Kinder hat der Sandbauer und für jedes hat er hinter dem kleinen gelben Haus einen Apfelbaum gepflanzt bei der Geburt, schön in Reihe. «Wenn wir einmal nicht mehr sind, dann stehen hier noch die Bäume, spenden unsern Nachkommen Frucht und Schatten», sagt der Vater. Der Boskop, der für Babetta steht, trägt die schönsten Äpfel, rauhe Haut und süsses Fleisch. So ist auch die Babetta, sagen die Leute, lebhaft, ungestüm und im Herzen weich. Sie klettert auf Bäume, sie wirft die jungen Katzen in den Bach, mit einem Stein an den Beinen, hinterher weint sie im versteckten. Nichts macht ihr angst, weder die Fabrik noch der Berg, der als schwarze Pyramide jenseits des Durnagelbachs im Tal steht. Wenn die Menschen erzählen, der Berg wolle ihnen auf den Kopf fallen, dann lacht Babetta. Er wird nicht fallen, und wenn schon, dann wird die Steinlawine jenseits des Durnagel stehenbleiben, die Linthaler Kirchen wegfegen und die Wirtshäuser an der Strasse, das Pfarrhaus und das Schulhaus. Der Sand wird verschont bleiben, das flache Paradies auf dem Schuttkegel des Durnagel. Linthal jenseits des Bachs, das ist eine andere Welt, obwohl der Vater von dort drüben stammt, von den Fruttbergen am Klausenpass. Nach Linthal geht man nur manchmal zum Einkaufen oder an die Kirchweih.

Babetta hüpft und springt dem Weg entlang, und der Tag erwacht, und sie tritt in ihr neues Leben, das Arbeit heisst, doch sie weiss nichts anderes: der Hof, das Vieh, die Kartoffeläcker, die Alp im Sommer, Heu, Käse, Milch, Schweiss und die Fabrik. Was braucht der Mensch mehr?

Das Morgenlicht berührt die Bergspitzen, im Tal schleicht der Rauch aus den Kaminen. Am Kilchenstock fällt ein Stein in eine Runse, reisst andere mit sich, es rieselt und rauscht und kracht. Dann ist es wieder still. Nachts, sagen die Leute, sehe man die Funken stieben. Früher meinten sie, da oben ritten Hexen auf Besen vom Berg herab. Die Steine fallen in den Garten des Linthaler Pfarrers. Soll er beten, dass sie das Dorf verschonen.

Manchmal, wenn Babetta den Berg betrachtet, kommt ihr die Sage von der Claridenalp in den Sinn, die ihr die Mutter erzählt hat. In einem Sommer hatte der Senn seine Liebste auf die Alp bestellt, und als sie den Berg heraufkam in ihrer Tracht, mit Blumen und bunten Bändern und silbernen Schnallen geschmückt und mit feinen Schuhen an den Füssen, da rollte der Senn in seinem Übermut Käse um Käse vor die Hütte und pflasterte mit den Laiben den Weg, damit seine Schöne keine schmutzigen Schuhe bekomme. Und dann verbrachten die zwei Liebenden den Sommer in Überfluss und Sünde, während Vater und Mutter im Tale hungerten. Als die Mutter einmal auf die Alp stieg, um den Sohn auf den rechten Weg zurückzuführen, da jagte er sie davon. In der folgenden Nacht brach der Berg herab, Eis und Geröll deckten die Alp zu, verschwunden waren die Hütte, alles Vieh und das sündige Paar.

Vielleicht straft der Berg wirklich, denkt Babetta, die Alten glauben daran, sie glauben mehr an die Sagen als an die Bibel und an das, was der Pfarrer von der Kanzel predigt. Doch wer sollte sich versündigt haben? Die Menschen arbeiten, tagein und tagaus, im Stall, auf dem Feld, in der Fabrik. Niemand lebt im Überfluss, weder die Bauern noch die Arbeiter.

Sie überquert die Fahrstrasse, im Dorf brennt da und dort Licht. Graue Gestalten streben der Fabrik zu, hastig ausschreitend, den Oberkörper leicht vornübergebeugt, den Blick auf den Boden gewandt. Das Rauschen der Maschinen schwillt an, übertönt den Fluss. Aus dem Hochkamin steigt Rauch in den Morgen, und nun tingelt im Türmchen auf dem

Fabrikdach die Glocke. Babetta schaut hinauf, hell leuchtet der Schneegrat am Tödi. Dann drängt sie sich zum ersten Mal mit vielen andern durchs Tor in die Fabrik.

---

> Herr Regierungsrat Hefti hat von der heutigen Begehung einen besseren Eindruck vom Rutschgebiet erhalten als bei der letzten Begehung im Herbst. Es besteht doch auch die Hoffnung, dass sich nicht alles auf einmal löst, sondern dass die einzelnen Partien abstürzen, die durch die bestehenden und zu verbessernden Schutzbauten aufgehalten werden können. (Bericht über die Begehung des Kilchenstockes vom Freitag, 31. Mai 1929)

Der Rabenwirt lässt Siedfleisch und Speck auftragen, Salami und Rauchwurst, dazu grünen Veltliner, die Herren sind hungrig vom Berg gekommen. Er hat die Tische im Raben zusammengeschoben zu einer grossen Tafel, oben beim Büffet sitzt Melchior Hefti, Baudirektor des Kantons, breit und selbstbewusst, das schüttere Haar und der Schnauz sind schon grau. «Talvogt des Hinterlandes» nennt man ihn, er ist Präsident der Demokratischen- und Arbeiterpartei, steht nebst dem Amt als Regierungsrat noch immer als Schlosser an der Werkbank in der Tuchfabrik in Hätzingen. Sein Wort hat Gewicht. Rudolf Staub hat ihm gegenüber Platz genommen, die Herren prosten ihm zu. Gratulieren im nachhinein, er ist im vergangenen Sommer zum Vorsteher des Geologischen Instituts der Eidgenössischen Technischen Hochschule in Zürich gewählt worden. Selbst für die Exkursion auf den Berg hat er eine Krawatte umgebunden, er trägt eine tadellose Jacke und einen weichen grauen Filz, das hohe Amt verpflichtet. Am Stuhl hängt sein Bergstock.

In seiner kurzen Tischrede bemüht sich Staub, Glarnerdeutsch zu sprechen, in Glarus sei er aufgewachsen, Jakob Oberholzer, der Geologe aus Glarus sei sein Lehrer gewesen. «Gell, Köbi», sagt er zu Oberholzer, der neben ihm sitzt. «Du hast uns Schülern die Augen für die Natur und die Steine geöffnet. Einen besseren Kenner der Glarner Berge als dich gibt es nicht.» Oberholzer schaut auf den Tisch, tupft mit dem Finger ein Brotkrümel auf.

Staub betont, das Glarnerland liege ihm am Herzen, wissenschaftlich habe er vorerst das Terrain andern überlassen, vor allem dem ausserordentlich kompetenten Oberholzer, der an einem Kartenwerk arbeite. «Der Kilchenstock jedoch», sagt er, «kann heute keinen Geologen mehr kaltlassen. Denn noch niemals in der Geschichte unserer Wissenschaft hatten wir Gelegenheit, einen Bergsturz, der sich vorbereitet, so genau zu verfolgen und zu vermessen und daraus wertvolle Erkenntnisse zu ziehen für die Zukunft.»

Die Runde nickt, Beamte aus Bern und Glarus, Geologen, Forstinspektoren, Geometer und Oberstleutnant Meybohm vom Eidgenössischen Militärdepartement in Uniform. Man nimmt die Sache ernst, die Linthaler sollen das sehen, die Begehung ist eine Demonstration.

Dienstfertig geht Fridolin Heer um den Tisch, schenkt Wein nach, schickt die Serviertochter in die Bäckerei frisches Brot holen. Und nutzt die Pause nach Staubs Rede für eine Geschichte. Ob die Herren wüssten, dass vor vielen Jahrhunderten im Auen hinten ein Nonnenkloster gestanden habe? Die frommen Frauen hätten aber das Beten versäumt und es dafür gar bunt getrieben mit den Burschen aus der Umgebung. Das Kloster besass viel Grund und fette Alpen, die Nonnen schwelgten in Reichtum und Lust, die Menschen rundum aber lebten in Armut. Eines Nachts, als sie wieder zechten und tafelten und sündigten, begehrte eine verrunzelte Bettlerin Einlass und Almosen. Die junge Pförtnerin jagte sie davon und legte sich wieder zum Alpknecht ins Bett, mit dem sie es trieb. Bald aber ertönte eine Stimme vom Berg: «Wehe, wehe, ich komme!» Eine Schlammlawine wälzte sich durch die Geissruns herab und begrub das Kloster. «Man hört es heute noch läuten, wenn man das Ohr an die Erde legt, dort wo es stand», schliesst Heer, der nach der langen Geschichte nach Atem ringt, er ist dick, sein Bauch hängt über den Tisch.

Die Männer lachen wie über einen guten Witz. «So weit

soll es nicht mehr kommen», ruft Regierungsrat Hefti. «Die Linthaler sind ja scheint's wieder fromm geworden, jetzt haben sie einen Pfarrer, der weiss, was Zucht und Ordnung ist.» Dann fügt er hinzu, der Berg gefalle ihm besser als im vergangenen Herbst. Vielleicht sei doch alles halb so schlimm.

Auch Staub bestätigt den günstigen Eindruck. «Im Winter ist der Berg fast zum Stillstand gekommen. Das kann im guten Fall heissen, dass die Rutschung nicht tiefer reicht als die Frostgrenze, also drei bis fünf Meter. Im schlechten Fall kann der Abriss aber viel tiefer gehen, und der Stillstand wird dadurch verursacht, dass im Winter kein Schmelzwasser in die Tiefe dringt und die Gleitfläche schmiert. Ich habe deshalb neue Messpunkte setzen lassen. Man muss jetzt vor allem beobachten und zuverlässige Daten gewinnen. Sprengungen oder Stollen, wie einer meiner Fachkollegen vorgeschlagen hat in seinem Bericht ...», er schaut vielsagend in die Runde, «... von solchen Experimenten müssen wir die Finger lassen. Sie würden Linthal mehr gefährden als schützen. Auch Professor Heim ist in diesem Punkt derselben Meinung wie ich.» Alle wissen, dass er seinen Vorgänger am Lehrstuhl für Geologie meint, Professor Schardt.

Oberstleutnant Meybohm steht auf. «In Elm hat man nach dem verheerenden Bergsturz vor fünfzig Jahren Artillerie eingesetzt und versucht, die noch nicht abgestürzten Gesteinsmassen abzuschiessen. Das Resultat war gleich Null, ausser Spesen nichts gewesen.»

Der Wirt drängt sich an den Tisch: «Herr Professor, ich werde Ihren Fluchtplan übers Büffet hängen. Sollte der Berg kommen, wenn hier eine Runde beim Wein sitzt, dann können die Männer vor dem Weglaufen noch nachschauen, in welche Richtung sie rennen müssen.» Er lacht polternd los, spendiert dann eine Runde Kaffee mit Kräuterschnaps. Weil er wieder beruhigt sei, der Raben liege direkt in der Fallinie der Ätschruns, in der höchsten Gefahrenzone.

Die Herren ziehen ihre Uhren aus den Westentaschen. Hefti schliesst die Sitzung, dankt allen. «Ich denke, wir haben die Situation im Griff, meine Herren.» Dann steht er auf. Der Wirt begleitet die Gesellschaft zur Tür.

«Die Rechnung schickst du dem Kanton», sagt Hefti. Wortreich bedankt sich Heer.

Draussen stehen sie noch eine Weile um Staubs neues Automobil herum, einen schwarzen Ford. Er lädt die Regierungsräte und den Oberstleutnant ein, bis Glarus mitzufahren.

---

> Im Jahre 1929 (und vorher) ereigneten sich oft kleinere bis mittlere Felsstürze, die Steine in die Pfarrhoschet hinein warfen. Am 29. August 1929 wurde die Ätschruns nach langer Pause aktiv. (Erinnerungen von Friedrich Frey)

Stockend buchstabiert ein Schüler den Text aus der Bibel: «Ich bin der gute Hirt …» Eine Fliege surrt, prallt gegen die Scheibe. Es ist schwül im Unterrichtszimmer. Der Pfarrer steht am Fenster, hinter seinem Rücken scharren und tuscheln die Kinder. Er beobachtet die Wolken, die hinter Kammerstock und Zutreibestock in die Höhe quellen und zu einer brodelnden Masse verschmelzen, die rasch ihre Form verändert. Er sieht Drachenköpfe, eine Meerjungfrau, eine Ritterburg. Die dünne Stimme des Buben stockt.

«Lies weiter, Jost», sagt Frey barsch. Es bleibt still.

«Was ist?» Der Pfarrer dreht sich um. Der Bub steht in der Bank, starrt mit eingezogenem Kopf auf die Bibel in seinen Händen.

«Lies weiter. Oder hast du die Stimme verloren?»

Nun bemerkt er, dass Jost Tränen über die Backen laufen, feuchte Streifen glitzern auf der Haut, die schon lange keinen Waschlappen mehr gesehen hat. Aus seiner Nase quillt Rotz.

«Seine Mutter ist krank», sagt ein Mädchen. «Und der Vater …» Sie spricht nicht weiter, doch alle wissen es. Der Vater trinkt.

«Dann setz dich, Jost. Fahr du fort, Marie.»

Das Mädchen steht auf, nimmt die Bibel und liest flüssig.

«Ich bin der gute Hirt und kenne die Meinen und die Meinen kennen mich, wie der Vater mich kennt und ich den Vater kenne. Und ich gebe mein Leben hin für die Schafe ...»

Frey dreht sich wieder zum Fenster, das Gleichnis vom guten Hirten kennt er auswendig. Jesus hat sich an Bauern gewandt mit seiner Rede, er hat Bilder gewählt, die sie verstehen. Und so hofft auch der Pfarrer, dass ihn diese Kinder von Bauern und Arbeitern verstehen können: «Meine Schafe hören auf meine Stimme, und ich kenne sie, und sie folgen mir nach. Und ich gebe ihnen ewiges Leben, und sie werden in Ewigkeit nicht umkommen ...»

Eine schwarze Wolkenwand steht jetzt im Süden, an ihrem Rand gleisst noch Sonne, es glüht wie Eisen im Feuer. Schweisstropfen treten dem Pfarrer auf die Stirn, er wischt sie mit der Hand weg, kratzt sich im Bart. Die Fliege scheint sich vervielfacht zu haben, er spürt Lust, einen der Quälgeister zu fangen, zu zerdrücken, aber er beherrscht sich. Er ist nicht bei der Sache, eine böse Ahnung liegt wie Blei auf seiner Seele. Der Sommer ist nass gewesen, viel Regen, graue Tage noch und noch. Ab und zu ist er auf den Berg gestiegen, hat immer wieder mit Besorgnis den Abbruch betrachtet, der über dem Dorf und dem Pfarrhaus droht. Er beobachtet das Wetter, Sonnenaufgang, Wolken, Temperatur, Barometerstand. Jeden Tag schreibt er die wichtigen Daten in ein schwarzes Heft, zeichnet die Sonnenflecken auf und andere Erscheinungen, vor allem die Mond- und Sonnenhalonen. Heute wird er schreiben: «Starkes Gewitter.» Denn schon blitzt es über dem Grat, fern rollt der erste Donnerschlag, die Berge sind verhangen. Vor einem Jahr, am längsten Tag im Sommer, hat er mit seinen Aufzeichnungen begonnen, noch in Sax. Warum?

Er stellt sich die Frage immer wieder. Soll der Pfarrer das Wetter und die Naturerscheinungen nicht einfach hinnehmen, wie sie der Herrgott schickt? Ist das Beobachten, das Festhalten, das Aufzeichnen nicht der erste Schritt zum Versuch, eine Erklärung zu finden für das Unerklärliche, für Gottes Schöpfung nämlich, für die Natur und ihre Wunder?

Die Kinder versucht er in den Grundlagen des Glaubens zu unterweisen, damit sie Vertrauen bekommen in Gott und in Jesus, seinen Sohn, der auf die Erde gekommen ist. In seinem Sinne versucht er, in ihnen die Liebe zu den Mitmenschen zu wecken und sich ständig Rechenschaft zu geben in Andacht und Gebet. Und er selber? Zweifelt er? Vertraut er der Wissenschaft mehr als Gottes Wort? Der Herr ist mein Hirte, mir wird nichts mangeln, so beginnt doch Davids Psalm. Ist denn nicht für alles gesorgt?

«Gut so, du kannst dich setzen», sagt er zu Marie. Unruhig hocken die Kinder in den Bänken, ihre nackten Beine zappeln, die Zehennägel kratzen über den Boden. Sie schauen zum Fenster, draussen ist fast Nacht, eine Sturmböe wirbelt durch die Pfarrhoschet, Blätter fliegen umher, ein Fetzen Tuch verfängt sich in einem Baum.

«Es blitzt, es blitzt!» Nun sind die Kinder nicht mehr zu halten. Alle drängen sich ans Fenster, drücken ihre Nasen platt. Der Donner schlägt nahe und heftig. «Es hat eingeschlagen», ruft ein Mädchen.

«Wo, wo? Ist ja gar nicht wahr.» Jost hockt in der Bank, verbirgt sein Gesicht in den Armen. Frey streicht ihm über die kurzgeschorenen Haare, vielleicht hat der Bub Läuse. «Brauchst keine Angst zu haben, Jost, ich werde deine Mutter besuchen.» Jost schluchzt, seine Schultern zittern. Seine Mutter ist Arbeiterin beim Bebié, die Fabrik macht die Menschen krank.

Unvermittelt klatscht der Regen gegen die Scheiben, von Westen prescht er in Wellen heran, vom Klausenpass herab, die Tropfen sind dick. «Hagel, Hagel», kreischen die Kinder.

«Beibt ruhig», sagt der Pfarrer. «Setzt euch. Es wird nicht lange dauern. Dann könnt ihr heim.»

Sie setzen sich, sie singen, während draussen Regen prasselt, mit Hagelkörnern vermischt, Blitze niederfahren und unablässig der Donner rollt. «Gott ist die Liebe, er liebt auch dich …»

Der Berg, das Dorf, die Bäume im Garten, die Strasse, die

Häuser und die Kirche, alles ist vom Regen eingehüllt, der nun ununterbrochen fällt, weiss wie Gischt spritzt es auf der Strasse. Frey steht wieder am Fenster, schaut hinüber zum Hang. Ein Bach springt durch die Runse herab, die sonst trocken ist, das Wasser fliesst in die Wiese, bildet in der Hoschet einen Teich. Allmählich verfärbt sich der Bach grau, schwillt an, Erde und Geschiebe kriecht durch die Runse, wächst und dehnt sich wie ein bösartiges Reptil, immer höher reckt es seinen Rücken, Gesträuch und Wurzelstöcke ragen wie Stacheln aus seinem Körper, es schäumt an den Rändern, es frisst sich in die Wiese, in den Garten, ein Baum kippt um, Steine rollen ins Gras.

«Kinder», sagt der Pfarrer. «Der Berg ist erwacht.» Seine Stimme bebt. Wieder stehen alle am Fenster, schauen entsetzt und schweigend dem Ungeheuer zu, das sich ins Tal wälzt und seine Glieder in den Wiesen ausbreitet.

---

> Sehr auffallend ist, dass alle gemessenen Punkte ihre Bewegung 1929 erst im Frühling wieder begonnen haben, dass sie vom August bis Mitte September am stärksten war und dann rasch abnahm, und im Oktober schon fast auf Null gesunken ist. Die Messungen zeigen ziemlich viel innere Ungleichheiten. Das ist erfreulich! Wenn sie nur noch stärker werden! Denn das gibt am ehesten die Hoffnung, dass die Masse nicht in einem Male abstürzen, sondern sich vorher in einzelne Fetzen zerteilen wird. (Albert Heim an den Glarner Regierungsrat, 14. November 1929)

Auf der westlichen Talseite, im Rämis an der Klausenstrasse, steht ein fester Betonklotz, in der Mitte ist ein Messpunkt aus Messing eingelassen. Ingenieur Hans Härry vom Grundbuchamt in Bern schraubt den Theodolit auf. Er trägt eine englische Windjacke aus leichtem Stoff, einen zerbeulten Hut mit breitem Band. Sein Gehilfe spannt den Sonnenschirm. Hinter dem Selbsanft steht eine Föhnmauer, es ist ein klarer Tag. Die Wälder flammen gelb und rot, über dem Abbruch am Kilchenstock ragen Tannenspitzen wie feine Nadeln ins

Blau. Von blossem Auge kann Härry erkennen, dass einige schief stehen. Mehr als auch schon, scheint ihm. Seit zwei Jahren kommt er regelmässig nach Linthal, vermisst die mittlerweile 22 Punkte. Er peilt durchs Messgerät hinüber zum Berg, dreht an Einstellrädchen, diktiert Zahlen. Heinrich Streiff, der Gehilfe, schreibt sie umständlich in ein Buch. Der Ingenieur peilt nochmals. «Ist das möglich? Punkt M scheint bockstill zu stehen. Eigenartig ...»

Streiff brummt etwas Unverständliches in seinen Bart, reicht Härry das Buch. Das Signal von Punkt M steht am unteren Rand des Abbruchs, direkt über einer Felsstufe. Der Messpunkt zeigt sprunghafte Bewegungen, einmal stark, einmal weniger, vielleicht wird die Wand demnächst einstürzen. Punkt G dagegen, in der Mitte des Abrisses, fliesst stetig und regelmässig. Was hat das zu bedeuten? Es gibt kein Bild, es macht keinen Sinn, es ist ein Chaos, das Härry schliesslich auf ein paar Zahlenreihen reduziert und damit doch keine Ordnung schafft.

«Der Pfarrer», brummt Streiff.

Härry erkennt ihn sofort, Hosenträger halten die alte Militärhose, die Füsse stecken in Nagelschuhen. Wie ein kirchlicher Würdenträger sieht er nicht aus, eher wie ein Bergbauer. Doch man sagt, Frey sei ein Heimlifeisser, er wisse viel, er beobachte den Berg genauer als die Wissenschaftler, ein Gelehrter sei an ihm verlorengegangen. Eigentlich habe er Naturwissenschaften studieren wollen, sein Vater sei dagegen gewesen. Naturwissenschaft habe keine Zukunft, habe er befunden, Pfarrer dagegen brauche es immer. Härry lächelt.

Sie begrüssen sich, der Pfarrer hat die Jacke an den Spazierstock gehängt, die Hemdärmel hochgekrempelt. «Eigentlich sollte ich an der Sonntagspredigt schreiben. Aber an so einem Tag halten mich keine vier Pferde in der Studierstube. Die Linthaler sind selber schuld, sie haben die Wohnung im Pfarrhaus nach Norden gebaut, ohne Sonne. Dachten wohl, der Pfarrer habe die Sonne im Herzen.»

Er schaut zu, wie Härry den Berg vermisst. «Und was meint die Wissenschaft?»

Härry winkt ab. «Ich bin Ingenieur, ich messe nur. Die wissenschaftliche Auswertung überlasse ich andern.» Er zeigt hinüber, erklärt die Struktur der Abrissstelle, der Pfarrer kennt sie, acht Mal war er schon auf dem Berg.

Härry zeigt ihm die neuesten Zahlen, die Bewegungen gehen zurück, wie immer im Herbst. Heuer jedoch eher stärker, Punkt M dagegen steht sogar ganz still.

«Ist das die Ruhe vor dem Sturm?»

«Das kann man nicht sagen. Die Zone oben fliesst nach wie vor weiter.»

«Wie genau messen Sie eigentlich?»

«Von Rämis aus auf anderthalb Zentimeter. Auf der Zugegg direkt am Berg, wo wir im Sommer messen, beträgt der Fehler höchstens drei Millimeter.»

«Und was schliessen Sie aus den Resultaten?»

Härry beugt sich über den Theodolit, dreht an einem Rädchen. «Ich liefere nur Messwerte. Gerüchte und fragwürdige Theorien sind genug im Umlauf. Ich möchte nicht auch noch meinen Senf dazu geben.»

«Wem soll man denn glauben? Staub, Heim, Schardt, Oberholzer? Die Wissenschaftler ändern ihre Meinung schneller als der Wetterbericht.»

«Wem man glauben soll, müssen Sie uns sagen, Herr Pfarrer. Nicht wir Ihnen!»

Die Männer lachen. Härry erzählt, zuerst habe man von Braunwald aus messen wollen, dann habe er festgestellt, dass in Braunwald das Terrain rutsche, also keine feste Basis bilde. «Vielleicht fällt uns Braunwald auf den Kopf, während wir gebannt zum Kilchenstock hinaufstarren.»

«Sie meinen, der liebe Gott wolle uns mit dem Kilchenstock nur von der wahren Katastrophe ablenken?»

Wieder lachen die Männer. Der Pfarrer gefällt Härry, er wohnt direkt unter dem drohenden Berg und hat den Humor trotzdem nicht verloren. Von seinem Vorgänger heisst es, er sei wegen dem Kilchenstock weggezogen, vor der Gefahr davongelaufen. Es scheint, als habe der neue Pfarrer den Menschen wieder Mut gemacht.

«Das Problem ist, dass wir nur die Oberfläche sehen und vermessen können. Niemand weiss, wie tief der Abriss reicht, was im Innern des Bergs vor sich geht.»

«Wie bei den Menschen. Wir sehen auch nur die Schale. Den Kern, sein wahres Wesen, kann niemand erkennen. Auch nicht der Pfarrer.»

«Glauben Sie, dass der Berg ein Geheimnis verbirgt? Manchmal, wenn ich meine Zahlen aufschreibe, gehen mir solche Gedanken durch den Kopf.»

«Gute Frage.» Frey überlegt. Da steht der Kilchenstock, schweigend, dunkel die Tannenwälder, bunt leuchtend die Laubbäume dazwischen. Jeden Tag macht er ein anderes Gesicht, heute scheint er zu lachen, morgen schon kann er drohend und finster dreinschauen, dann wieder traurig oder melancholisch. «Warum hat Moses die Gesetzestafeln vom Berg Sinai gebracht? Warum hat Jesus auf einem Berg gepredigt? Und auf einem Berg ist er ans Kreuz genagelt worden.»

«Bei den Griechen war der Olymp der Sitz der Götter, der heilige Berg», sagt Härry. «Jedes Volk hat seinen heiligen Berg.»

«Der Berg spielt in der Mythologie jedenfalls eine besondere Rolle, er ist die Verbindung zwischen uns Menschen und Gott.»

«Schön gesagt, Herr Pfarrer. Jetzt haben Sie schon die Predigt für morgen», lässt der Gehilfe fallen.

«Aber nicht, dass Sie meinen, Sie müssten darum nicht mehr kommen!» Frey droht dem Burschen mit dem Zeigefinger.

Härry schraubt den Theodolit ab, versorgt ihn im Lederfutteral, Streiff schultert den Sonnenschirm, trägt ihn zum Auto.

«Ganz im Vertrauen», sagt der Ingenieur zum Pfarrer, als der Gehilfe ausser Hörweite ist, «ich glaube nicht an den

Bergsturz, was immer auch die Geologen prophezeien. Aber behalten Sie das bitte für sich, das ist mein Geheimnis.»

---

> In Amerika spielt sich eine wirtschaftliche Katastrophe ab, deren Ausgang noch gar nicht abzusehen ist, deren Auswirkungen sich voraussichtlich auch auf das europäische Wirtschaftsleben erstrecken werden. An der New Yorker Börse hat ganz unvermutet eine Panikstimmung eingerissen, die alle Beispiele ähnlicher Art weit in den Schatten stellt. Unzählige Existenzen sind bereits vernichtet, und das Schicksal von Millionen von Arbeitern steht auf dem Spiele. (Glarner Nachrichten, Donnerstag 31. Oktober 1929)

Das Automobil hält vor dem Bürogebäude an, Albert Bebié steigt aus. Ein kalter Luftzug zieht durch die Strasse zwischen der Fabrik und der Verwaltung. Am Samstag ist der erste Schnee gefallen, eine graue Linie zieht sich über dem Dorf durch den Wald, höher oben zerfliessen Schnee und Nebel. Ein Bild, ungewiss wie die Zukunft, denkt der Fabrikant. Er fröstelt. Übers Wochenende lag er mit Fieber im Bett. Ein befreundeter Fabrikant hat ihm die Hiobsnachricht ans Krankenbett gebracht. An der New Yorker Börse ist am Freitag Panik ausgebrochen, die Aktienkurse sind zusammengebrochen. Konkurse, Krise, Arbeitslosigkeit werden die Folge sein. Was jenseits des Atlantiks geschieht, wird sich auch in der Schweiz auswirken, selbst in Linthal, die Weltwirtschaft ist zu einem verflochtenen System zusammengewachsen. Ereignet sich irgendwo ein Beben, dann schlagen die Wellen selbst an entfernte Ufer und dort noch höher als im Epizentrum. Auch wenn er Sozialisten und Kommunisten hasst wie die Pest, eines muss Albert Bebié ihrem geistigen Führer zugute halten. Karl Marx hat die zyklischen Krisen der Wirtschaft erkannt und analysiert. Nur darf nicht geschehen, was die Sozialisten und Kommunisten daraus ableiten, nämlich dass die Wirtschaftskrise in die Revolution mündet, in die Diktatur des Proletariates. Albert Bebié hat es nicht mehr ausgehalten im Bett, er muss in seinen Betrieb, um zu spüren, ob sich das grosse Unheil schon ankündet, ob die Nachricht vom Erdbeben an den Börsen schon ins Hinterland gedrungen ist. Allfällige Unruhen müssen im Keim erstickt werden.

«Willkommen, Herr Bebié.» Prokurist Gabriel Zweifel hat ihn gesehen, ist ins Freie getreten. «Kommen Sie doch ins Büro. Es ist kalt.»

«Schon gut. Brauche noch etwas frische Luft. Was macht der da oben?» Bebié macht eine Kopfbewegung gegen den Kilchenstock.

«Gute Nachricht! Die letzten Messungen sind gut. Der Berg beruhigt sich allem Anschein nach.»

«Wenigstens das.» Bebié nickt flüchtig, doch es scheint ihm, Zweifel glaube nicht recht, was er sagt.

«Wie meinen Sie das? Ist etwas?» Der Prokurist wirkt angespannt. Was weiss er von den wirtschaftlichen Entwicklungen? Vom Börsenkrach?

«Ich habe nie an den Bergsturz geglaubt», sagt Bebié.

«Im Frühling haben die Geologen noch gewarnt. Im August kam eine böse Rüfe die Ätschruns herab, direkt in den Pfarrgarten.»

«Das kam schon immer vor. Auch Experten können sich irren.»

Der Prokurist nickt eifrig.

«Dann wollen wir also.» Bebié wendet sich der Fabrik zu. Die Fassade ist grau, hat Risse und feuchte Flecken, man müsste sie frisch verputzen und streichen. Doch jetzt ist nicht die Zeit für Investitionen. Er schreitet durch die Spinnsäle, Zweifel folgt ihm mit zwei Schritten Abstand. Heiss und dumpf schlägt ihm die Luft entgegen, der Lärm der Maschinen ist fast unerträglich. Früher hat er diese Atmosphäre geliebt, täglich ist er durch den Betrieb gegangen. In den letzten Jahren hat er sich immer seltener Zeit genommen. Das Geschäft reduziert sich zunehmend auf Zahlen, Eingang, Ausgang, Bilanz, Gewinn und Verlust. Bebié hustet, spuckt verstohlen in ein Taschentuch, steckt es rasch wieder weg. Die Drosslerinnen grüssen, schlagen die Augen nieder, wenn er sie fixiert, arbeiten weiter. Ihre Hände bewegen sich unermüdlich und geschickt.

«Wie geht's, Fämi?» fragt Zweifel. Niemals spricht der Fabrikherr direkt mit seinen Untergebenen, er lässt den Prokuristen fragen, die Antworten zusammenfassen, die im Maschinenlärm untergehen.

Die junge Frau läuft rot an, deutet ein Nicken an, rasch arbeitet sie weiter. Niemand klagt, die Meister loben die einheimischen Bauerntöchter. «Die sind zuverlässiger und geschickter als die auswärtigen Mädchen, die der Schuler in Rüti anstellt, oder die Italienerinnen beim Kunz. Sie können aufstehen am Morgen, fangen pünktlich an, selbst wenn am Abend zuvor Tanz war.» Gabriel Zweifel reibt die Hände, lächelt über seinen kleinen Scherz.

Bebiés Gesicht bleibt unbewegt. Er kennt die Familien, die Schiesser, die Zweifel, die Stüssi, die Vögeli. Vor fast dreissig Jahren haben die Fabrikanten Bebié aus Turgi die Fabrik von den Gebrüdern Becker übernommen, der Vater schickte Albert, 22jährig, aus dem Aargau ins Glarner Hinterland, «zu den wilden Berglern». Er liess sich im Dorf nieder, heiratete eine Hefti, wurde Gemeinderat und Landrat, viel hat er erreicht, Verdienst gebracht, den Fremdenverkehr gefördert, die Bergbahn nach Braunwald war seine Initiative. Streng war er, oft hart, Widerspruch duldete er nicht. Man hat ihn gehasst und verehrt zugleich, man war auf ihn angewiesen. Niemals wagten es die Arbeiterinnen und Arbeiter, sich aufzulehnen wie etwa beim Schuler in Rüti, wo sie sich gewerkschaftlich organisierten und 1921 sogar streikten, für ein paar Rappen mehr Lohn. Als die Textilindustrie nach dem Weltkrieg in eine Krise fiel, schloss er kurzerhand die Weberei, das war ein deutliches Signal. Im Unternehmen Bebié ist Linthal nur ein Zweigbetrieb, sollte es Probleme geben, mit dem Berg, mit dem Markt oder mit der Belegschaft, wird man reagieren.

In einem Glasverschlag, wo der Lärm der Maschinen gedämpft hereindringt, wechselt Bebié ein paar Worte mit

Heinrich Sigrist, einem zuverlässigen Meister. Auch er bestätigt, dass sich der Kilchenstock offenbar beruhigt hat. Kein Wort fällt von New York, von der Börsenkrise. Das ist die wirkliche Gefahr, nicht der Berg, der bloss ein Dorf bedroht, nicht die ganze Welt. Aber um das zu begreifen, haben die Leute hier zu wenig Weitblick, denkt Bebié, ihr Horizont beginnt am Ortstock und endet am Tödi. Und doch hat er das Gefühl, Sigrist verschweige etwas, in seinen Augen liegt ein widerborstiger Ausdruck, den er noch nie beobachtet hat bei dem Mann.

Der Prinzipal schreitet weiter, durch den nächsten Maschinensaal, immer gefolgt vom Prokuristen. Nach einer guten Stunde tritt er wieder ins Freie, wendet sich dem Adler zu. Vielleicht ist dort mehr zu erfahren. Seit er nicht mehr im Tal wohnt und in der Politik tätig ist, hat er den Draht zu den Einheimischen verloren.

---

> Die letzten Messungen zeigen deutlich, dass es allem Anschein nach noch verfrüht war, auf Grund bloss eines, an sich noch durchaus unsicheren Resultates vom 5. Oktober, auf ein Zurückgehen der Bewegungen am Kilchenstock zu schliessen und danach eine fast gefährliche Beruhigung der Gemüter vorzunehmen, wie dies leider durch Herrn Professor Heim letzthin geschehen ist. (Rudolf Staub an die kantonale Baudirektion, 2. Dezember 1929)

«Mama, ist das der liebe Gott?» fragt ein kleiner Bub im Tram, das von Hottingen gegen die Stadt hinabrattert. Er sitzt auf den Knien der Mutter und zeigt auf den alten Mann mit dem langen weissen Bart, dem wilden Haarkranz, der runden Kappe auf der Glatze. Albert Heim streicht dem Buben mit der Hand über den Kopf: «Der liebe Gott bin ich gerade nicht, Kleiner. Aber vielleicht holt er mich bald zu sich in den Himmel.»

Bei der Eidgenössischen Technischen Hochschule steigt der alte Mann aus, muss sich dabei auf den Stock stützen. Der Bub hat ihn an seine Enkel erinnert, die jetzt in China leben, vielleicht wird er sie nie mehr sehen. Der Sohn ist Professor an der Universität von Kanton, geflüchtet aus dem engen Land, nachdem der Schulrat den jüngeren Dr. Rudolf Staub an den Lehrstuhl für Geologie berufen hat. Die «Ära Heim» in der Geologie ist damit wohl endgültig zu Ende gegangen.

Bedächtig schreitet der alte Mann am Hauptgebäude des Polytechnikums vorbei, wo er unzählige Vorlesungen gehalten hat vor randvollem Auditorium Maximum. Einer seiner Hörer war ein gewisser Albert Einstein gewesen, begeistert von seinen anschaulichen Darstellungen und von seinen farbigen Tafelzeichnungen wie alle andern. Heim schreitet durch die Sonneggstrasse zum Neubau der Naturwissenschaften, den sein Nachfolger bezogen hat. Studenten kommen ihm auf der Treppe entgegen, sie tragen bunte Mützen, Bändel und Bierzipfel, ihre Stimmen schallen.

«Das Rheinland befreit …», hört Heim in preussischem Tonfall. «Das ist erst der Anfang …»

«Adolf Hitler wird Reichskanzler werden. Grossdeutschland erwacht.»

«Mit einem österreichischen Gefreiten als Führer?»

Keiner beachtet den alten Mann, der gedankenverloren die Stufen hinaufsteigt, an eine Tür klopft. Eine Sekretärin öffnet. «Was wünschen Sie?» Ihr Blick ist abweisend, als sei er ein Hausierer. Er kennt das, Konventionen sind seine Sache nicht, trotz seinem Ruhm ist er ein einfacher Mensch geblieben, weder Haar noch Bart haben je einen Coiffeur gesehen, und einen Frack hat er nie besessen. Vielleicht nimmt man ihm das übel bei den Behörden, beim hohen Schulrat. Das ständische Denken verbreitet sich wieder, Statussymbole, Krawatten, geschliffene Worte zählen bald mehr als wissenschaftliche Kompetenz. Irgendwann hat jemand sogar in den Akten gegraben und herausgefunden, dass Albert Heim nie eine Dissertation geschrieben hat, sondern den Doktortitel honoris causa bekam. Und plötzlich war die Ehre ein Schandfleck.

Professor Staub erwarte ihn, erklärt er.

«Ihr Name bitte?»

«Heim.»

Jetzt erkennt ihn die Sekretärin, entschuldigt sich, eilt durchs Vorzimmer zur Tür des Vorstehers, die aufgeht.

«Albert!»

«Ruedi!»

«Was kann ich dir offerieren? Einen Kaffee? Einen Tee? Fruchtsaft?»

«Nur Wasser», sagt Albert Heim. «Ich bin krank, du weisst, vertrage kaum noch irgend etwas ausser Tee, Haferschleim und Lebersuppe.»

Staub trommelt mit einem Bleistift auf Aktenstücken, während sie über seine Arbeit sprechen, das Institut, die geologische Sammlung. «Endlich ist sie zweckmässig untergebracht. Weisst du noch im Altbau? Einmal ist ein Handwerker durch den Boden der Sammlung gebrochen, wir mussten die Räume sperren und alles in Baracken zügeln.»

Sie reden über gemeinsame Exkursionen und Skitouren, die letzte vor zehn Jahren von Fex aus auf den Marmorè, Albert Heim war schon siebzig, eine Hütte des Alpenclubs im Gotthardgebiet hatte eben seinen Namen bekommen. «Ein Fossil bin ich geworden», sagt er, «an der Hochschule kennt mich niemand mehr, weder die Studenten noch deine Sekretärin.»

«Du wirst doch nicht etwa melancholisch, alter Kämpfer», lacht Staub. «Du weisst ja, ohne Fossilien gäbe es unsere Wissenschaft gar nicht!»

«Man wird einsam, man wird eigenartig, man beginnt, über Sinn und Unsinn nachzugrübeln», sagt Heim. Deshalb habe er sich ein Projekt vorgenommen, vielleicht das letzte, ein Buch über die Geschichte der Bergstürze, Beobachtungen, Ursachen, wissenschaftliche Erkenntnisse, die sich daraus ableiten, Mittel zum Schutz der Menschenleben.

«Aha?» Staub beugt sich über den Schreibtisch, der Bleistift hört auf zu trommeln. «Also der Rossberg, Flims, Elm, der Plattenberg in Engi, und natürlich unser Sorgenkind im Glarner Hinterland ...»

Heim nickt. «Ich möchte zeigen, dass anstelle von stumpfsinnigem Zusehen durch Messen und Beobachten Katastrophen vermieden werden können. Die Wissenschaft trägt Verantwortung.»

«Punkto Kilchenstock kann uns niemand etwas vorwerfen», erwidert Staub scharf. «Wir haben getan, was wir tun konnten, und noch viel mehr. Ich habe Fluchtpläne ausgearbeitet, die Durchführung liegt nun bei den Behörden. Gemessen wird regelmässig und mit hoher Präzision. Demnächst sogar fotogrammetrisch vom Flugzeug aus, nach allerneuesten Verfahren.»

«Selbstverständlich werde ich deine Verdienste um den Kilchenstock erwähnen in meiner Schrift, du warst der erste, der die Gefahr wirklich erkannt hat.»

«Ich habe nie dramatisiert, ich habe auch nicht bagatellisiert. Ich habe versucht, mir ein objektives Bild der Lage zu verschaffen, war einige Male auf dem Berg.»

«Leider kann ich das nicht mehr, du verstehst. Ich bin auf die Messdaten angewiesen. Manchmal schickt man sie mir, manchmal nicht.»

«Natürlich ist der Augenschein wichtig. Aber hat nicht Marcel Bertrand schon 1884 die Theorie der Hauptüberschiebung entwickelt, ohne dass er je im Glarnerland gewesen ist? Nur auf Grund der Daten und Skizzen in der Literatur. Die Erfahrung taugt nichts, wenn das Denken versagt.»

«Bertrand hat seine Theorie auf Grund meiner Arbeiten entwickelt», erwidert Heim gereizt. Er wird nicht gerne an seine wissenschaftliche Niederlage erinnert.

Doch Staub kommt sofort wieder auf das aktuelle Problem zurück: «Ich verstehe dein letztes Schreiben an die Glarner Regierung. Natürlich dürfen wir nicht in Panik machen …»

«Ich hatte den Eindruck, die bewegte Masse zerfalle in mehrere Stücke. Das wollte ich den Herren mitteilen.»

«Eine mögliche Theorie. Wir können sie aber nicht als gesichert betrachten, solange wir nicht wissen, wie tief der Abriss reicht. Die Schichten fallen zwar gegen Südosten, das wäre eine Chance, dass sich keine homogene Gleitfläche bildet.»

«Tut mir leid, wenn ich einen zu optimistischen Eindruck erweckt habe. Du hast mich scheint's hart kritisiert in einem Brief an die Regierung.»

«Wir tragen Verantwortung, sagst du selber immer wieder. Ich musste deutlich werden. Vergiss nicht, Albert, dein Wort gilt im Glarnerland mehr als meines. Die Glarner mögen mich nicht, obwohl ich mich eigentlich als Landsmann verstehe, ich bin in Glarus geboren, Mutter war eine Luchsinger.»

«Der Prophet gilt halt im eigenen Land wenig», sagt Heim. «Aber jetzt wirst du melancholisch, Ruedi.»

Staub steht auf. «Du entschuldigst, ich muss zur Vorlesung. Die Geologie der Glarner Alpen, ausgerechnet», lacht er, «von der Doppelfalte zur Glarner Hauptüberschiebung.» Er klemmt sich Unterlagen und eine Kartenrolle unter den Arm, begleitet Heim zur Tür. «Möchtest du noch in die Sammlung, ich habe einiges verändert. Mein Vorgänger hat sie vernachlässigt, du weisst ...»

Heim bedankt sich. Die geologische Sammlung? Ein Werk, das er noch von Escher übernommen hatte, Gesteine, Versteinerungen, Mineralien, sinnvoll geordnet, so dass ausgehend von aktuellem Material die Entwicklungsgeschichte sichtbar und nachvollziehbar wurde, für die Lehre ebenso wertvoll wie für die Forschung. Alles ist ihm fremd geworden. Die Glarner Doppelfalte, seine Theorie, ist zur Anekdote der Wissenschaftsgeschichte verkommen, an der er sich allzulange festgeklammert hat. Staub hat ihm das deutlich genug zu verstehen gegeben.

Alles wäre anders verlaufen, denkt Albert Heim, wenn sein Sohn seine Nachfolge angetreten hätte, 1911 schon, nach seinem Rücktritt. Doch zu seinem grossen Leid hatte sich Arnold entschieden, für eine holländische Petroleumgesellschaft in Sumatra nach Öl zu schürfen. Er wollte selbständig werden, sich von seinem übermächtigen Vater lösen. Er wollte Geld verdienen, und das hiess, im Petroleumsumpf waten, statt in freier Alpenluft wandern. Damit hatte er sich die wissenschaftliche Karriere in der Heimat verbaut, die Heimsche Tradition war an der Hochschule fortan nicht mehr erwünscht. Sein Nachfolger wurde Schardt, statt sein Sohn, dem er den Namen des grossen Lehrers Arnold Escher gegeben hatte. Und der grosse Albert Heim durfte nicht einmal mehr als Privatdozent Vorlesung halten, sondern nur noch als «alt Professor». Staub behandelt ihn zwar als väterlichen Freund und erfahrenen Berater, doch wissenschaftlich nimmt er ihn nicht mehr ernst. Seine Analysen zum Kilchenstock ignoriert er geflissentlich. Doch diesen Konflikt wird der Berg entscheiden, nicht der Schulrat.

# Angst

1930

> Krise der Schweizerischen Baumwollindustrie. Die Zahl der Beschäftigten ist von 27 500 im Jahr 1928 auf 22 700 gesunken. Selbst der Glaube an eine bessere Zukunft beginnt zu wanken. (Glarner Nachrichten, 14. Juli 1930)

Am Sonntag ist Stubete im Sand, schon als die Mutter jung war, hat man den Brauch gepflegt, und einmal, da war ein scheuer Bursche dabei, der Balz vom Bergli, dessen braune Augen in dem runden Gesicht verträumt in die Welt schauten. In jenen Jahren war die Klausenstrasse gebaut worden, die Wirtschaft im Bergli hatte rentiert. Bald waren Babetta Heiz und der Balz ab dem Fruttberg ein Paar, er übernahm den Sand, denn ihr Bruder war Lehrer geworden und ein Dichter dazu, er hatte Höheres im Sinn als ein Leben als Bergbauer.

Auch jetzt drängen sich die jungen Burschen aus der Umgebung wieder in die Stube im Sand, die drei Töchter sind im heiratsfähigen Alter und «eine schöner als die andere». Alle tüchtig, gescheit und stark, sie lachen viel und tanzen gern, ihre Stimmen sind laut und selbstbewusst, sie bringen Geld nach Hause aus der Fabrik, in Küche und Hof machen sie jede Arbeit, selbst melken und misten und ackern.

Ein Linthaler spielt auf der Maulorgel, ein Rütener klopft mit zwei Löffeln den Takt. Als Schüler haben sich die Jungen aus den beiden Dörfern die Köpfe blutig geschlagen, jetzt sind sie zahmer geworden, man will einen guten Eindruck hinterlassen im Sand. Den Hof wird zwar der Sohn übernehmen, der junge Balz ist fünfzehn.

In der Stube schmiegen sich die Paare aneinander, es ist so eng, dass sie sich kaum drehen können beim Tanzen. Mutig fassen die Burschen ihre Partnerinnen um die Hüften, die langen Röcke schwingen ihnen um die Beine. Wer einer auf den

Fuss steht, muss ein Pfand geben. Nastücher, Taschenuhren, Pfeifen und Sackmesser sammeln sich auf der Ofenbank, wo der Vater sitzt und trotz Musik und Getrampel in der Zeitung blättert. Bald ist es so heiss, dass allen der Schweiss übers Gesicht rinnt, die Ärmel sind hochgekrempelt, die Kragen aufgeknöpft. In einer Pause trägt die Mutter Krüge mit Most herein und Platten, auf denen sich die Schlupfküchlein türmen. Draussen treibt der Wind Schnee gegen die Scheiben.

Wie es denn in Linthal stehe mit Arbeit in den Fabriken, fragt Babetta in der Pause den Maulörgeler.

«Es heisst, der Bebié werde bald zumachen. Die Fabrik steht in der Gefahrenzone.»

«Er hat die Regierung unter Druck gesetzt wegen dem Berg.»

«Auch beim Schuler gibt es immer weniger Arbeit. Man hat schon Mädchen aus dem Marienheim nach Hause geschickt in ihre Heimatkantone.»

«Bald wird man wieder froh sein um uns Bauern. Immer wenn Krise ist oder Krieg, besinnt sich das Volk auf den Bauernstand.»

«Sagt auch der Schiesser Heiri in Linthal. Er will, dass wir Bauern uns zusammenschliessen zu einem nationalen Verband, den Arbeitern und Städtern die Stirn bieten, den Bolschewiken und den Banken.»

«Was ist denn der Unterschied zwischen Bauern und Arbeitern?» fragt Babetta. «Wir sind alle arm und müssen in die Fabrik.»

Der Vater murmelt etwas vom Aktivdienst und vom Generalstreik 1919. Er musste Wache stehen auf dem Bahnhof in Zürich, es war wie im Bürgerkrieg, Militär gegen die Arbeiter, die Landschaft gegen die Stadt. Niemand will ihm zuhören, und so vertieft er sich wieder in die Zeitung.

«Bauern seid ihr», sagt einer aus Linthal. «Auch wenn ihr in die Fabrik geht. Es kommt auf die Abstammung an. Und wehe, wenn eine von euch einen Arbeiter heiratet …»

«Wehe, wenn eine von euch einen Linthaler heiratet»,

ruft ein Rütener. Schon raufen sich zwei zum Spass, bis der Linthaler den Rütener im Schwitzkasten hat.

Kreischend drücken sich die jungen Frauen an die Wand, die Burschen lachen.

«Was soll das Pfand in meiner Hand?» fragt Margrit, als wieder Ruhe einkehrt.

Ein Lied singen, einmal ums Haus laufen, mit Margrit tanzen, Babetta einen Kuss geben. Immer frecher wird das Pfänderspiel. Margrit muss mit einem Burschen einen Apfel essen, zu zweit, ohne die Hände zu brauchen. Die andern schauen zu, lachen Tränen, schlagen mit den Händen auf die Oberschenkel, nicht immer die eigenen.

Der Vater und die Mutter haben sich diskret zurückgezogen. Man sieht Balz draussen durch das Schneetreiben zum Stall stapfen, vielleicht denkt er an damals, als er beim Pfänderspiel im Sand die Babetta Heiz küssen musste, rot ist er geworden bis unter die Haarwurzeln. Und kaum ist man ein Paar, sind auch die eigenen Töchter wieder so weit. So ist der Lauf der Welt, Frühling, Sommer, Herbst, Winter. Nur Gott weiss, warum.

Bald spricht einer der Jungen vom Melken, der andere hat noch eine Vorstandssitzung beim Schützenverein. Grau fällt der Abend ins Tal. Die Burschen bedanken sich anständig bei der Mutter, ziehen ab. Babetta schaut ihnen durchs Fenster nach, der Bursche aus Linthal, dem sie einen Kuss geben musste, geht als letzter. Draussen dreht er sich nochmals um, schwenkt den Hut und lässt einen Jauchzer steigen.

---

Die Beobachtungen am Kilchenstock habe ich seit 1926 nach bestem Wissen und Gewissen durchgeführt und Sie werden – leider – anerkennen müssen, dass die auf meinen dringlichen Wunsch hin und erst nach langem Zögern ausgeführten einwandfreien Messungen die von mir erstmals erkannte grosse Gefahr in ihrem ganzen Umfange bestätigt haben. Dafür bezahlt mir die Gemeinde Linthal das übrigens nicht allzu hohe Honorar und nicht für irgendwelche Bereicherung der geologischen Wissenschaft, wie ein Teil Ihrer Bürgerschaft zu meinen scheint. (Rudof Staub an den Gemeinderat Linthal, 8. April 1930)

Mit einem Schwung kippt Fritz Zweifel das lederne Sitzpolster im Coiffeurstuhl. «Darf ich bitten, Hochwürden …» Pfarrer Frey schmunzelt. «Wollen Sie mich jetzt auch noch zum Bischof befördern? Danke, ich habe schon genug Ehrenämter als Schul- und Armenpräsident.»

«Und als Kilchenstockwächter», fügt der Coiffeur hinzu, lacht ihn im Spiegel an, schwingt einen weissen Tuchumhang um seinen Körper, stopft ihm einen Papierkragen in den Hals.

«Rasieren gefällig?»

«Nein danke. Gefällt Ihnen mein Bart nicht?»

«Ohne Bart kämen Ihre Ohren besser zur Geltung, wenn Sie auf der Kanzel stehen.»

«So? Nimmt mich nur wunder, wann Sie mich das letzte Mal gesehen haben dort oben?»

So scherzen sie, während Zweifel mit Schere und Kamm zuerst Schnauz und Bart des Pfarrers wieder in Form schneidet, dann auch das Haupthaar. Frey sieht im Spiegel die Haarbüschel auf das Tuch fallen, seine Ohren scheinen bei jedem Schnitt zu wachsen. «Es reicht jetzt dann wohl», meint er.

Doch Zweifel schnipselt weiter und erzählt, früher sei er einmal Bademeister gewesen im Stachelberg drüben, im Schwefelbad, er habe die vornehmen Herrschaften bedient und auch massiert. «Damen und Herren», betont er und rollt die Augen. Leider habe das Bad Konkurs gemacht, wegen der Braunwaldbahn. «Niemand will mehr im Tal hocken, seit man bequem an die frische Höhenluft fahren kann.» Er seufzt, greift sich eine Bürste vom Coiffeurtisch aus dem Durcheinander von Kämmen, Scheren, Flaschen mit Kölnischwasser, Pomadedosen und Rasiermesser neben dem Spülbecken.

«Und wie sieht's aus auf dem Berg?» fragt er. «Sie sind doch letzthin oben gewesen.» Er bürstet dem Pfarrer gründlich die Haare aus. «Ist's recht so? Oder noch etwas kürzer, auf den Frühling hin?»

Frey hebt abwehrend die Hände unter dem Umhang.

«Sieht es bös aus dort oben?»

«Mit dem Geologen Freuler aus Ennenda habe ich den Abbruch rekognosziert.»

«Und was habt ihr herausgefunden?»

«Freuler ist ein Schüler von Professor Schardt, der letztes Jahr ein optimistisches Gutachten geliefert hat. Freuler hat bestätigt, dass die Gesteinsschichten an der Abbruchstelle bergeinwärts fallen. Die wirken als Stützkeile, meint er, sie seien stark genug, den Abbruch aufzuhalten.»

«Die gescheiten Herren aus Zürich sind da anderer Meinung. Deshalb haben sie den Schardt angeschwärzt in Glarus.»

«Professor Schardt ist pensioniert. Er ist schon über siebzig.»

«Papa Heim ist aber noch älter.»

«Der Freuler Gabriel hält auch nicht viel von Heim. Er hat beobachtet, dass es am ganzen Kilchenstock auf unserer Seite nur eine einzige Quelle gibt. Das heisst, dass auch im Innern des Bergs die Schichten gegen Osten fallen, gegen das hintere Durnachtal und den Hausstock. Das weiss auch Professor Staub, der Gutachter, der war oft genug auf dem Berg.»

«Habt ihr mit ihm gesprochen?»

«Wir sind keine Wissenschaftler, deshalb legt der Herr Professor keinen Wert auf unsere Meinung. Wir haben ihm sogar bei der Arbeit zugeschaut, aber er hat uns wie Luft behandelt.»

«Auf die Meinung der Einheimischen legt der ehrenwerte Herr keinen Wert», sagt Zweifel, «dafür um so mehr auf unser Portemonnaie. Gestern kam der Stüssi Bernhard zum Haarschneiden. Im Gemeinderat hat es Krach gegeben, als der Professor eine Rechnung geschickt hat. Auch der Baudirektor in Glarus habe getobt. Der Kanton muss auch vierzig Prozent zahlen.»

Zweifel greift sich mit einem Finger Pomade aus einer Dose, verreibt sie in den Händen, streicht dem Pfarrer über die Haare. Dann zieht er ihm mit dem Kamm einen Scheitel, putzt ihm mit einem weichen Pinsel den Hals, hält ihm einen Spiegel hin, dass er seine Frisur auch von hinten begutachten kann.

Dazu erzählt er, was ihm der Gemeindepräsident berichtet hat. Linthal habe Professor Staub bis Ende des letzten Jahres bereits 6000 Franken bezahlt, für seine Gutachten seit 1927. Jetzt habe Staub drei Begehungen pro Jahr offeriert für 1500 Franken. Grössere Berichte und Spesen wären noch extra zu bezahlen. «Stellen Sie sich vor, wie lange eine Arbeiterin für so viel Geld in die Fabrik muss, mit ihren 60 Rappen in der Stunde …»

Frey überschlägt die Zahlen im Kopf. «Ein ganzes Jahr müsste sie arbeiten für die drei Tage, die der Professor auf dem Berg verbringt, bei freier Kost und Logis.»

«Das haben Sie aber schnell ausgerechnet», staunt Zweifel. Und dann ereifert er sich: «Den Jahreslohn einer Arbeiterin für drei Spaziergänge auf den Kilchenstock, das ist einfach unverschämt. Dabei hat der Professor auch noch ein gutes Salär an der Hochschule. Ein nigelnagelneues Automobil fährt er, und gekleidet ist er wie ein Lackaffe. Und dann traut sich der Mann auch noch zu schreiben, seine Forderung sei bescheiden, gemessen an dem, was auf dem Spiel stehe.»

«Natürlich steht viel auf dem Spiel», sagt der Pfarrer. «Wir sind auf Fachleute angewiesen. Wer würde sonst die Verantwortung übernehmen? Der Pfarrer etwa?»

«Wenn die Leute erfahren, wie hoch seine Rechnungen sind, wird ihre Wut auf die Geologen noch steigen. Schon jetzt sagen viele, die Professoren aus Zürich stellten die schlechten Prognosen nur, um Geld zu machen, um die Gemeinde auszupressen wie eine Zitrone.»

Er zieht Frey den Tuchumhang weg, schüttelt die Haare auf den Boden, wischt sie mit dem Besen zusammen.

Der Pfarrer bezahlt. Es sind keine Kunden im Coiffeurladen, deshalb scherzt er: «Jetzt haben Sie Zeit zum Ausrechnen, wie viele Bärte Sie schneiden müssen, bis Sie das Honorar des Professor Staub verdient haben.»

«Dem schneide ich ganz was anderes ab, falls er sich in meinen Laden verirren sollte», ruft der Coiffeur dem Pfarrer nach.

---

Sehr geehrter, lieber Herr Professor!
Die Bevölkerung scheint wieder ganz beruhigt. Meine Mutter suchte eine andere Wohnung und hatte im Schöpfgruben ein günstiges Angebot. Die Gemeindebehörden orientierten die Bewohner, dass ausser dem Hotel Tödi auch das Mädchenheim im Schöpfgruben als Zufluchtsorte bestimmt seien. Wenn dies stimmt, dann läge auch die neue Wohnung meiner Mutter ausserhalb der Gefahrenzone, da sie nur wenig unterhalb dieses Heims liegt.
Wenn ich Sie bitten dürfte, mich ganz kurz zu orientieren, was die Winterbeobachtungen ergaben, denn die offiziellen Meldungen berücksichtigen in erster Linie die wirtschaftliche Lage, besonders Fremdenindustrie. (Niklaus Randegger an Albert Heim, 21. April 1929)

Der Frühling ist nass, Regen fällt, unterbrochen durch kurze Föhneinbrüche. Am ersten Sonntag im Mai wandert Pfarrer Frey mit der Familie der Linth entlang in den Hauptort zur Landsgemeinde. Bethli, Fritz und Hedy gehen zu Fuss, die vierjährige Trudy trägt er auf dem Rücken. Gertrud schiebt Trini, die Kleinste, im Kinderwagen. Die ersten Maikäfer fliegen. Abheben, denkt Gertrud insgeheim, davonfliegen. Manchmal träumt sie, ihr seien Flügel gewachsen, sie könne sich über die Berge hinwegschwingen, schweben im Wind wie die Dohlen, die den Felswänden entlangsegeln. Noch hat sie sich nicht abgefunden mit der Enge des Tals, mit den steilen Halden und Wänden, die sie umringen wie himmelhohe Gefängnismauern. Neben dem Haushalt erledigt sie viel Schreibarbeit für die Ämter des Mannes. Manchmal sehnt sie sich nach der Stadt, in der sie aufgewachsen ist, Zürich-Wollishofen, ein lichtes Quartier am See, Forsythien und Flieder blühen im Frühling in den Gärten.

Ein eigenartiges Wortspiel ist ihr letzthin eingefallen. Vor ihrer Heirat hat sie Kirchhofer geheissen, jetzt ist sie Pfarrfrau am Fuss des Kilchenstocks. Die Kirche scheint ihr Schicksal zu sein. «Du bist eben ein Engel», hat Friedrich gesagt, als sie ihm den Traum von den Flügeln erzählt hat. Nimmt er sie ernst? Oder ist es der Schalk, der ihn hie und da packt?

Auf dem Zaunplatz in Glarus treten die Männer für die Landsgemeinde auf eine ringförmige Bühne, die grösseren Kinder dürfen in der Mitte unter dem Rednerpult auf Bänken Platz nehmen, die Frauen sind ausgeschlossen. Vor einem Jahr haben Schweizer Frauen in Bern eine Petition für das Frauenstimmrecht eingereicht, in Deutschland haben Frauen seit 1918 Stimmrecht. Die Glarnerinnen haben also nichts zu sagen zur Änderung des Schulgesetzes. Die Repetierschule, ein Relikt aus dem vergangenen Jahrhundert, soll abgeschafft, dafür wie in andern Kantonen ein achtes Schuljahr eingeführt werden.

Gertrud mischt sich unters Volk, das sich an der Strasse drängt, auf der eine Militärkapelle marschiert, dahinter folgen die Regierung, Landrat und Richter in schwarzem Frack und Zylinder, flankiert von Weibeln in farbiger Tracht. In seltsam gestelztem, wiegendem Schritt schreiten die Männer im Takt der Musik, in Zeitlupe fast, als wollten sie den kurzen Weg vom Rathaus in den Ring verlängern, damit das Volk seine Vertreter und die Regierenden ausgiebig betrachten kann. Ihre Gesichter sind ernst, dem würdevollen Anlass angepasst. Gertrud schiebt den Kinderwagen durch die Hauptstrasse, den Marktständen entlang, betrachtet die Kleider und Kuhglocken, die Werkzeuge und Puppen, die ausgestellt sind. Sie freut sich an der Sonne, an den Menschen, an der kurzen Stunde der Freiheit.

Zum Mittagessen treffen sie sich bei den Schwiegereltern.

«Die Landsgemeinde hat das achte Schuljahr angenommen», berichtet Friedrich, «aber leider nur fakultativ. Es bleibt den Gemeinden überlassen, ob sie es einführen wollen.» Dann erzählt er von einem Landrat aus Mollis, der im Ring gegen das achte Schuljahr gekämpft habe mit dem Argument, wer in sieben Jahren nichts lerne, bei dem sei auch das achte für die Katze. Da wäre er am liebsten aufs Rednerpult getreten und hätte dem Molliser zugerufen: «Und Sie haben in Ihrem ganzen Leben noch nichts gelernt.» Denn nichts sei heute wichtiger als Bildung und Wissen, um die wirtschaftliche und politische Krise zu meistern. Aber er habe sich zurückgehalten, als neuer Pfarrer im Land.

«Unsere Bauern brauchen ihre Jungen im Stall und auf dem Feld», sagt der Schwiegervater. «Jede Stunde mehr Schule betrachten sie als Verlust. Man muss sie begreifen, es geht ihnen noch schlechter als den Arbeitern.»

«Dummheit soll man nie entschuldigen», gibt Friedrich zurück. «Bei den Bauern nicht und bei den Politikern schon gar nicht.»

---

In der Nacht vom 8. auf den 9. Mai 1930 erschreckten verschiedene Felsstürze, die Bäume knickten und mitrissen, die Einwohner. (Erinnerungen von Friedrich Frey)

In einer Nacht schreckt Gertrud aus dem Schlaf, spürt das Bett zittern, Scheiben klirren, hoch oben am Berg kracht und poltert Gestein.

«Friedrich!»

Er steht am offenen Fenster, das Nachthemd in die Hosen gestopft, die Hosenträger hängen herab. «Bleib nur liegen. Es ist nicht so schlimm.»

«Ist etwas am Berg?»

«Irgendwo bricht ein Stück Fels ab.»

Sie steht neben ihm, er sucht ihre Hand, drückt sie fest. «Ruhig bleiben. Wir sind am sichersten im Haus.»

Plötzlich ist es, als springe ein Riese in grossen Sätzen die Bergwand herab, Holz splittert, Steine prallen dumpf auf den Erdboden. Ein zweiter Riese folgt, stampft durch die

Nacht, knickt Bäume, zerbröselt Felsblöcke. Nach Schwefel riechender Staub weht ins Schlafzimmer. Dann ist es wieder still am Berg, ein Hund bellt, eine Stimme ruft etwas in die Nacht.

«Und wenn es doch einen Bergsturz gibt?» Sie lehnt sich an ihn, ein Schauer fährt durch ihren Körper.

«Es sind keine grösseren Massen in Bewegung, Freuler und ich haben uns überzeugt. Natürlich wird es immer wieder Abstürze geben. Grössere Bewegungen künden sich jedoch rechtzeitig an durch die Messungen. Im Notfall haben wir genug Zeit, uns in Sicherheit zu bringen.»

«Bist du sicher?»

Er zögert. «Angst?»

«Ja», sagt sie.

«Ich bin doch da.» Er legt seinen Arm um ihre Schultern.

---

> Die Zeit vom 13., 14. und 15. Mai wurde eine Zeit der grossen Murgänge an der Ätsch. Die strömenden Niederschläge brachten die von den Felsstürzen liegen gebliebenen Fels- und Gesteinstrümmer in Bewegung und überführten die damals grosse Pfarrhoschet und bedrohten das Pfarrhaus und die Dorfstrasse. (Erinnerungen von Friedrich Frey)

Heinrich Sigrist wechselt das Übersetzungsgetriebe einer Spinnmaschine aus, als Fämi ruft: «Das Feuerhorn! Hörst du denn nichts?»

Sigrist legt ein Zahnrad und den Schraubenschlüssel auf einen Lappen. «Wie soll ich bei diesem Lärm etwas hören? Wo brennt es?»

«Der Berg kommt!»

Er eilt hinaus, auf der Strasse sieht er zwei Feuerwehrleute von Ennetlinth gegen das Dorf rennen, auf den Köpfen Helme mit goldenem Kamm. Am Gürtel des einen schwingt eine Axt hin und her. Sie keuchen vorbei, ohne Sigrist zu beachten. Vom Kilchenstock rollt ein gewaltiges Tosen herab, als sei hoch oben im Grau eine Lawine losgebrochen, wälze sich auf das Dorf zu und werde es in wenigen Augenblicken verschütten. «Fort!» ist der erste Gedanke. «Das ist das Ende! Nur weg von hier!»

Sigrist schaut wie gelähmt zum Berg, er hört Schreie, Rufe, vom Sand her das Feuerhorn. Die reformierte Kirche beginnt Sturm zu läuten, bald folgt die katholische auf dem Hügel im Seeken. Der Berg kommt! Wieder sieht er einen Mann durch die Dorfstrasse hasten, eine Schaufel auf der Schulter, auf dem Kopf einen Stahlhelm, den Militärkaput über die Schultern geworfen. Während Sigrist der Fabrik entlangläuft, sieht er hinter den Fenstern die Gesichter der Frauen, die erschrocken herausstarren. Beim Raben trifft er auf eine Gruppe von Männern, Metzger Heer steht in der blutbefleckten Schlachterschürze vor der Wirtschaft, verteilt Schaufeln und Pickel. Schweiss rinnt über sein rotes Gesicht.

«Was ist geschehen?» fragt Sigrist atemlos.

«Ein Murgang! Hinten in der Pfarrhoschet ist es am schlimmsten.» Heer drückt ihm eine Schaufel in die Hand. «Schnell, wir müssen das Wasser ableiten.» Der Wirt keucht, sein Atem riecht nach Schnaps.

Ein Lastwagen fährt heran, auf der Brücke sitzen Feuerwehrleute aus Rüti. Er hält vor dem Pfarrhaus, die Männer springen ab, beginnen sofort, Bretter, Pfähle und Rundholz abzuladen. Im Garten stösst Sigrist auf den Schuttstrom, der sich durch die Ätschrunse herabwälzt. Er hat die Trockenmauer durchbrochen, hat sich durch die Wiesen und Gärten gepflügt, den Obstgarten verwüstet, Bäume entwurzelt. Hart am Pfarrhaus biegt der Strom ab gegen Norden, zwei Ställe und das Schlachthaus des Raben sind halb in Dreck und Geröll vergraben. Das Wasser staut sich, bildet schmutzige Tümpel. Und in der Runse tost und rauscht es noch immer, ein Wildbach frisst sich in den Abhang, treibt Geröll und Baustämme vor sich her, jeden Augenblick kann wieder eine Schuttlawine folgen oder der ganze Berg. Also haben die Geologen doch recht gehabt, fährt es Sigrist durch den Kopf, und wir Dummköpfe haben es nicht glauben wollen. Schon ist er am Schaufeln, hat sich in die Reihe der Männer gestellt, die einen Graben ausheben. Jeder packt dort an, wo er es am nötigsten findet, ein Kommando gibt es nicht. Man hat die Geologen beschimpft, man hat sie verlacht, man hat sie als Schwarzseher und Geldscharrer denunziert, man hat die Augen verschlossen vor der Gefahr. Und nun kommt der Berg, genau wie sie vorausgesagt haben. Alle wussten es, und keiner wollte es wahrhaben. Sigrist schaufelt wortlos und verbissen, Wut hat ihn gepackt, er weiss nicht, auf wen, auf die Einheimischen, die alle Warnungen in den Wind schlagen, auf die Regierung und den Gemeinderat, die stets zögern, wenn es um Massnahmen geht. Und auf sich selber, auch er wollte nicht an eine Katastrophe glauben. Selbst auf den Berg ist er wütend, den Saukerl, den Dreckhaufen, wie die Leute sagen. Er schaufelt sich die Wut aus dem Leib, spuckt in den Dreck, flucht vor sich hin.

Beim Pfarrhaus schlagen Männer Pfähle in den Boden, knietief steht der Pfarrer im Wasser, ohne Kopfbedeckung, die Ärmel hochgekrempelt, und nagelt Bretter an. Sein Gesicht ist mit Dreck verschmiert, ein kalter Stumpen klebt ihm im Mundwinkel. Der braune Strom reisst ihn fast aus dem Stand. Doch er arbeitet unerschrocken, gibt zwischendurch Anweisungen.

In einer Atempause sieht sich Sigrist um. Wohl hundert Männer arbeiten am Berg, die Feuerwehren aus Rüti und Betschwanden, in der Hast haben sie die Uniformen oft nur teilweise angezogen, doch alle sehen gleich aus, alle sind nass und dreckig.

Allmählich kommt in das chaotische Getriebe Ordnung, Kommandos schallen da und dort. Ein paar Herren in Ledermänteln und Stiefeln und aufgespannten Schirmen kommen mit dem Gemeindepräsidenten vom Dorf herauf, diskutieren, zeigen zum Kilchenstock, bleiben da und dort stehen. Die Pfarrfrau bringt Kaffee und heisse Milch in Krügen, auf einem Brett Brot und Käse. Pause. Gerüchte machen die Runde. Man habe befohlen, alle Häuser in der Gefahrenzone zu räumen, oben am Berg drohe ein Felskopf einzustürzen, der

Punkt E, das schiefrige Gestein sei schon stark unterhöhlt. Förster Zweifel habe unter Lebensgefahr rekognosziert. Es sehe böse aus. Auch die Tüfruns weiter im Norden führe Geröll und Schutt, der alte Friedhof stehe unter Wasser.

Böse sieht auch der Pfarrgarten aus, die Hoschet. Apfelbäume sind bis zur halben Höhe im Geschiebe versunken, Wiesen, Beete, Ruhebänke zerstört. Im Berghang klafft eine Wunde, die Runse hat sich eingefressen, Wasser schiesst durch einen tiefen Graben herab. «Früher musste der Pfarrer von dem Blätz Land leben», sagt Friedrich Frey, «schade um die Kartoffeln, die schon im Boden waren.» Er lässt sich einen Kaffee einschenken, setzt einen neuen Stumpen in Brand. Schnaps nimmt er keinen, er sei Abstinent. Die andern greifen dafür um so eifriger zur Flasche mit dem Klaren, die der Adlerwirt spendiert. «Der Kaffee wärmt erst richtig, wenn man durch ihn hindurch auf den Boden der Tasse sieht», sagt einer.

Wehmütig schaut Pfarrer Frey über die zerstörte Hoschet. «Da ist ein Stück Kultur versunken, ein Stück Abendland, könnte man sagen. Und das ausgerechnet an meinem Geburtstag.»

«Wie alt sind Sie denn, Herr Pfarrer?» fragt einer.

«Auch schon achtunddreissig», sagt Frey und lacht schon wieder.

«Wie wird es jetzt weitergehen?» fragt Sigrist.

Frey zuckt die Schultern. «Man wird wieder hinaufsteigen müssen, die Ursachen ergründen. Wenn nur der Regen endlich aufhören würde.»

«Und dann?»

«Jedenfalls war es eine Warnung», meint der Pfarrer. «Bisher haben die einen oder andern die Sache auf die allzu leichte Schulter genommen.»

Sigrist greift nach der Schaufel, gräbt weiter im Schutt. Seine Idee geht ihm durch den Kopf, das eigene Unternehmen. Viel hat er darüber nachgedacht, hat gerechnet, hat Pläne entworfen für ein kleines Fabrikgebäude. Der Berg hat sie durchkreuzt, die Ungewissheit ist gewachsen. Als ob die wirtschaftliche Krise nicht schon genug Elend und Unglück gebracht hätte. Jetzt beginnt auch noch die Natur, die Menschen zu plagen.

---

> Da eine wirksame Verbauung der Ätschruns unter dem «Fall» zur Zeit nur unter enormen Schwierigkeiten und Kosten durchführbar wäre, so ist zum Schutze des Dorfes gegen Murgang aus dem Gebiete der Ätschruns ein grosser, genügend starker Schutzdamm sofort zu errichten. (Protokoll der Begehung vom 22. Mai 1930 zuhanden des hohen Regierungsrates)

Frey rammt den Pickel in ein Graspolster, schraubt die Fotokamera mit einer Metallklammer an der Haue fest, eine eigene Erfindung, die ihm erspart, jedesmal auch noch das Stativ auf den Berg zu schleppen. «Heute feiere ich ein Jubiläum», sagt er zu den Herren, die ihm zuschauen.

«So, was für eines denn?» fragt Ingenieur Härry. Professor Staub und Oberförster Örtli und ihre Begleiter steigen weiter, ohne auf die Antwort zu warten. Nur Härry bleibt stehen.

«Ich bin zum zehnten Mal auf dem Kilchenstock.»

Frey zieht den Balg der Kamera aus, richtet das Objektiv auf den Felskopf, der schief über der Runse hängt. Der Abbruch ist nicht wiederzuerkennen, das Gestein zerklüftet und zersplittert, die Bäume an den Rändern stehen schief, sind entwurzelt oder geknickt. Die Spalte, die den Felspfeiler von der hintern Wand trennt, klafft einen Meter weit. Und sie wächst weiter, langsam, aber stetig. Der Felskopf muss abbrechen, kein Zweifel, fragt sich nur, wann und wie. Unter dem Fels ragt der Rand einer alten Stützmauer aus dem Schutt. Vor Jahrzehnten haben die Korporationen solche Sätz errichtet, haben sie immer wieder geflickt, wenn sie beschädigt waren. Jetzt ist die Mauer nutzlos. Die Kräfte, die in die Tiefe drängen, sind mit einer so schwachen Befestigung nicht mehr aufzuhalten.

Frey schiebt die Kassette mit der Fotoplatte in den Apparat, stellt das Bild auf der Mattscheibe scharf, drückt auf den Auslöser.

«Wo lassen Sie die Platten entwicklen?» fragt Härry.

«Ich entwickle und vergrössere selber, habe mir eine eigene Dunkelkammer eingerichtet im Pfarrhauskeller.»

Ingenieur Härry beugt sich über den Fotoapparat, lässt sich den Mechanismus erklären, Zeiteinstellung, Distanz und Blende. «Sie sind ein Alleskönner, Herr Pfarrer. Wozu machen Sie das eigentlich?»

Frey deutet in die Tiefe. Fast lotrecht unter ihnen, neunhundert Meter tiefer, steht das Pfarrhaus am Ausgang der Ätschruns. Die Schuttkegel der Murgänge stossen wie braune Zungen in die Wiesen vor, als sperre ein Drache das Maul auf und wolle das Dorf verschlucken. «Reiner Selbsterhaltungstrieb. Wenn Sie da unten wohnen würden, würden Sie sich auch um den Berg kümmern. Die Fotos entwickle ich nachts, dann habe ich meine Ruhe.»

Der Ingenieur nickt. «Verstehe. Aber erlauben Sie mir eine indiskrete Frage? Vielleicht ist sie dumm ...»

«Es gibt keine dummen Fragen, nur dumme Antworten.»

«Ich bin Ingenieur, ich vermesse den Berg und überlasse die Interpretation der Daten der Wissenschaft. Sie sind Pfarrer und Seelsorger. Warum bleiben Sie nicht bei Ihren Leisten? Warum bedienen Sie sich wissenschaftlicher Methoden und überlassen das Feld nicht den Fachleuten? Wir steigen ja auch nicht auf die Kanzel.»

«Wissen hat noch niemandem geschadet, auch einem Pfarrer nicht. Beten und predigen kann ich trotzdem. Und Sie auch, wenn Sie wollen.»

«Doppelt genäht hält besser. Sie trauen also der Religion nicht hundertprozentig, wenn ich Sie richtig verstehe.»

«Doch», sagt Frey. «Dem lieben Gott vertraue ich nach wie vor. Euch Wissenschaftlern und Ingenieuren traue ich nicht, das ist der Grund, warum ich mich hier abmühe. Für irgend etwas hat uns Gott ja auch noch ein bisschen Verstand mitgegeben auf die Erde.»

Härry reisst einen Grashalm aus, steckt ihn in den Mund, denkt nach. Doch dann lässt ihn ein gellender Ruf zusammenfahren. «Steinschlag!» Härry duckt sich, reisst den Rucksack über den Kopf. Ein Felsblock rollt hoch oben über die Kante der Wand, dreht sich immer schneller, fällt krachend von Band zu Band, reisst Steine mit sich. Staub wirbelt auf. Der Block fällt in den Schotter, der die Runse füllt, rutscht ein Stück, überschlägt sich, kommt wieder in Fahrt und stellt sich dabei auf wie ein Rad, rast immer schneller werdend in die Tiefe, wuchtet mit einem Satz über ein zerfallenes Wehr, knallt gegen die Wand der Runse, fällt flach ins Geröll und bleibt liegen, als hätte ihn eine unsichtbare Hand aufgefangen. Staub qualmt aus dem Schlund in die Höhe, es riecht nach Schwefel.

«Warum haben Sie sich nicht in Sicherheit gebracht, Herr Pfarrer?»

Frey grinst. «Ich habe den Steinschlag fotografiert. Eine solche Gelegenheit lasse ich mir nicht entgehen. Hoffentlich ist der Stein auf der Platte.»

«Er hätte Sie treffen können.»

«Sehen Sie», lächelt Frey. «In solchen Fällen nützt die Wissenschaft nichts. Kein Mensch kann den Weg eines fallenden Steins berechnen. Wo er aufschlägt, weiss allein die Vorsehung. Deshalb pflege ich in solchen Augenblicken zu beten.»

Härry kämmt mit den Fingern den Staub aus den Haaren, setzt den Hut wieder auf.

Frey fährt fort: «Ich hebe mir den Glauben auf für Dinge, die man nicht wissen und niemals berechnen kann. Für die Seele, die Liebe, den Frieden unter den Menschen, das Glück und das Unglück.»

«Wir vermessen den Berg, weil wir glauben, dass auch das Glück seine berechenbaren Komponenten hat. Ebenso das Unglück. Mehr massen auch wir Wissenschaftler und Ingenieure uns nicht an.»

«Dann sind wir ja eigentlich gleicher Meinung.» Frey schraubt den Fotoapparat ab, versorgt ihn im Rucksack. «Dann will ich jetzt absteigen.» Er greift nach dem Pickel.

«Nehmen Sie nicht an der Sitzung teil? Heute tagen wir in

der Stockhütte. Man hat sogar eine Schreibmaschine auf den Berg schleppen lassen, für das Protokoll. Das war Professor Staubs Idee. Und zuerst wird es einen rechten Imbiss geben.»

«Ich muss ins Tal. Meine Schafe warten auf den Hirten.»

«Es gibt Entscheide zu fällen. Man will einen Schutzdamm bauen, habe ich gehört. Ihre Ansicht wäre wichtig, Sie sind am stärksten betroffen. Und Sie kennen den Berg wahrscheinlich besser als wir alle zusammen.»

«Professor Staub ist da wahrscheinlich anderer Meinung», sagt Frey.

Sie hören Stimmen, Nagelschuhe knirschen auf den Felsplatten über ihnen. Die Herren, die noch weiter hinaufgeklettert sind, kommen herab. Steine kollern unter ihren Schuhen weg, fallen in die Runse. Der ganze Abhang ist von losem Schutt übersät. «Da kommt der Herr Staub. Ich glaube, ich mache mich besser aus dem Staub.» Frey lacht selber über sein Wortspiel.

---

Wenn zwischen dem Fuss des Berghanges und dem Schutzdamm ein genügend weiter Raum belassen wird, dürfte eine solche Schutzbaute beim Abstürzen von mehreren tausend Kubikmetern genügen. Nur die Trümmer von Bergstürzen grössten Umfanges können in einem Talboden von schwachem Gefälle grosse Strecken zurücklegen. Am Kilchenstock ist die Zerklüftung eine unregelmässige, so dass mir der gleichzeitige Absturz von so grossen Massen nicht als wahrscheinlich erscheint. (Bericht von Albert von Steiger, eidgenössischer Oberbauinspektor, an den Regierungsrat, 7. Juni 1930)

Durchs Fenster der Gaststube sieht man zwischen Bäumen den Turm der alten Kirche am Hang, beim Friedhof endet der Schuttstrom aus der Tüfruns. Auf der Wiese blüht Löwenzahn.

Der Wein mundet den Herren am runden Tisch im Adler ausgezeichnet, Albert von Steiger ordert noch eine Flasche. «Wir Berner», sagt er, «sind natürlich eher ins Wallis oder ins Waadtland orientiert, was den Wein betrifft. Aber ich muss schon sagen, was da in der Ostschweiz heranreift, ist auch nicht zu verachten.»

«Wenn Sie das nächste Mal nach Linthal kommen, müssen Sie meinen Veltliner degustieren», sagt Gemeindepräsident Bernhard Stüssi. «Der Italiener hat noch ganz anderes Feuer als der Hallauer.»

«Wir Glarner haben zwar keinen Wein, dafür einen Weinhändler in der Regierung», ruft Melchior Hefti und klopft Stüssi auf die Schulter. Die Herren lachen, prosten sich zu.

Die Wirtstochter geht mit der Flasche um den Tisch, schenkt nach. Die Gaststube ist voll Rauch, auswärtige Besucher, Neugierige, Journalisten sitzen dicht gedrängt an den Tischen. Seit die grossen Zeitungen über die Murgänge am Kilchenstock berichtet haben, sind die Fremdenzimmer im Adler ständig belegt, selbst aus dem Ausland kommen Gäste. Was sie wollen? Niemand weiss es genau. Ihre Neugier befriedigen. Sich am Unglück anderer ergötzen. Dabei sein, wo etwas geschieht. Oder einfach die Zeit totschlagen, herumreisen, gaffen. «Und das an einem heiligen Werktag», sagt Kantonsingenieur Blumer aus Glarus. «Man könnte meinen, das halbe Volk sei arbeitslos.»

«In Deutschland ist das schon bald der Fall», sagt Regierungsrat Hefti. «Im Kanton haben wir doppelt so viele Arbeitslose wie vor einem Jahr, bereits über tausend.»

«Schaut doch einmal, was da auf den Tischen steht. Schinken, Landjäger, Käse, Weissbrot. Wein vom besseren. Das heisst doch, dass das Arbeitslosengeld noch immer zu hoch ist. Die Leute liegen auf der faulen Haut und leben trotzdem wie die Maden im Speck.» Blumer greift zum Roten, füllt sein Glas auf, nimmt hastig einen Schluck.

«Die politische Lage spitzt sich zu. Schon wieder eine deutsche Regierung gestürzt. Wie soll das weitergehen? Die Krise wird die Kommunisten an die Macht bringen. Oder die Nationalsozialisten.»

«In den Glarner Nachrichten stand, die deutsche Wehrmacht rüste wieder auf im geheimen. Das Reich baut schon wieder Panzerkreuzer», sagt Stüssi. «Die Nationalsozialisten veranstalten militärische Übungen mit ihren Sturmstaffeln.»

«Deutschland braucht eben einen, der zeigt, wo's langgeht, wie in Italien der Mussolini. Wir könnten vielleicht auch bald einen brauchen, Zürich hat schon einen sozialistischen Stadtrat.» Von Steiger schneuzt sich in ein gelbes Taschentuch. «Aber kommen wir doch zur Sache, meine Herren ...»

Er berichtet militärisch knapp über die Rekognoszierung am Berg. In Bern erwarte man seinen Rapport, das Departement des Innern werde subventionieren, falls Linthal den Schutzdamm baut. «Was ich, nebenbei gesagt, als die einzige vernünftige Massnahme anschaue. Mit einem Damm ist das Problem vom Tisch.»

Er war mit Blumer am Berg, nicht eben hoch hinauf seien sie gestiegen, es sei ja nur um einen Augenschein gegangen, einen Überblick. «Details stehen in den Berichten genug, fast zu viele schon. Die Geologen lassen scheint's jeden Kieselstein auf den Millimeter genau vermessen, und wenn ein Kiesel den Berg herabkollert, schlagen sie Alarm.» Von Steiger lacht schallend über seinen Witz, Blumer und Regierungsrat Hefti schmunzeln. Nur Stüssi starrt in sein Glas. Wer nicht am Berg wohnt, kann gut lachen, denkt er.

«Die Geologen», meint Blumer, «wollen den Kilchenstock als Studienobjekt ausbeuten. Sie lassen sich ihre Forschungen durch Gemeinde und Kanton fürstlich honorieren. Allen voran Professor Staub. Leider hat sich auch der ehrwürdige Papa Heim vor seinen Karren spannen lassen. Aber dem wird der Kanton bald einmal einen Riegel schieben.»

Hefti, der Talvogt, zwirbelt mit zwei Fingern seine Schnurrbartspitzen. «Das Volk ist aufgebracht. Murgänge hat es hier schon immer gegeben, das ist kein Grund zur Panik. Unsere Feuerwehr hat vorbildlichen Einsatz gezeigt und grössere Schäden abwenden können.»

Blumer wird heftig: «Man hätte auf Professor Schardt hören sollen, den früheren Obergutachter. Er hat kürzlich in einer Zeitung vorgeschlagen, einen Stollen vorzutreiben in der Abrisszone, um genau Aufschluss zu bekommen über die Verhältnisse und um das Wasser abzuleiten, das die Absturzfläche schmiert. Doch Heim und Staub haben der Regierung mit Briefen und Berichten eingeheizt und Stimmung gemacht gegen Schardt. Das weisst du ja besser als ich, Melk.»

Hefti nickt. «Richtig. Auch die Geologen im Kanton sind auf der Seite von Schardt, der Freuler aus Ennenda und der Doktor Oberholzer. Aber auch sie konnten sich gegen die Prominenz aus Zürich nicht durchsetzen. In der Regierung sitzen eben auch Angsthasen ...» Sein Blick streift Stüssi. «Ich will jetzt keine Namen nennen ...»

«Kurz und gut», fällt ihm von Steiger ins Wort, den die Querelen der Glarner allmählich langweilen. «Ich werde in meinem Bericht einen soliden Schutzdamm empfehlen, nicht weniger und nicht mehr, und ich werde mich im Departement dafür einsetzen. Damit wird Linthal für die nächsten hundert oder tausend Jahre sicher sein, dafür garantiere ich.»

Plötzlich werden Stühle geschoben, einer fällt um. Leute springen auf, drängen sich an die Fenster. Alle reden aufgeregt durcheinander.

«Was ist?» fragt Hefti.

«Es hat gerumpelt am Berg. Irgenwo ist etwas abgebrochen. Vielleicht geht es wieder los.»

«Das war wohl der Föhn. Oder eure Phantasie», sagt Hefti. «Die Leute sind viel zu aufgeregt. Manchmal hat man das Gefühl, sie wünschten sich den Bergsturz direkt herbei. Aus reiner Sensationslust.»

«So ist das Volk», meint von Steiger. «Deshalb braucht es klare Entscheide, das Volk braucht eine starke Führung. Auch das Glarnervolk, meine Herren.»

Einige am Tisch nicken, die andern schweigen.

«Marie, zahlen!» ruft Stüssi. Die Herren leeren ihre Gläser, erheben sich.

---

Dass baldige Abstürze zu erwarten sind, bezweifelt sogar Kantonsingenieur Blumer nicht mehr. Der Unterschied unserer

Ansichten besteht nur darin, dass er glaubt, die «paar Dreckklumpen» könnten niemals eine Gefahr für irgend jemand sein. Die Gleichgültigkeit, die in Glarus sofort Platz greift, wenn während eines Monates die Sache ruhig ist, bzw. scheint, lässt sich ihrem Umfang nach nur vergleichen mit der Angst, die im ganzen Tal sofort eintritt, wenn ein Abbruch mittlerer Grösse eintritt. (Ingenieur Hans Härry an Albert Heim, 1. September 1930)

Immer steiler steigt die Bergflanke an, der Boden ist glitschig, Laub bedeckt die dünne Erdschicht. Da und dort tritt Sandstein zutage, Gestrüpp und knorrige Föhren wuchern. Manche Wurzeln sind dick und verknorzt, als habe der Baum seine letzte Kraft aufgeboten, um sie ins Gestein zu treiben. Jakob Vögeli bahnt sich einen Weg durchs Dickicht, schlägt die Nagelschuhe in die Erde, hält sich an Stauden und Wurzeln fest. Mit der Gerte haut er Zweige ab, von Zeit zu Zeit schraubt er einen Haken in einen Baumstamm. Hinter ihm folgen zwei Monteure aus dem Werk, einer trägt die Kabelrolle auf dem Rücken, der andere klemmt die Leitung an den Haken. Sie legen eine Telefonverbindung zur Stockhütte, einen einzigen Draht, das spart Material und Gewicht. Als zweite Leitung dient die Erdung.

Vor fünfzig Jahren erst ist das Telefon erfunden worden, jetzt gibt es schon automatsche Zentralen, bald sind auch die Telefonistinnen arbeitslos. Unaufhaltsam schreitet die Technik voran, denkt Vögeli, das Telefon verbindet Menschen auf der ganzen Welt. Zum Schlechten oder zum Guten? Hier am Berg ist die Technik gewiss von Nutzen, rettet vielleicht Menschenleben.

Schwer ist der Aufstieg, direkt den Hang hinauf, nicht dem Zickzackweg folgend. Je kürzer die Leitung, desto kleiner der elektrische Widerstand. Vögeli hat das gelernt, obwohl er keine Lehre machen konnte. Als Laufbub hat er begonnen im Gemeindewerk, Schaagg hol dies, Schaagg mach das. Doch jetzt ist er Installateur, kann so viel wie die Gelernten. Kann noch mehr: Den Berg hinaufklettern, fadengerade, durch die steilsten Hänge, Angst kennt er nicht. Schon als Bub war er im Sommer auf dem Kilchenstock, als Wächter für die Italiener, die die Runsen verbauten, Pfähle einschlugen, mit Flechtwerk verstärkten, Trockenmauern aufschichteten zu den Sätz. Er beobachtete die Runse, blies ins Horn, wenn Gefahr drohte. Er liebt die Berge, den Ortstock hat er schon bestiegen, und den Gemsfairen, aber noch wartet das grosse Ziel: der Tödi, der Traumberg!

Der Wald lichtet sich, Jakob Vögeli setzt sich auf einen Baumstrunk, kaut gedörrte Apfelschnitze. Die andern sind zurückgeblieben, schnaufend stampfen sie den Abhang herauf. Zwischen den Baumstämmen glänzt im Südwesten der Firngrat zwischen Glarner- und Bündnertödi, Simlergrat heisst er, benannt nach Rudolf Theodor Simler, dem Gründer des Schweizer Alpenclubs. Jakob Vögelis grösster Wunsch ist, einmal dort oben zu stehen, auf dem Grat, der sich wie ein Seil in den Himmel spannt, dreitausend Meter über dem Tal, dort oben balancieren wie ein Artist, hoch über den Wolken, den Wiesen und dem Dorf, hoch über der engen Welt. Er sieht sich auf den Gipfel zuschreiten, bedächtig und sicher und ohne Angst vor dem Abgrund, und dann sieht er sich die höchste Spitze betreten. Doch er besitzt weder Seil noch Pickel, in den Alpenclub traut er sich nicht, das ist ein Herrenverein, Direktoren und Doktoren sind die Mitglieder. Für einen jungen Installateur würde wohl keiner die Patenschaft übernehmen, die es braucht, um aufgenommen zu werden. Wenn er einmal den Tödi bestiegen hat vielleicht, wenn er bewiesen hat, dass er ein Bergsteiger ist.

Seine Eltern gehen in die Fabrik, schon der Grossvater war Maschineler. Nach der Sekundarschule hiess es: Geld verdienen. Eine Lehre, auswärts mit Kostgeld, kam nicht in Frage. Zum Glück installierte das Gemeindewerk in jenen Jahren die neuen Stromzähler, das gab Arbeit. Bald begriff er die wichtigsten Dinge, lernte aus Büchern die Gesetze des elektrischen Stroms und die Installationsvorschriften. Er stellt sich bildhaft vor, wie sich Schallwellen im Kohlemikrofon in elektrische Impulse wandeln, durch Kupferleitungen ausbreiten, und neuerdings sogar durch die Luft. Und wie sie sich mittels eines Magneten und einer Membran wieder in Schallwellen zurückverwandeln. Elektrischer Strom ist wie Wasser. Er hat beobachtet, wie sich Wellen ausbreiten, wenn er einen Stein in einen Weiher wirft. So geht das auch in der Luft und in der Erde, nur unsichtbar. Technik ist nichts anderes als Natur, dem Menschen gefügig gemacht. Elektrizität und Magnetismus sind Naturerscheinungen, nicht Teufelswerk, wie gewisse Leute meinen. In Berlin haben sie sogar schon Bilder übertragen über Funk, und einmal wird man vielleicht auf dem Gipfel des Tödi telefonieren können, drahtlos, bis an jeden Punkt der Erde. Aber zuvor will er selber dort oben stehen, aus eigener Kraft den Gipfel erreichen. Man muss nur wollen, dann geht es, das ist sein Grundsatz.

Gegen Mittag erreicht der Telefontrupp die Stockhütte, Rauch steigt aus dem Kamin, es riecht nach Suppe. Vor der Hütte stehen Kisten, mit feldgrauen Planen zugedeckt, Bestandteile für die Armeescheinwerfer aus dem Zeughaus Brugg. Sie sollen am Berg montiert werden. Wenn Gefahr ist, will man nachts die Abrisszone beleuchten, der Strom wird mit Handkurbeln erzeugt.

«Gefechtsfeldbeleuchtung», sagt einer der Männer, die herumstehen. «Führen wir jetzt Krieg gegen den Berg?»

«Wir müssen ihn im Auge behalten. Der grösste Fehler ist es, den Gegner zu unterschätzen, sei es der Berg oder der Feind.»

«Ablenkungsmanöver. Damit die Fabrikherren Leute auf die Strasse stellen oder den Lohn kürzen können. Niemand spricht davon, an allem Unglück ist jetzt der Berg schuld.»

In der Hütte gibt es Suppe, Brot, Käse, dazu ein Glas Wein. Dann schliesst Jakob Vögeli das Feldtelefon an, einen Pol verbindet er mit dem Draht, den andern klemmt er an einen Eisenpflock, der in die Erde gerammt ist. Die Männer umringen ihn, als er die Kurbel dreht, keiner sagt ein Wort.

Vögeli dreht nochmals die Kurbel, leise klingelt es im Apparat. Dann hält er den Hörer ans Ohr. «Hallo ...»

«Hier Elektrizitätswerk Linthal ... Hörst du mich, Schaagg?»

Die Stimme ist weit weg, es rauscht und knackt in der Leitung. Doch man versteht sich, die Verbindung ist erstellt. Es ist ein feierlicher Augenblick.

«Darauf müssen wir anstossen», schlägt einer vor. Die Gläser werden nochmals gefüllt.

Später laden sich die Männer die Kisten mit den Scheinwerfern auf den Rücken und tragen sie noch weiter den Berg hinauf.

---

> Um die Opfer für die einzelnen erträglich zu gestalten, wird nochmals an die Frage der Zusammenlegung der Kilchenstockkorporationen, sowie an die Erweiterung des Anlagenkreises unter Mitwirkung der Gemeinde herangetreten werden müssen. Möge es den vereinten Anstrengungen gelingen, in erster Linie für die Anwohnerschaft, und damit für die ganze Gemeinde doch wieder erträgliche Verhältnisse zu schaffen. (Eröffnung der Gesetzesgemeinde vom 15. Juni 1930)

Der Vater kniet vor der Heuburde nieder, stülpt die Kapuze des Hirtenhemdes über den Kopf, greift mit den Händen über die Schultern nach dem Netz. Mit Schwung reisst er den Bündel hoch, schreitet langsam balancierend über das Feld zur Scheune, wie ein riesiger Kopffüssler sieht er aus. Die Mutter und Anni stossen das Heu mit Gabeln zusammen, schnüren die Burden, Babetta und Margrit rechen das Feld sauber. Balz, der Fünfzehnjährige, trägt auch schon Heuburden ein, es sind leichtere, nur mit einem Seil geschnürt. Über dem Kilchenstock wachsen Wolkentürme, ein Windstoss zaust das Heu. Seit ein paar Tagen kracht Gestein durch die Runsen, Staubwolken lagern über dem Wald. Wenn es regnet, fliesst Dreck und Geschiebe herab, ergiesst sich in die Wiesen jenseits des Durnagelbachs.

Der Vater stützt sich auf eine Gabel und schaut hinüber.

«Wenn noch mehr kommt, könnte es den Bach gegen den Sand hin leiten. Dann gnad' uns Gott.» Eine Zeitung hatte im Mai schon geschrieben, der Murgang habe die Linth gestaut, zu einem grossen See. Die Zeitungsschreiber verbreiten heutzutage immer frechere Lügen. «Ein Schutzdamm würde schon helfen. Die Linthaler sind dafür, nur streiten sie sich noch, wer bezahlen soll.»

«Beeilt euch», sagt die Mutter. «Ein Gewitter kommt.» Sie sieht müde aus, ihre Bewegungen sind schwerfällig, ihr Körper ist aufgeschwemmt. Babetta scheint es, als sei sie nochmals in der Hoffnung. Dabei sind die Töchter schon erwachsen, der Sohn fünfzehn. Man spricht nicht darüber in der Familie.

Auf dem Weg spaziert eine Gruppe von Mädchen und jungen Frauen vom Dorf herauf, lange Röcke tragen sie und weisse Schürzen. Einige haben Blumenkränze ins Haar geflochten. Voraus schreitet eine Nonne, der Wind bläht das schwarze Tuch ihrer Tracht. Sie sind aus dem Fabrikheim von Schuler, dem Marienheim, man holt sie aus katholischen Kantonen oder aus Italien, die meisten sind Waisen oder aus zerrütteten Familien. Billige, willige Arbeiterinnen. Sie wohnen gleich neben der Fabrik, unter strenger Aufsicht von Ingenbohler Schwestern, im untersten Stock sind die Fenster vergittert. Ein Mädchen winkt. Babetta winkt zurück. «Das ist die Mariella. Wir arbeiten zusammen.»

Plötzlich kracht es hoch am Kilchenstock, alle schauen in die Höhe, wo eine schwarze Wolkenfahne hängt und Blitze zucken. Unvermittelt beginnt der Regen zu prasseln, die Tropfen glitzern in der Sonne. Über dem Durnachtal steht ein Regenbogen.

Die Mädchen rennen unters Scheunendach, die Mutter folgt mit schleppenden Schritten. Der Vater wandert mit der letzten Burde durch den Regen, bedächtig wie immer, wirft sie im Tenn auf den Boden. Kreischend und lachend drängen sich die Mädchen aus dem Heim unters Vordach der Scheune, die nassen Haare kleben auf ihren bleichen Gesichtern, die langen Röcke haben sie hochgeschürzt, damit sie besser rennen können.

Gierig trinken sie den Most, den die Mutter aus der Küche bringt, Anni schneidet Brot von einem dicken Laib, Babetta verteilt Käse. Die Fabrikmädchen sehen schmal aus neben den Bauerntöchtern. Die fromme Schwester und eine Italienerin sitzen auf Hockern, essen aus Tellern, die sie auf den Knien halten.

«Die Alte ist aus Bergamo, sie besucht ihre Nichte im Heim. Eine Wahrsagerin», flüstert Mariella. «Sie kann Handlesen und die Zukunft weissagen. Mir hat sie prophezeit, dass ich bald einen Mann bekomme.» Sie lacht hell auf.

«Du einen Mann? Wer ist es denn?» fragt Babetta.

«Den Namen hat sie nicht gewusst. Eine grosse Liebe, hat sie gesagt.»

«Und du glaubst es?»

«Warum nicht? Ich bin schliesslich achtzehn, es könnte ja sein ...»

Bald umringen die Bauerntöchter und die Fabrikmädchen die Italienerin, Babetta streckt ihr die Hand hin. Sie umfasst sie, streicht mit einem Finger über die Handlinien. «Grosse Liebe ...»

«Das verspricht sie allen», flüstert ein Mädchen.

Rasch zieht Babetta die Hand weg. «Ich will aber etwas anderes wissen.»

Die schwarzgekleidete Frau schaut sie mit düsterem Blick an. Fragt etwas auf italienisch.

«Ob du ihr nicht glaubst, will sie wissen», übersetzt ein Mädchen.

«Ich will etwas anderes wissen. Ich will wissen, wann der Bergsturz kommt.»

Die Italienerin nickt, sie zieht aus ihrer Schürzentasche ein Päcklein Spielkarten, die in schwarzen Samt gewickelt sind, breitet das Tüchlein auf dem Boden aus, mischt die Karten lange. Dazu bewegt sie unablässig ihren Mund, kaut auf ihren schwarzen Zahnstummeln. Sie zieht drei Karten, dann muss

Babetta drei Karten ziehen. Sie sehen aus wie Jasskarten, doch die bunten Bilder zeigen einen Turm, in den der Blitz schlägt, ein Pferdegespann, von einem Ritter mit Schild und Schwert gelenkt, eine Herrscherin auf dem Thron, einen gehörnten Teufel, einen Gehängten, der kopfüber am Galgen hängt, und einen Narren mit einer Rose in der Hand. Die Frau legt die Karten auf dem schwarzen Tüchlein aus. Sie zieht noch eine Karte, auf der ein rotgekleideter Wanderer auf einen schwarzen Berg zuschreitet, und legt sie in die Mitte.

Lange betrachtet sie die Karten, dann ergreift sie den Narren und legt ihn kreuzweise über den Wanderer. «Berg gut», sagt sie dann. Fährt in italienischer Sprache weiter, schiebt die Karten rasch zusammen und steckt sie in ihre Schürze.

«Sie sagt, es werde keinen Bergsturz geben», übersetzt ihre Nichte. Die Alte macht eine wellenförmige Bewegung mit ihren Händen, murmelt noch ein paar Sätze.

«Sie sagt, es werde eine grosse Überschwemmung geben.»

«Viel Wasser.» Die Italienerin nickt.

«Jetzt ist aber Schluss mit diesem Aberglauben!» Die Nonne steht auf, klingelt mit einem Glöcklein. Augenblicklich ist es still. «Wir wollen heute abend beten, dass kein Unglück geschehe, weder ein Bergsturz noch ein Hochwasser. Und wenn es trotzdem kommt, dann hat das unser Herr im Himmel so bestimmt.» Sie gibt der Mutter die Hand, bedankt sich für den Vesper.

Der Regen hat nachgelassen, die Sonne sticht schon wieder durch das Gewölk. Die Mädchen stellen sich in eine Reihe, die Nonne stimmt ein Lied an. Singend ziehen sie gegen das Dorf hinab. Zuhinterst humpelt die Wahrsagerin am Stock.

---

Infolge der schon lange anhaltenden Absatzstockung und des dadurch bedingten verlustbringenden Geschäftsganges sieht sich die Firma Bebié u. Co. genötigt, ihren hiesigen Spinnereibetrieb ab Mitte August voraussichtlich für einige Monate, eventuell bis zum Wiedereintritt besserer geschäftlicher Konjunktur gänzlich einzustellen. (Glarner Nachrichten, 15. Juli 1930)

Wie einen Schlag auf den Kopf trifft ihn die Nachricht. Bebié schliesst! Der Prinzipal, vor dem alle zittern, hat nicht einmal den Mut gefunden, vor die Belegschaft zu treten, zu erklären, was ihn zu der Entscheidung bewogen hat. Aus der Zeitung müssen es die Arbeiterinnen und Arbeiter erfahren. In einem Monat stehen die Räder still und siebzig Menschen auf der Strasse.

Wie betäubt sitzt Heinrich Sigrist am Küchentisch, stützt den Kopf in beide Hände. Immer wieder liest er die Wörter, immer wieder versucht er, doch noch einen Lichtblick aus den Sätzen zu lesen, voraussichtlich werde die Fabrik nur geschlossen, bis bessere Zeiten kommen. Doch wann werden bessere Zeiten kommen? Wohl nicht so bald, niemand glaubt dran. Und wenn sie auch kämen, da ist immer noch der Berg. Seit Wochen fahren bei jedem Regen Schlammlawinen durch die Runsen herab, der Dreck steht meterhoch in Wiesen und Feldern, wenn es so weitergeht, wird das Dorf im Schlamm versinken. Die Menschen kämpfen, mit Schaufel, Pickel und Schweiss, und der feine Herr macht sich aus dem Staub. Will noch Schadenersatz von ihrem Steuergeld. Der Berg wird der wahre Grund sein, dass Bebié den Betrieb einstellt. Das Risiko der Fabrik am Fuss des Kilchenstocks ist zu gross. Lieber investiert er in Turgi im Aargau, dort droht kein Bergsturz.

Seine Frau tritt in die Küche, sie hat die Hiobsbotschaft erfahren, sie kommt aus der Fabrik, Baumwollstaub hängt noch in ihren Haaren.

«Da!» Sigrist zeigt auf die Zeitung. «Da steht es.»

Sie nickt. «Ich hab's gehört. Alle reden davon.» Sie stellt den Einkaufskorb auf die Bank, dreht sich gegen den Herd. Ihre Schultern zittern.

Sigrist steht auf, steckt die Hände in die Hosentaschen. «Wir werden schon etwas finden. In der Zeitung steht, trotz der Krise werden noch immer tüchtige Drosslerinnen und Weber gesucht.»

«Fort», sagt sie leise. «Wir müssen fort, ins Unterland, weg von diesem schrecklichen Berg.»

«Es ist wie vor hundert Jahren», sagt er. «Da zogen die Menschen in Scharen weg, in die Vereinigten Staaten, nach Südamerika, nach Russland, in die ganze Welt. Halbe Dörfer mussten auswandern. Die Gemeinde liess die Wälder abholzen, damit sie den Auswanderern die Fahrt bezahlen konnte. Jetzt fällt uns deswegen der Berg auf den Kopf.»

Die Frau schweigt, macht sich am Herd zu schaffen, setzt Milch auf, rührt sie mit dem Schwingbesen. Aus der Schublade holt sie die Schoppenflasche.

«Heute kann man nicht einmal mehr auswandern. Auch in Amerika ist Krise und Arbeitslosigkeit, wie überall auf der Welt.»

«Dann müssen wir uns halt mit dem Garten, den Kaninchen und vielleicht ein paar Geissen durchbringen. Und dem Stempelgeld.»

«Oder wir fangen selber etwas an ...» Sigrist hat das mehr zu sich selber gesagt, laut gedacht. Der Gedanke hat sich in seinem Hirn festgebissen wie eine Zecke. Jetzt hat er ihn zum ersten Mal laut ausgesprochen.

«Was sagst du da?»

Sie trocknet ihr Gesicht mit der Schürze ab, schaut ihn an.

Zögernd sagt er: «Ich habe daran gedacht, selber anzufangen. Drei oder vier Webstühle kaufen, irgendwo aufstellen. Es müsste gehen, trotz der Krise. Wir würden gut und günstig offerieren. Kleider braucht der Mensch immer, es ist nur eine Preisfrage.»

«Du bist ja nicht gescheit!» fährt ihr heraus. «Wir sind Arbeiter, keine Fabrikanten.»

«Aber wir könnten es werden», erwidert er, wie aus Trotz. Viele sprechen von der neuen Zeit, die anbrechen wird und den Aufschwung bringen wird, wenn einmal die grosse Krise durchgestanden ist. Wer jetzt etwas wagt, wird dann zu den Gewinnern gehören.

«Ich geh' noch weg», sagt er.

«Aber nicht in die Wirtschaft», bittet sie.

«Ich geh', wohin ich will.» Er greift die Jacke vom Haken,

in der Tasche fühlt er den Notizblock, den er mit Zahlen vollgeschrieben hat. Kapital und Bankzinsen, Materialkosten, Fracht, Lager und Erlös.

«Ich geh' die Kaninchen füttern», murmelt er.

In der Stube beginnt der Bub in der Zaine zu weinen.

---

> Die ausserordentliche Gemeindeversammlung vom 17. August befasste sich mit dem Projekt einer Schutzdammanlage im Kilchbergstock-Vorgelände. Seit dem denkwürdigen Murgang vom Mai dieses Jahres haben sich die Verhältnisse im Rutschgebiet nicht wesentlich verändert. Es ist eine stetige Bewegung zu konstatieren, und vor allem haben die Regengüsse der letzten 14 Tage ein stets entsprechendes Antreiben der Runsen bewirkt. Der vom Dorfe aus gut sichtbare Punkt D wird mit einem Absturze, der allerdings nicht gefahrdrohend ist, nicht mehr lange auf sich warten lassen. (Neue Glarner Zeitung, 19. August 1930)

Glühende Punkte schweben durchs Dorf wie Leuchtkäfer, ballen sich zu Schwärmen, die wieder auseinanderfallen, einzelne lösen sich, verschwinden in der Dunkelheit. Die Versammlung ist vorbei, die Männer zerstreuen sich, Pfeife, Zigarette oder Stumpen im Mund. Die Bauern gehen in den Raben, die Mehrbesseren in den Adler, die Arbeiter in die Drei Eidgenossen. Da und dort flammt ein Zündholz auf, wenn einer stehenbleibt, sich vom Wind abdreht und seine Pfeife anzündet.

Am Wirtshaustisch entladen sich die aufgestauten Gefühle. Wer seine Meinung zurückgehalten hat im Sängersaal, aus Angst oder aus Rücksicht auf eigene Interessen, kann sie jetzt um so lauter kundtun. Wer die Behördenmitglieder grüsst, wenn er ihnen im Dorf begegnet, und dabei unwillkürlich den Kopf einzieht, ergeht sich nach dem dritten Schnaps oder der zweiten Flasche in wüsten Beschimpfungen, Applaus ist ihm gewiss. Der wichtigere Teil der Versammlung, so heisst es, findet in der Wirtschaft statt.

Nur im Adler geht es ruhiger zu. Bernhard Stüssi ist zufrieden, alles ist nach Wunsch verlaufen, Opposition hat sich keine gemeldet. Der Damm wird gebaut, 850 Meter lang, eine Trockenmauer mit einer Erdaufschüttung verstärkt. Stüssi lässt den Jassteppich und die Karten bringen. Er ist im Adler aufgewachsen, seine Schwester Marie serviert. Jeder der vier Männer am Tisch zieht eine Karte, klein zu klein, gross zu gross ist die Regel. Es trifft ihn mit Heinrich Schiesser, der Bauerngeneral ist ein guter Spieler, er verfügt über die Eigenschaften, auf die es beim Schieber ankommt und in der Politik: Kopf, Intuition und Glück. Aus dem Bauernbub vom hintersten Krachen ist ein hablicher Pächter geworden, der die landwirtschaftliche Schule besucht hat und neben vielen Ämtern auch noch den Tagwen Matt präsidiert. Kirchenpräsident Schiesser mischt die Karten umständlich, teilt aus, sein Partner ist Tagwenspräsident Peter Stüssi vom Dorf. Vier Präsidenten beim Jass, eine illustre Runde also. Die Männer greifen die Karten auf, schieben sie fächerförmig auseinander, sortieren sie nach Farbe, legen das Blatt nochmals ab, um anzustossen. Schiesser hat einen Liter bestellt, wer verliert, bezahlt, so ist der Brauch.

«Heute haben wir ja auch schon gut zusammengespielt, Heiri», lässt Bernhard Stüssi fallen. «Zufrieden?» Er wirft einen Bauern auf den Teppich. «Schellen Trumpf. Und fünfzig mit König und Stöck.»

Der bärtige Bauer, breit hinter dem Tisch hingepflanzt, bewegt den Kopf bedächtig, vielleicht nickt er, vielleicht verneint er. Die Karten fallen rasch, wer den Stich macht, rafft sie mit einer Handbewegung vor den Bauch, spielt weiter.

«Das Schlimmste konnte verhindert werden», brummt Schiesser, kaut am Stumpen, zählt sorgfältig die Stiche, als wären die Karten Banknoten. «Siebenundneunzig.»

«Dann hätten wir sechzig aufs Loch», sagt Heinrich Schiesser. «Schellen doppelt macht hundertzwanzig.»

«Dreivierunddreissig, mit Weis und Stöck», murmelt Stüssi. Während sie spielen, sich gelegentlich anfahren, wenn einer die falsche Farbe spielt, rekapitulieren sie in kurzen Sätzen, in

Andeutungen und Anspielungen die Auseinandersetzungen im Vorfeld des Dammbaus und der Versammlung. So spielt sich der Kampf auf zwei Ebenen ab, auf dem Jassteppich und im Gespräch, auf der einen sind sie Partner, auf der andern Gegner. Eine komplizierte und letztlich undurchsichtige Konstellation. So kompliziert wie die Gemeinde selbst, die ein Dickicht ist von alten Rechten, von Besitz, Einfluss, Abhängigkeiten und Macht. Die drei Tagwen Matt, Dorf und Ennetlinth mit Grundbesitz und Wald sind politisch-ökonomische Körperschaften, uralt und erzkonservativ. Nur die Alteingesessenen haben das Sagen, die Tagwensbürger. Die Ortsgemeinde, der Bernhard Stüssi vorsteht, ist die demokratische Gemeinschaft aller Bürger, sie wird mit immer mehr Aufgaben belastet, hat aber wenig Besitz und noch weniger Macht. Jetzt soll sie auch noch die Last des Schutzwalls tragen, weil sich die alten Körperschaften nicht zu gemeinsamem Handeln zusammenraufen konnten, die Vereinigung der Runsenkorporationen am Kilchenstock ist gescheitert, Ennetlinth hat sich dagegen gestemmt.

«Das wird sich noch bitter rächen», hat der Präsident an der Versammlung ausgerufen, doch nur unwilliges Murren geerntet. Er vermutet, dass sich der Bauerngeneral quergelegt hat, es heisst, er wolle eine Pacht übernehmen im Ennetlinth. Die Ennetlinther sind weiter weg vom Berg, sie wollen sich um die Kosten drücken. Dafür seien sie vom Fluss stärker betroffen, sagen sie. Und auch auf ihrer Seite habe es steile Hänge, auch dort müsse verbaut werden. Die Messungen am Kilchenstock hätten gezeigt, dass auch Braunwald rutsche.

Ennetlinth gehört erst seit der Verfassungsrevision von 1837 zur Gemeinde, früher gab es nicht einmal eine Brücke hinüber, den Graben spürt man noch heute. Die Hauptlast des Kilchenstocks trug bisher der Tagwen Dorf. Jetzt sollen sich Bund und Kanton an den 120 000 Franken beteiligen, die der Damm kostet.

Die Kreidestriche auf der Jasstafel vermehren sich rasch, Fünferstöckli bei den Hundertern und den Zwanzigern,

Kreuze bei den Fünfzigern. Der Kirchen- und der Tagwenspräsident haben keinen Stich gegen den Gemeindepräsidenten und den Präsidenten der landwirtschaftlichen Genossenschaft. Die komplizierte Organisation des Gemeinwesens schlägt sich in den vielen Ämtern und Titeln nieder. «Jeder ist hier ein Rat», sagt Schiesser manchmal. Wenn nicht Gemeinde-, Land-, Schul- oder Kirchenrat, dann ist er zumindest in der Armenpflege im Vorstand oder im Tagwen. Oder Präsident einer Korporation, einer Alpgenossenschaft, des Turn- oder Gesangs-, Krankenpflege- oder Schützenvereins oder der Feuerwehr.

«Und du glaubst also, dass der Kanton subventionieren wird?» fragt Schiesser, als sie sich bedanken bei ihren Jasspartnern, die Tafel putzen und die Karten zum nächsten Spiel mischen.

«Ich werde mich in Glarus dafür einsetzen. Die Hälfte soll der Bund übernehmen, ein Viertel der Kanton.»

«Und der Rest?»

«Fünfzehntausend die Ortsgemeinde. Und nochmals fünfzehntausend die neue Schutzdamm-Korporation. Jeder Anstösser zahlt nach Veranlagung, das heisst, nach Versicherungswert der Liegenschaft und der Gebäude.»

«Also nochmals eine Korporation?» fragt einer vom Nebentisch. «Noch einen Vorstand mehr, noch einen Präsidenten, noch mehr Versammlungen.»

Stüssi wird ärgerlich, wirft die Karten auf den Teppich.

«Was ist los? Das habe ich doch alles haarklein erklärt an der Versammlung. Habt ihr geschlafen?»

«Man darf doch fragen, Herr Regierungsrat, oder nicht?»

«Es gibt Leute hier in der Wirtschaft, die genau wissen, warum wir eine Schutzdamm-Korporation gründen müssen. Ich war immer für die Vereinigung der Runsenkorporationen, auch der Kanton hat sie gewünscht. Leider ist sie nicht zustande gekommen. Weil jeder nur auf den eigenen Vorteil schaut.»

Schiesser kaut an seinem kalten Stumpen, verzieht keine

Miene. Ein As liegt auf dem Teppich. «Obenabe», verkündet der Kirchenpräsident. «Alles Gute kommt von oben. Wie die Steine vom Berg.»

«Jedenfalls bringt der Dammbau Arbeit in die Gemeinde. In diesen Zeiten ist das nicht zu verachten», brummt Schiesser. «Arbeitsbeschaffung, das fordern die Sozialisten ja immer wieder. Bald wird es heissen, das rote Linthal ...» Er schmiert ein Banner zum As.

«Das meiste geht doch an den auswärtigen Bauunternehmer, der den Auftrag bekommt. Einer aus Zürich, heisst es.»

«Kein Baugeschäft in der Gemeinde wäre in der Lage, den Damm innerhalb von 60 Tagen zu bauen, wie das die Auflage fordert. Zudem gibt es auch Verdienst, wenn Arbeiter von aussen kommen. Zum Beispiel für die Wirtschaften.»

«Auch für den Adler, Herr Regierungsrat!»

«Lasst mich jetzt endlich spielen», ruft Bernhard Stüssi aus, sticht mit einem Trumpf das As ab.

«Warum müssen wir überhaupt so schnell bauen? Bis jetzt wurde ja auch nichts gemacht, die alten Sätz hat man verlottern lassen.»

«Die Geologen meinen, die Felsnase, der sogenannte Punkt D, werde bald abstürzen. Man sieht ...» Die Stimme des Gemeindepräsidenten geht im Gelächter unter.

«Die Geologen haben gelogen», kalauert einer.

Verbissen spielt Bernhard Stüssi ein Rosenbanner aus, starrt auf den Teppich. Es ist immer das gleiche. An der Versammlung halten sie das Maul, in der Wirtschaft reissen sie es um so breiter auf. Man setzt sich ein, schreibt Briefe, läuft sich die Beine krumm. Am Ende ist es doch nicht recht. Aber allen recht machen kann es niemand, die Mehrheit ist hoffentlich noch auf seiner Seite.

«Pass besser auf!» fährt ihn Schiesser an. «Ich habe doch eine andere Farbe gezogen.»

«Ich weiss. Aber ich habe nichts anderes.»

«Maul halten beim Jass!» ruft der Kirchenpräsident aus, schlägt mit der Faust auf den Tisch.

Stüssi beschliesst, sich auf das Spiel zu konzentrieren. Doch es gelingt ihm nicht recht, sie verlieren haushoch. Er lässt noch einen Liter Roten kommen.

---

Soeben ist mir Ihr Brief an Herrn Landammann E. Hauser offiziell zur Einsichtnahme übergeben worden. Sie legen mir in demselben nichts weniger als eine Unterschlagung des Planes vom ganzen Kilchenstockgebiet zur Last. Ich beschränke mich darauf, Ihnen auf diese beleidigende Zumutung zu erwidern, dass ich den fraglichen Plan noch nie gesehen habe. (Kantonsingenieur Blumer an Albert Heim, 29. August 1930)

Melancholie erfasst ihn im Herbst, jedes Jahr früher und heftiger, will ihm scheinen. Albert Heim greift zum Stock, setzt den Hut auf. Die Hunde im Zwinger bellen, springen am Gitter hoch. Er nimmt Fox, den ältesten Neufundländer, an die Leine, die andern beruhigt er mit ein paar Worten. Sie scheinen ihn zu verstehen, fügen sich, während Fox vor Freude winselt. Heim wandert dem Wolfbach entlang gegen den Zürichberg hinauf, der Bach hat seiner Zucht den Namen gegeben. Mit Türk und Fox, die er aus Neufundland importiert hat, und mit Pluto und Thetis aus Deutschland hat er sie begründet. Der alte Fox ist ihm geblieben, ein Freund, vielleicht sein bester.

Schon verliert das Laub seine Farbe. «Die Blätter fallen, fallen wie von weit, als welkten in den Himmeln ferne Gärten.» Die Gedichtzeile von Rilke geht ihm durch den Kopf. In einer Lichtung steht über den kahlen Kronen der Buchen das Vrenelisgärtli, der ferne Garten seiner jungen Jahre.

Drei Tage hatten sie im Sommer 1870 auf dem Glärnisch verbracht, er und Marie Vögtlin. Er skizziert die umliegenden Gipfel für ein Panorama, das der Schweizerische Alpenclub in Auftrag gegeben hatte. Sie hatte ihm zugeschaut, von früh bis spät, geträumt, gelesen. Abends stiegen sie wieder ab ins Richisau, wo Marie zur Kur weilte. Nach diesen drei Tagen hatten sie sich entschlossen zu heiraten. Jetzt ist sie schon vierzehn Jahre tot, nach langem Leiden an einer Tuberkulose gestorben. In den Himmeln welkten die Gärten. An solchen Herbsttagen übermannt ihn das Gefühl, alles sei sinnlos gewesen, das ganze Leben, die ungeheure Arbeit, die Wanderungen und Exkursionen, die Zeichnungen, die Bücher, die wissenschaftliche Arbeit, die Vorlesungen. Ein Nichts, ein Hauch, schon verweht im Wind. Geologenkrankheit nennt er diese Form der Schwermut. Der Geologe denkt in weiteren Zeiträumen und Dimensionen als gewöhnliche Menschen, immer wieder wird ihm vorgeführt, wie belanglos das einzelne Individuum, das einzelne Leben ist. Jede Flechte auf einem Stein lebt hundertmal länger als ein Mensch, der Stein selber ist millionenmal älter. «Wer bin ich?» Die uralte Frage der Philosophen findet eine ständige Antwort: «Ein Nichts bist du!»

Für Marie dagegen hatte der einzelne Mensch im Zentrum gestanden, sie hatte um Leben gerungen, Leben verlängert, Leben gerettet. Auch auf dem Glärnisch damals hatte sie einen Schmetterling entdeckt und beobachtet, während er nur die Schichten, Falten und Verwerfungen im Gestein sah. Ihr Blick galt der Gegenwart, seiner der Ewigkeit. So waren sie sich Jahrzehnte lang nahe gewesen und doch unendlich fern.

Und jetzt, wo er vor der Aufgabe steht, ebenfalls Leben zu retten, am Ende seines eigenen, wollen die Menschen nicht hören. Die Betroffenen machen sich über ihn lustig. Es kommt ihm vor, als ob der Todkranke den Arzt verspotten würde. Selbst die Behörden boykottieren seine Arbeit, unterschlagen Pläne und Messdaten. Würde ihn der brave Ingenieur Härry nicht informieren, er könnte sich kein Bild mehr machen von den Vorgängen am Kilchenstock. «Schlaflose Stunden wegen Kilchenstock! Immer wieder warnen!» hat er schon im vergangenen Jahr im Tagebuch notiert. Doch wie soll er warnen, wenn die Gewarnten taub und blind sind, selbst die Sprache des Bergs, der Natur nicht verstehen, das Rumpeln und Krachen der Steine. Seit hundert Jahren fallen sie, die Menschen sind abgestumpft.

Auch in Elm war das so gewesen, der Bergsturz hatte sich seit langem angekündigt, mit Spalten im Gestein, mit kleineren Steinlawinen, es knarrte und knisterte im Berg. Ein riesiger Abriss klaffte, ein Chlagg, eine Spalte öffnete sich, wurde immer breiter. Auch in Elm hatte er frühzeitig gewarnt, auch in Elm hatte der Kantonsingenieur ein beruhigendes Gutachten abgegeben, obwohl er in seinem Leben noch nie ein Bergwerk gesehen hatte, ebenso der Kantonsförster. Die Geschichte wiederholt sich. Man ignorierte alle Warnsignale, einmal wurden vier Arbeiter erschlagen. Doch die Elmer beuteten den Berg weiter aus, aus Gewinnsucht, sprengten und bohrten und lachten über die warnenden Stimmen. Am Tag vor dem Bergsturz wurde Kreisförster Marti, der die Gefahr erkannt hatte und die Räumung des Dorfes empfahl, vom Gemeinderat wegen seiner Ängstlichkeit verspottet. Selbst Kinder und Tiere verhielten sich vernünftiger als die Verantwortlichen.

Denn das ist Heims Überzeugung: Kein Bergsturz kommt einfach so, auch das Gestein hat seine Gesetze, seine Mechanik. Bergstürze lassen sich in Kategorien fassen, wissenschaftlich erforschen, ihr Verlauf lässt sich vorausberechnen, es können rechtzeitig Massnahmen getroffen werden: beobachten, messen, die Bevölkerung aufklären, einen Fluchtplan ausarbeiten. Das ist die Therapie des Geologen, auch wenn es keine Heilung gibt, so lindert sie doch wenigstens die Not.

Bei Witikon tritt Albert Heim aus dem Wald, unvermittelt entfaltet sich im Süden der Kranz der Alpen. Seine Schwermut ist verflogen, wandernd hat er sich in seine Arbeit vertieft, Arbeit hat ihm schon immer geholfen, Krisen und Melancholie zu überwinden. Er greift nach einem Ast, wirft ihn weit über die gemähte Wiese. Fox rennt ihm nach, so gut ihn seine alten Beine noch tragen, apportiert ihn. Nochmals wirft er den Ast, der Hund bleibt sitzen, bis er ihm das Zeichen gibt, loszurennen. Der Neufundländer gehorcht ihm aufs Wort, ein ernstes, zuverlässiges Tier. Heim nimmt es wieder an die Leine, wandert am Waldrand weiter. Laub knistert unter seinen Schritten. Hunde, so hat er in langen Jahren erkannt, vererben ihre angelernten Eigenschaften, so bilden sich die Rassen heraus mit ihren Stärken, ihren Instinkten, der Zughund, der Jagdhund, der Schäfer. Warum ist das nicht auch bei den Menschen so? Warum wiederholt jede Generation die Fehler der vorangegangenen?

Plötzlich geht ihm eine Idee durch den Kopf. «Bergsturz und Menschenleben» soll das Werk heissen, das er sich vorgenommen hat. In diesem Titel wird sich seine Welt und die Welt seiner verstorbenen Frau verbinden. Die unbelebte und die belebte Natur, die letztlich doch zusammengehören, die untrennbar miteinander verbunden sind. Der Berg und das Leben. Das Ewige und das Heutige. Es wird eine späte Botschaft sein an Marie, ein Zeichen der Liebe, es wird eine Warnung sein für alle, welche die Sprache der Natur nicht verstehen wollen.

---

> Lieber Freund!
> Über die Frage eines Stollens ist schon viel diskutiert worden. Die massgebenden Instanzen wollen aber nichts davon wissen. Interessanterweise behaupten gerade solche, die nicht an einen Bergsturz zu glauben vorgeben, dass die verlotterte Kuppe einen Stollen nicht mehr vertrage. Würde trotz der Ausführung eines Stollens der Berg ins Gleiten kommen und eine Katastrophe verursachen, dann müssten am Ende die Stollen-Initianten noch schuld am Sturze sein. Eine Sondierung der bewegten Massen und eine Abführung des Wassers wären natürlich sehr viel wert. (Friedrich Frey an Gabriel Freuler, 15. August 1930)

Wie Ameisen krabbeln an schönen Tagen mancherlei Experten auf den Berg, der Weg bis zur Stockhütte führt über den Rücken zwischen Ätschruns und Geissruns und ist vor Steinschlag geschützt. Viel weiter wagen sie sich nicht. Rudolf Zweifel kocht Kaffee, Tee und Suppe. Der Berg kommt ihm vor wie ein Kranker, um den sich ein Dutzend Doktoren kümmern, jeder stellt eine andere Diagnose und schlägt eine andere Therapie vor. Sogar das Fieberthermometer steckt man dem Kilchenstock in den Hintern, Zweifel grinst. Der Pfarrer kriecht tief in die Felsspalten, die immer weiter klaffen, misst die Temperatur drinnen und draussen, schreibt alles in sein schwarzes Notizbüchlein. Wozu?

«Man kann nie wissen …», ist die Antwort. «Man muss Augen und Ohren offen behalten, beobachten, messen.»

So also ist die Wissenschaft, Hauptsache, man misst. Was und wozu, das ist wohl einerlei. Das Wichtigste sind die Zahlen, die in den Büchern stehen. Anderthalb bis dreieinhalb Grad Celsius schreibt Pfarrer Frey. Er notiert auch das Wetter, den Wind, den Mond- und den Sonnenstand, wenn er könnte, würde er jeden Stein zählen, der ins Tal rollt.

Eines Tages kommt einer namens Fischer aus dem Zürichbiet, stellt sich als Wasserbautechniker und Quellenforscher vor, er habe die Rhäzünser Heilquelle entdeckt und in Zurzach die Salzlager, tief in der Erde. Er bemerkt zum Zeitungsschreiber, der ihn begleitet: «Dem Übel hier muss man von innen heraus auf den Grund gehen.» Dazu streicht er sich über die gerunzelte Stirn, als ob er tief nachdenken müsse.

«Ja wie denn?» fragt der Reporter.

Darauf schnaubt der Quellenforscher vielsagend, streckt den nassen Finger in die Luft, kratzt sich den Nasenrücken und schweigt.

Und dann kommt gar ein Rutengänger, ein Müller aus Olten, in Anzug, weissem Hemd und Krawatte ochst er den steilen Pfad herauf, ein Einheimischer buckelt den Rucksack mit dem Proviant, Gemeinderat Sigrist und Landrat Dürst stossen und ziehen den Alten, und der Journalist Emil Hess von der Schweizerischen Familienzeitung knipst Bild um Bild.

Zweifel lächelt.

Der Rutengänger hat abstehende Ohren, dick pomadisierte Haare, die er immer wieder mit den Fingern nach hinten klebt. Er schreitet mit einer Astgabel in den Händen gegen den Abbruch hinaus. Plötzlich reisst es ihm die Spitze der Astgabel gegen den Boden. «Wasser», murmelt er, nickt bedeutungsvoll. Macht ein paar Schritte übers Geröll. Wieder biegt sich der Ast. «Hier zieht eine Wasserader gegen den Abbruch.»

Zweifel fragt, ob ihm der Rutengänger auch eine Quelle suchen würde auf seinem Land drunten im Tal.

«Selbstverständlich», sagt der Mann.

«Und was würde das kosten?»

Der Rutengänger schaut Zweifel an, als ob er durch den Lodenstoff der Jacke hindurch das Geld in seinem Beutel zählen würde. Murmelt dann: «Für Sie hundert Franken.»

«Und wenn Sie keine Quelle finden?»

«Fünfzig.»

«Dann suche ich wohl gescheiter selber», sagt Zweifel.

Müller zieht ein Pendel aus seiner Jackentasche, lässt es kreisen. «Das da ist noch empfindlicher als die Rute», sagt er. «Damit spüre ich Wasser in tiefster Tiefe auf. Sehen Sie ...»

Wie von Geisterhand getrieben kreist das Pendel und kreist.

«Hier ziehen verschiedene Wasserläufe gegen den Abbruch, dort sammeln sie sich zu einem unterirdischen See.»

«Und was heisst das?» fragt Gemeinderat Sigrist.

«Der Wasserdruck wird den Berg allmählich abbauen, es wird immer wieder bröckeln, aber einen eigentlichen Bergsturz wird es niemals geben.»

«Also, siehst du», sagt Sigrist zu Dürst. Der nickt, als habe er nichts anderes erwartet.

Der Journalist schreibt alles, was der Rutengänger von sich gibt, in ein Notizbuch. Zweifel wird das Gefühl nicht los, da wolle sich einer wichtig machen und in die Zeitung kommen. Die Geschichte mit dem unterirdischen See kommt ihm nicht gerade glaubwürdig vor. Der Berg ist zerschrundet, wie soll sich in dem porösen Sandstein und splittrigen Schiefer ein See stauen?

Doch er sagt nichts. Soll der Mann schreiben, was er will. Die Zeitungen sind ohnehin voller Lügen. Und die Politiker glauben sie. Wenn er ihnen erzählen würde, was er jeden Tag beobachtet, dann würden sie ihn nur auslachen. Zum Beispiel, wie unruhig das Wild am Berg geworden ist. Vielleicht ist es das andauernde Krachen von Gestein, das die Gemsen und Rehe und Füchse aufschreckt. Vielleicht auch ein sechster Sinn, der den Tieren sagt, dass schon bald etwas geschehen wird.

---

> Diese Mulde ist weiter von Bedeutung für die Ansammlung des Winterschnees. Dessen Schmelzwasser sickern hier in den zerrütteten Boden. Die Sommerregen haben nach der Schneeschmelze dann ebenfalls den Weg in den Boden frei. Dass die Bewegung vom Wasser gefördert wird, erhellt sich deutlich aus den diesjährigen Messresultaten. Grösste Bewegung zur Zeit der Schneeschmelze in den Höhen zwischen 1600 und 1800 m Ende Mai, Beruhigung im trockenen Juni und Wiederbelebung im feuchten Juli und August. (Eingabe betr. Abrissgebiet des Kilchenstocks an den hohen Regierungsrat des Kantons Glarus. Dr. Gabriel Freuler und Friedrich Frey, 16. August 1930)

Klar ist die Nacht, Sternschnuppen fallen, sie häufen sich im August. Es ist eines der Phänomene des Himmels, die Frey beobachtet, für die er Erklärungen sucht. Er setzt seine täglichen Aufzeichnungen fort, beschreibt die Mond- und Sonnenhöfe, skizziert die Sonnenflecken. Wenn er einmal Zeit findet, wird er sich ein Fernrohr bauen, ein Refraktor-Teleskop, die Spiegel selber schleifen. Dann wird er auch den Planeten beobachten können, der in diesem Jahr neu entdeckt worden ist, Pluto hat man ihn getauft, der Höllenhund. Ein hässlicher Name, findet er, denn draussen in der unendlichen Weite des Raums ist die Hölle nicht, wenn es sie gibt, dann ist sie auf der Erde zu finden.

Frey wandert auf einem Feldweg durch die Auengüter, sieht da und dort in den Fenstern der verstreuten Anwesen Licht, ein friedliches Bild. Und doch, die Hölle ist auf der Erde, denkt er, dort wo er eben gewesen ist zum Beispiel. Eine grosse Familie, die Mutter schwindsüchtig im Bett, der Vater arbeitslos, Schnapstrinker, eine Schar Kinder, mager, Gesichter mit Runzeln wie Greise, aufgerissene Augen, die lautlos klagen. Ein kleines Mädchen, debil und halbseitig gelähmt, kriecht am Boden im Schmutz, das Gesicht verrotzt, die Hände schwarz, eine trockene Brotrinde im Mund. Unter dem Bett der Kranken stinkt der Nachttopf. Als Pfarrer hat er den Menschen Mut gemacht, mit ihnen gebetet, als Armenpräsident hat er ihnen ein paar Franken zugesteckt und dem Vater ins Gewissen geredet. Glasig war sein Blick, unterwürfig hat er genickt, hat versprochen, sich zu bessern, hoch und heilig, und das Geld in die Tasche gesteckt.

«Wo ist der Jost?» hat Frey gefragt. Die Antwort war ein unverständliches Gemurmel, Achselzucken, Ausflüchte. Der Älteste hat sich wohl versteckt, aus Scham.

Die Hölle ist auf Erden! Bernhard Becker, sein grosser Vorgänger im Linthaler Pfarramt, hat vor siebzig Jahren gegen das soziale Elend im Tal gepredigt und geschrieben. Sein Buch «Ein Wort über die Fabrikindustrie» war der Funke für das Fabrikgesetz, das die Landsgemeinde 1864 beschloss. Einiges ist seither besser geworden, doch nach so einem Besuch scheint Frey, es sei noch ein weiter Weg zu einer humanen Gesellschaft.

Er schreitet langsam, geniesst den Stumpen Zug um Zug. Die Stille der Natur stimmt ihn wieder versöhnlich. Er bleibt stehen, vertieft sich in die Unendlichkeit des Sternenhimmels. Es kommt ihm vor, als sei er ein Buch, in dem die Schöpfungsgeschichte aufgezeichnet ist wie in der Bibel, nur mit anderen Zeichen, in einer andern Sprache. Die alten Nomaden- und Kulturvölker stellten sich die Welt als Scheibe vor, überspannt vom Himmelszelt, an welchem die Sterne, Sonne und Mond aufgehängt waren, unten in der Tiefe der Erde verborgen lag die Hölle oder der Hades der Griechen. Manchmal durchforscht Frey die Bibel nach astronomischen Motiven, sucht nach Verbindungen zwischen den alten Weisheiten und den Erkenntnissen der Wissenschaft. Saturn und Jupiter standen in Konjunktion im Sternbild der Fische im Jahr sieben vor unserer Zeitrechnung. Das berechnete der berühmte Astronom Kepler. Andere Quellen meinen, der Komet Haley oder eine Nova, eine explodierende Sonne, hätten die Geburt Jesu angekündet. Und als er am Kreuz hing, verdunkelte sich der Himmel zu einer Sonnen- oder Mondfinsternis. Als 18jähriger hat Frey selber den Kometen Haley beobachtet, im Jahr 1910. Er künde das Jüngste Gericht an, sagten die Leute. Doch es kam der Krieg.

Frey fährt zusammen. Ein Tier ist vor seinen Füssen über den Weg gehuscht, eine Ratte vielleicht, ein Wiesel, ein junger Fuchs gar? «Mäuseplage» hat er in sein Büchlein notiert, die Nager sind überall, fressen die Kartoffeln an im Keller, den Käse und die Wurzeln der Obstbäume. Die Kinder haben Eichhörnchen beobachtet am Waldrand, ganz zahm waren sie, frassen fast aus der Hand. Auf dem Berg hat Zweifel Gemsen gesehen an Orten, wo sie sonst nur im Winter wechseln. Unruhe ist unter den Tieren ausgebrochen. Der Astronom Tombaugh hat am Himmel den Höllenhund entdeckt, und in Deutschland hetzt ein Höllenhund namens Hitler gegen die Juden, das Volk des Alten Testaments, das der Herr in alle Winde zerstreute.

Der Kilchenstock scheint Friedrich Frey manchmal die kleinste aller Plagen zu sein, welche die Welt heimsuchen. Die Arbeitslosigkeit, die soziale Not, der Alkoholismus, der politische Radikalismus bedrohen Millionen von Menschen, der Kilchenstock dagegen bloss ein paar Dutzend Häuser, zwei oder drei Wirtschaften, Pfarrhaus, Kirche und eine Fabrik, die ohnehin nicht mehr arbeitet. Wenn er in den Himmel schaut, spürt er, wie klein seine Welt ist, verglichen mit der Unendlichkeit von Raum und Zeit.

Schon graut der Morgen, früh wird er mit Freuler auf den Berg steigen, die Bewegungen haben sich wieder verstärkt. Sie wollen die Temperatur in den Spalten messen, kalter Hauch dringt aus ihnen an die Oberfläche. Wasser im Berg? Ein Gletscher gar, wie jemand behauptet? Vielleicht müsste er einmal Professor Heim schreiben und ihn um Rat bitten.

Bei der Kirche hört er Stimmen, zwei Betrunkene wanken vom Raben her die Strasse herauf, sie johlen und singen. Der

Pfarrer tritt in den Schatten einer Mauer, bis die beiden vorbeigetorkelt sind.

---

> Ich stelle hiermit fest, dass es eine Unverantwortlichkeit und frevelhafter Leichtsinn ist, angesichts der geologischen Indizien, an deren Vorhandensein wir bei Gott kein Interesse haben, und der äusserst gewissenhaften rein mathematischen Fragestellungen des Vermessungsingenieurs, die sich mit dem geologischen Befund bisher immer deckten, sich derartige für die wirklich am Kilchenstock arbeitenden Experten direkt beleidigenden Äusserungen zu erlauben. Wenn der Kilchenstock nicht eine viel zu ernste Angelegenheit für die Gemeinde Linthal und den Kanton Glarus wäre, würde ich mich weigern, weiterhin mit Herrn Oberst Meybohm zusammen dort Expertenarbeit zu leisten. Der Berg hat aber einen Geologen nötiger als einen Obersten. (Rudolf Staub an den Glarner Regierungsrat, 25. September 1930)

«Ich bin halt zu spät auf die Welt gekommen», sagt Rudolf Staub, als ihn der Landammann beim Mittagessen fragt, warum er eigentlich im Fextal wohne und nicht in seiner ursprünglichen Heimat, dem Glarnerland.

«Hier haben schon zu viele Geologen das Feld beackert. Albert Heim hatte die Glarner Berge ein halbes Jahrhundert lang sozusagen gepachtet. Und neuerdings bearbeitet mein ehemaliger Lehrer Oberholzer das Gebiet, ein hervorragender Wissenschaftler. Deshalb habe ich mir nach dem Studium weniger erforschtes Land gesucht und bin dabei auf die Berninagruppe gestossen. So bin ich halt ein Heimwehglarner geworden.»

Sie speisen im Glarnerhof in der getäfelten Stube, durch farbige Wappenscheiben fällt gedämpftes Licht. Der Fisch ist zart, eine Seeforelle aus dem Walensee, sagt der Wirt, der mit einem Tuch über dem Arm im Hintergrund steht und die Serviertöchter dirigiert. Landammann Hauser, Baudirektor Hefti und Regierungsrat Stüssi plaudern über Wanderungen und Bergtouren auf den Rautispitz, auf den Glärnisch, auf den

Kärpf und den Ortstock. Staub erzählt vom Bergell, wo er mit dem kürzlich verstorbenen Bergführer Christian Klucker schwierige Klettertouren im Granit unternommen hat.

«Wenn doch die Glarner Berge auch aus Granit wären», lässt Hefti fallen. «Dann hätten wir ein Problem weniger.»

«Dafür wäre das Glarnerland geologisch kein Thema. Völlig uninteressant», sagt Staub.

Das Thema Kilchenstock umgehen die Politiker, sie haben den Professor eingeladen, um ihm die Stimmung im Volk zu erklären. Wenn nur die Wissenschaftler einsehen würden, dass der Berg nicht bloss ein geologisches, sondern auch ein politisches Problem ist. Dass man dabei auch hohe Militärs miteinbezieht, wollen die Professoren nicht einsehen, doch es könnte sich in Zukunft als geschickter Schachzug erweisen. Bei einer Evakuierung zum Beispiel. Die Armee hat bereits Scheinwerfer und Feldtelefone zur Verfügung gestellt.

«Wie schmeckt Ihnen die Forelle, Herr Professor?» bricht der Landammann das kurze Schweigen.

«Ausgezeichnet! Aber sind Sie sicher, dass sie nicht im sanktgallischen Teil des Walensees ins Netz gegangen ist?»

«Der Fischer jedenfalls war ein Glarner.»

«In der Linth sind die Flussforellen leider selten geworden. Wegen den Kraftwerken der Fabriken. Früher sind sogar Lachse zum Laichen bis ins Tierfehd gekommen.» Damit ist das Gesprächsthema wieder in Linthal.

Man wünsche mehr Klarheit über die Lage, meint der Landammann, es werde viel Unsinn verbreitet, Gerüchte, Angstmacherei, Aberglaube. Die Stimmung sei gereizt, das Volk verunsichert.

«Leider habe ich keine guten Nachrichten», sagt Staub. «Bei der letzten Exkursion haben wir festgestellt, dass sich der Abriss stark nach Norden ausgeweitet hat, er greift nun sogar über die Hauptkrete hinaus.»

«Das ist uns bekannt», wirft Stüssi ein, der Gemeindepräsident von Linthal. «Unser Herr Pfarrer beobachtet die Entwicklung mit Argusaugen, unterstützt vom Geologen Freuler und vom Förster Zweifel. Aber sie meinen, es würden nach wie vor nur Stücke abbrechen.»

«Wenn die ganze Gipfelregion in Bewegung gerät, und das ist wahrscheinlich, dann ist ein Gesamtabsturz unvermeidlich. Und wenn der Berg nicht in einem Stück kommt, bleibt immer noch die Gefahr, dass der Schutt in gewaltigen Murgängen niedergeht.»

«Dagegen bauen wir den Schutzdamm», sagt Stüssi. «Das Problem der Murgänge haben wir im Griff.»

Staub nimmt mit spitzen Lippen einen Schluck Wein, verzieht das Gesicht. «Dann möchten Sie also, dass ich auch noch beruhige? Wen? Die Behörden? Das Volk? Oder den Berg?»

«Wir möchten ein klares Wort hören. Nicht einmal dies, einmal das», erwidert Hefti scharf. «Das ist die Aufgabe der Wissenschaft.»

«Klarheit und Wahrheit sind nicht dasselbe, Herr Regierungsrat. Ich wünschte mir, ich könnte gute Nachricht bringen. Meine Meinung ist, die Gefahr hat sich nicht vermindert, sondern akzentuiert.»

«Es steht also Meinung gegen Meinung. Was sollen wir damit anfangen, als Behörde?»

«Die Herbstmessungen werden mehr Klarheit verschaffen. Sie dürfen nicht mehr verzögert werden. Sorgen Sie dafür. Das ist die Aufgabe der Behörden.»

«Es wird von einem unterirdischen See oder Gletscher gesprochen. Von einem Vulkan sogar. Ist da etwas dran?» fragt Stüssi.

«Alles Unsinn, verbreitet von Scharlatanen, von Laien, von Leuten, die Verwirrung stiften wollen.»

«Das wäre das letzte, was wir brauchen könnten. Das Stroh in diversen Köpfen ist schon genug durcheinandergeschüttelt», sagt Hefti. «Die Menschen sind verunsichert, die Wirtschaftkrise, die Unruhen in Deutschland, der Faschismus in Italien. In Zürich sind die Roten an der Macht. Wir müssen endlich eine klare Politik verfolgen. Das ist unser Anliegen,

Herr Professor …» Er schnippt mit den Fingern, das ist das Zeichen für den Wirt, den Kaffee servieren zu lassen.

«Dann sorgen Sie einmal in Ihrem eigenen Laden für Ordnung. Es sind Leute aus der Glarner Kantonsverwaltung, die unsere Arbeit behindern», gibt Staub scharf zurück. «Man hat uns einen Gesamtplan versprochen, Robert Helbling hatte den Auftrag, den Berg photogrammetrisch zu erfassen. Wo sind die Resultate? Es heisst, der Plan sei in ihrem kantonalen Ingenieurbüro verlorengegangen. Weder ich noch Professor Heim haben ihn zu Gesicht bekommen.»

«Die Sache hat sich geklärt», beruhigt Hefti. «Der Plan liegt bei Geometer Wild, gestern wurde er gefunden.»

«Gerade gestern, welch ein Wunder!»

«Wie er dahin gekommen ist, weiss niemand. Aber Sie werden umgehend eine Kopie bekommen.» Er schaut auf seine breiten Hände mit den kurzen Fingernägeln.

«Es gibt offenbar Leute im Kanton, die meinen, man könne unser Urteil beeinflussen, indem man unbequeme Fakten verschwinden lässt. Die glauben wohl, der Berg stürze den Geologen zuliebe herab, damit wir nicht arbeitslos werden.» Staub ist in Fahrt gekommen, wenn die Politiker schon klaren Wein wünschen, dann sollen sie ihn haben! «Bei der Projektierung des Schutzdamms hat man uns absichtlich übergangen, obwohl nur wir Geologen in der Lage sind, einen Felssturz, seine Bahn und seine Folgen zu berechnen. Für das, was jetzt gebaut wird, lehne ich jede Verantwortung ab! Auch Professor Heim ist meiner Meinung. Der Damm dient nicht dem Schutz, sondern nur der Beruhigung der Bevölkerung.»

Betreten schauen sich die Regierungsräte an. Das Gespräch ist haargenau in die falsche Richtung verlaufen, der Graben zwischen Politik und Wissenschaft noch tiefer geworden. Landammann Hauser ist verärgert, doch er versucht zu vermitteln. «Herr Professor, ich schlage vor, dass wir gemeinsam nochmals hinaufsteigen und Sie uns direkt am Berg informieren.»

«Jederzeit, meine Herren.» Staub trinkt den Kaffee aus,

greift nach seiner Agenda. Man vereinbart einen Termin, dann verabschiedet er sich, er habe noch zu tun, und verlässt mit eiligem Schritt den Raum.

Missmutig bestellen die Herren nochmals Kaffee, dazu Kräuterschnaps. Melchior Hefti murrt: «Nun hat er ja, was er will.»

«Was meinst du?» fragt der Landammann.

«Fünfhundert Franken verrechnet der Herr Professor für eine Begehung. Merkst du endlich, wohin der Hase läuft?»

«Er läuft dorthin, wo es Futter gibt», lacht Landammann Hauser. Die Stimmung heitert sich allmählich wieder auf, der Schnaps beginnt zu wirken.

«Und wenn er recht hat? Wenn der Berg wirklich kommt? Wer übernimmt die Verantwortung?» fragt Stüssi. «Ihr könnt gut lachen, ihr wohnt nicht unter dem Berg wie ich.»

Hefti zuckt die Achseln. «Verantwortung tragen wir alle. Wir sind eine kollegiale Behörde.»

«Verantwortung ist leichter als eine Million Tonnen Steine auf dem Kopf.»

---

> Hotel Bahnhof Linthal. Kilbi-Sonntag und -Montag von abends 8 Uhr an Frei-Tanz, Prima Sauser, reichhaltige Speisekarte. Mit höflicher Empfehlung. G. Heusser-Krebs.
>
> Hotel Eidgenossen Linthal. Über die Kirchweih, Sonntag und Montag den 13. u. 14. Okt., Tanz, Kapelle Florenzia. Höflich empfiehlt sich Familie M. Steiner.
>
> Adler Linthal. Über die Kirchweih Sonntag und Montag Tanz, Glarner Bauernkapelle Jenny, Prima Sauser. Höflich empfiehlt sich Jean Stüssi.
>
> Hotel und Metzgerei Raben Linthal. Kirchweih-Sonntag, Tanz, Kapelle Florida, Reichhaltige Speisekarte, Geisspfeffer, Sauser. Höfl. laden ein Fritz Heer u. die Truppe. (Glarner Nachrichten)

Auf den Bänken an der Wand sitzen die Burschen in Reihe, im sauberen Hemd, und auf der andern Seite die Mädchen, ein paar in der Tracht, die andern in Röcken und weissen Blusen. Die Luft ist dick im Adler, da mischt sich Stall und Fabrik,

Schweiss und Tabak und ein Hauch Kölnischwasser. Schnaufend drängt sich der Wirt durch den Saal, pflügt die Paare auf der Tanzfläche beiseite, auf dem Tablett vor seinem Bauch türmen sich Bierflaschen, Brot, Würste, Aufschnitt und Schwartenmagen. Er stellt es neben die Kapelle auf einen kleinen Tisch, wischt sich mit der Hand über das Gesicht und schaut befriedigt in den Saal. Der Handörgeler lässt einen Jauchzer steigen. Dann greift er nach einer Flasche, setzt sie an und trinkt sie halb leer. Bier tropft von seinem Kinn auf die Sennenkutte.

«Noch einen söttigen!» brüllt eine heisere Stimme. Die Kapelle setzt nochmals an, der Bassgeiger wiegt sich im Takt, den Hut hat er in den Nacken geschoben.

Fest greift Jost der Mariella um die Hüfte, dünn ist sie, ihre Brust zeichnet sich kaum ab unter der Bluse. Sie biegt und wiegt sich und drückt ihren Kopf verstohlen an seine Achsel. Lang und dunkel fällt ihr das Haar auf die Schultern. Die Handorgel vibriert, der Bass schlägt dumpf, die Klarinette hüpft die Tonleiter auf und ab. Stampfen, drücken, schwitzen und stossen. Vor den schmutzigen Fenstern dämmert es, am Tödi glimmt der Grat, als gehöre er in eine andere Welt. Darunter versinkt alles in blauem Dunst. Der Abend sollte ewig dauern, denkt Mariella, doch sie macht sich los. «Ich muss heim.»

«Ach was, jetzt bleib doch! Noch einen Tanz.» Jost versucht sie am Handgelenk festzuhalten.

«Ich dürfte gar nicht hier sein. Wenn es die Schwestern erfahren ...»

«Vergiss doch die Deckelschnecken.» Jost schneidet eine Grimasse.

«Du frecher Kerl. Jetzt gehe ich aber wirklich.»

«Dann begleite ich dich ein Stück.»

Sie gehen am Schlachthaus vorbei, dann übers Feld, nicht der Dorfstrasse entlang, Jost hat Mariellas Hand gepackt, lässt sie nicht mehr los. Sie spürt seine Schwielen, seine Kraft und seine Angst.

«Nicht zu nah an den Berg, da rollen Steine herab», flüstert sie, «und lass mich jetzt, ich muss zum Znacht.»

Doch er zieht sie weiter, über Schutt und Steine hinweg, greift sie um die Taille, wie beim Tanz.

«Lass mich los.»

«Du frierst ja. Komm, ich geb' dir warm.»

Mariella fröstelt wirklich, sie zittert. Ein paar Augenblicke lässt sie sich drücken, dann reisst sie sich los, stolpert über einen Stein.

Jost fängt sie auf, zerrt sie durch ein Gebüsch bis zu einer Mauer, Laub liegt in einer Mulde. Sie versucht auf die Beine zu kommen, doch der Bursche ist stark, drückt sie auf den Boden, versucht sie zu küssen, sein Atem riecht nach Bier. Er zerrt an ihrem Rock, Stoff reisst, Steine stechen sie in den Rücken, eiskalt ist die Erde. Wenn ich schreie, kommt alles aus, denkt sie, gibt den Widerstand auf. Durch die Zweige sieht sie den Tödi, samtblau schimmert das Gletscherdach. Wie ein Schiff kommt er ihr vor, ein Segelschiff auf dem Meer, drei Masten hat es, eine weisse Fahne weht an der Spitze. Jost liegt schwer auf ihr, keuchend geht sein Atem. Mariella streicht ihm über die verklebten Haare. Vielleicht ist er der Matrose, der die Segel setzt, der sie entführt, weit weg, auf die Insel, wo immer Sonne ist und Wärme und Liebe.

---

Die Kunde, dass Herr Professor Dr. Staub, in Verbindung mit einer Abordnung des Regierungs- und des Gemeinderates, dem Kilchenstock einen Besuch abstattete, löste letzten Samstag allgemeine Befriedigung aus, trotzdem dieser Fachmann wegen seiner früheren Berichte als Schwarzseher angekreidet ist. (Glarner Nachrichten, 2. Oktober 1930)

Sandbalz steht in der Küche, früh ist es dunkel geworden. Die Tage sind schon kurz, kalt und nass war der Sommer. Man schickt sich in den Lauf der Zeit, man schickt sich in die schlimmen und die freudigen Ereignisse. In der Kammer liegt die Mutter in den Wehen. Ist das nun Freude oder Last? Balz schickt sich drein, wie in alles. Die Töchter eilen aufgeregt treppauf, treppab, flüstern und murmeln, kochen Wasser, holen Tücher und Seife, werfen ihm Blicke zu. Die Hebamme ist schon seit Stunden bei der Mutter, einmal kommt sie in die Küche, ihr Gesicht ist ernst. «Das Herz», sagt sie und nichts weiter. Trinkt eine Tasse warme Milch, geht wieder hinauf. Draussen rinnt die Dämmerung von den Hängen herab wie ein zäher Strom, tief hängen die Wolken.

Er steht am Fenster, die Hände tief in den Hosensäcken, schaut hinaus und sieht vor seinem inneren Auge weites ebenes Land, die Felder dehnen sich bis zum Horizont, wo sich weisse Wolkenburgen türmen, Kartoffeln, Korn, daneben Obstbäume in Reihen, mit Pferd und Wagen fährt er einen Weg entlang, auf der Ladebrücke Kisten voller Äpfel, Birnen und Kartoffeln. Im Militärdienst hat er solche Höfe gesehen, der Bauer schüttete den Soldaten Stroh in die Tenne, die Bäuerin brachte Brot, Butter, Käse und Kaffee und die Flasche mit dem Kirschwasser. Das wäre ein anderes Bauern als im Sand, hat er manchmal gedacht, in flachem, fruchtbarem Land, nicht eingesperrt zwischen steilen Halden und immer in Angst vor dem Berg und dem Bach und den Lawinen im Winter. Balz fährt sich über die Stirn, weg ist das Bild, er sieht wieder den Berg, der vor jeder Hoffnung steht.

Dann knarrt die Decke über ihm, Anni stürmt die Treppe herab: «Vater, ein Bub! Ein Bruder!» Sie lacht übers ganze Gesicht, fällt ihm um den Hals. «Thomas heisst er, hat die Mutter gesagt.»

Balz nickt stumm, drückt die Tochter an sich, sie ist schon verlobt, sie wird Gotte sein, und ihr Bräutigam, ein Bauernsohn aus dem Tschingelgut, der Götti. Nun ist er also nochmals Vater geworden, ein alter Mann schon. Ein Hoffnungsschimmer? Vielleicht wird dieser Sohn einst auswandern, einen Hof bewirtschaften draussen im freien Land. Denn auf dem Sand ist kein Platz, hier wird der Balz bauern, der jetzt sechzehn ist, klein, aber kräftig.

«Wie geht es der Mutter?»

«Recht, meint die Hebamme.»

Er steigt die Treppe hinauf, steckt den Kopf durch den Türspalt. Rot und runzlig liegt das Kind auf frischen Tüchern, die Hebamme nimmt es auf die Arme, und wiegt es sacht. Bleich und erschöpft ruht die Mutter im Bett, hält die Augen geschlossen, kaum, dass sie seinen Händedruck erwidert.

«Sie ist müde. Aber es geht ihr ordentlich», flüstert die Hebamme, legt den Kleinen sacht in den Korb. «Sie braucht jetzt Ruhe.»

Anni und Margrit knüllen blutbefleckte Tücher zusammen, tragen sie im Waschbecken weg. Die Hebamme packt ihr Köfferchen.

Balz geht in den Stall, melkt, mistet und füttert. Später holt er Pickel und Spaten, gräbt hinter dem Haus neben dem vierten Apfelbaum ein Loch in den sandigen Boden. Mist kommt hinein für das Bäumchen, das er besorgen wird, das fünfte in der Reihe. Die andern tragen schon Früchte.

---

> Die Linthaler regten sich darüber auf, dass Geologen und erst noch der Pfarrer auf dem Berg oben herumliefen. Sie behaupteten: Der Kilchenstock sei «empört» darüber und poltere darum und schicke «Brüche», d.h. Steinlawinen hinunter. Würden die Geologen und der Pfarrer nicht mehr hinaufsteigen, dann würde seine «Empörung» verschwinden und die Brüche hörten auf. (Erinnerungen von Friedrich Frey)

«Ich denke, wir haben jetzt andere Sorgen», sagt Pfarrer Frey, doch Niklaus Zimmermann, sein katholischer Amtskollege, wiegt missbilligend den Kopf. «Das Mädchen aus dem Heim wurde vom Rütener Gemeinderat zitiert, man hat seine Aussagen zu Protokoll genommen.»

«Und nun?»

«Man muss solche Erscheinungen sehr ernst nehmen. Ich habe im Unterricht ausführlich von der Theresia von Konnersreuth berichtet.»

«Da gehen unsere Meinungen wohl auseinander, Herr Kollega», sagt Frey. «Ich glaube nicht an Wunder.» Er wendet sich wieder dem Schachbrett zu. Hoffnungslos, denkt er. Die Dame verloren, der König ungeschützt, die Bauernstellung aufgerissen. Doch Zimmermann scheint auch nicht bei der Sache zu sein.

«Die Theresia hatte in der Fastenzeit im Jahr 1926 eine ganz ähnliche Erscheinung wie das Mädchen. Dass sie seither mit den Wunden Christi stigmatisiert ist, bestätigen selbst unabhängige Gelehrte. Wie erklären Sie sich das?»

«Für Wunder gibt es manchmal auch ganz natürliche Erklärungen.» Frey versucht, ernst zu bleiben, obwohl ihn das Lachen anspringt. Er nimmt einen Schluck Kaffee. «Auch für die Erscheinung hier in Linthal. Die Leute sind beunruhigt, sie haben Angst.»

Zimmermann greift zum Weinglas, rote Äderchen ziehen über seine Wangen. Er wirft einen Blick aufs Brett, greift mit dem Turm an: «Schach!»

Gelegentlich treffen sich die beiden Pfarrherren im Adler zu einer Partie, meist gewinnt Frey. Diesmal jedoch muss er passen, ist in die Enge getrieben. Man sollte sich nicht mit zwei Dingen gleichzeitig beschäftigen, denkt er. Die Geschichte, über die sie nebenher sprechen, hat ihn zu stark abgelenkt. Ein Mädchen aus dem Fabrikheim in Rüti behauptet, es habe am Sonntagabend beim Beerenpflücken eine arme Seele gesehen, die es mahnte, diesen Ort nie mehr zu betreten, denn bald stürze der Berg. Beim alten Friedhof war's.

«Was waren denn das für Beeren?» fragt er Zimmermann, «in dieser Jahreszeit reifen doch keine Beeren mehr.»

«Die letzten Brombeeren vielleicht, warum nicht? Ganz aufgeregt und zerkratzt kam die Mariella am Abend ins Heim, seither hat sie böse Träume, kann nicht mehr schlafen.»

«Am Sonntag war Tanz. Man hat da scheint's einen Linthaler Burschen gesehen mit einem Mädchen aus dem Marienheim.»

«So?» sagt der katholische Pfarrer zerstreut. «Die dürfen nicht an solche Anlässe. Aber wir werden der Sache nachgehen.» Er zieht einen Läufer. «Schachmatt.»

Frey wendet sich vom Brett ab. «Meinen Sie nicht, man hätte sich jetzt schon genug damit befasst?»

«Wer ist denn der Bursche?»

«Jost heisst er, sein Vater ist arbeitslos, die Mutter krank. Doch er besucht die Sekundarschule. Der Schulrat wollte ihn von der Schule weisen, er ist noch nicht sechzehn.»

«Die heutige Jugend ist verdorben. Vielleicht hatte das Mädchen wirklich eine Erscheinung, eine Warnung sozusagen.» Zimmermann greift nach dem Weinglas, lächelt vielsagend.

«Der Bursche hat einen Verweis bekommen. Aber in der Schule bleiben darf er, ich habe mich dafür eingesetzt.»

«Ihr Vorgänger, Pfarrer Brändli, war nicht so zimperlich. Der hat einmal ein Lottermädchen einen Tag lang ins Spritzenhaus sperren lassen.»

«Und hätte dann fast eine Klage wegen Freiheitsberaubung am Hals gehabt, ich weiss», sagt Frey. «Auch der Pfarrer muss sich ans Gesetz halten.»

«Wenn es doch eine arme Seele gewesen wäre? Dort beim Friedhof? Es geschehen seltsame Dinge am Berg.»

Frey zählt das Geld für den Kaffee auf den Tisch, steht auf. «Arme Seelen sind wir doch alle, oder nicht?»

Der katholische Pfarrer schaut ihn überrascht an, will etwas erwidern. Doch Frey ist schon draussen. Er geht übers Feld gegen den alten Friedhof, ein Lastwagen steht mitten in der Wiese, Arbeiter laden Schienen ab für eine Rollbahn. Der Dammbau hat begonnen.

Frey schreitet weiter, der Friedhof sieht jammervoll aus, Grabsteine sind umgestürzt, Sand und Geschiebe bedeckt die Gräber, die Mauer hat Löcher und Risse. Da würde ich es auch nicht mehr aushalten, da unten, denkt er. Da würde ich vielleicht auch aus dem Grab steigen und den Leuten etwas Angst einjagen. Er muss lachen, zündet sich einen Stumpen an. Für Wunder, denkt er, gibt es wohl meist eine Erklärung. Doch manchmal lässt man Wunder besser Wunder bleiben und grübelt nicht zuviel darüber nach, da hat Kollege Zimmermann recht.

# Flucht

1930

---

> Hochgeehrter Herr Professor!
> Wie ich vernommen, sollen Sie meinem Amtsvorgänger, Herrn Pfarrer Brändli gegenüber die Lage am Kilchenstock als sehr ernst bezeichnet haben. Darf ich vielleicht Näheres über Ihre Ansicht vernehmen? Ich beschäftige mich intensiv mit der Kilchenstockangelegenheit als Anstösser, Seelsorger der Gemeinde Linthal und als stark naturwissenschaftlich interessierter Laie. (Friedrich Frey an Albert Heim, 21. Oktober 1930)

Die Erde ist aufgerissen, tief steht der Dreck auf allen Wegen, Regen fällt. Die Männer waten durch Pfützen und braunen Schlamm, Lastwagen wühlen tiefe Spuren in den Boden, manchmal bleiben sie stecken, ihre Räder drehen durch. Dann versuchen Arbeiter mit Brettern und Sand, sie wieder flott zu machen. Und helfen nach mit Fluchen und Spucken, mit Stumpenrauch und Bierflaschen. Auf der Dorfstrasse kleben dicke Erd- und Lehmklumpen. Ein Löffelbagger mit der Aufschrift «Albert Welti, Tiefbauunternehmung, Zürich» gräbt sich immer tiefer in die Erde.

Im Raben dampfen die Schüsseln mit Wurst, Speck und Kartoffeln auf den Tischen. Der Rauch ist zum Abschneiden. Fridolin Heer putzt seine Hände an der Schürze, schaut sich zufrieden um. Die Arbeiter essen in Schichten, das kalte Wetter und die Schwerarbeit machen sie hungrig. Am Abend sitzt einer in der Wirtschaft, spielt Handorgel. Die andern dösen vor ihrem Bier, nehmen manchmal einen Schluck, starren dann wieder ins Glas. Ein paar Italiener singen. Der Vorarbeiter, ein Kahlkopf im schwarzen Hemd, schwärmt von Benito Mussolini. Er kenne den Duce persönlich, habe am Marsch auf Rom teilgenommen, im Oktober 1922, daraufhin habe der König Mussolini mit der Regierung beauftragt. Der Duce sei einst Bauarbeiter in der Schweiz gewesen, Sozialist. Doch:

«Faschismus besser», brüllt er, schnippt mit zwei Fingern. Heer spendiert eine Flasche Veltliner. Der Kahle schenkt ein, dann stimmt er das Faschistenlied an, «La giovinezza». Aber nur wenige singen mit, es versinkt im Lärm.

«Wie lange seid ihr noch dran?» fragt Heer den Bauführer, der in einer Ecke sitzt, ein Rapportbuch vor sich, und am Bleistift kaut.

«Sechzig Arbeitstage ist die Vorgabe. Aber das werden wir wohl nicht mehr schaffen vor dem Winter.»

Er streicht einen Plan glatt, erklärt das Profil des Dammes: «Bergseits eine Trockenmauer, einen Meter zwanzig dick am Fuss, sechzig Zentimeter am Kopf. Dahinter schütten wir Erde auf, zuoberst noch immer einen Meter neunzig. Um das Material heranzuführen, verlegen wir auf dem ganzen Damm eine Rollbahn.»

«Meint ihr, das wird halten?»

«Es geht auf den Winter zu, jetzt wird der Berg wohl ruhig bleiben.»

«Der Pfarrer behauptet, er rutsche noch immer vier Millimeter am Tag. Der stiefelt doch dauernd dort oben herum. Aber ob's an einem Stück kommt, oder nur schubweise, kann niemand sagen.»

Der Vorarbeiter zuckt die Achseln. «Wenn alles auf einmal kommt, weiss ich nicht, ob der Schutzdamm hoch genug ist. Aber ich muss mich an die Pläne halten, ob die Dimensionen stimmen, kann ich nicht beurteilen. Das haben gescheitere Leute als wir ausgerechnet.»

«Nützt's nichts, so schadet's nichts», lacht einer und prostet dem Wirt zu. «Hauptsache, wir haben Arbeit.»

«Ich finde das gar nicht zum Lachen», gibt Heer zurück, dreht sich um und geht in die Küche.

«Jetzt tut er beleidigt, dabei verdient er am meisten an der Sache.» Der Arbeiter leert sein Glas in einem Zug. «Oder etwa nicht?»

Der Bauführer nickt, wendet sich seinem Protokollbuch zu.

Ist vielleicht die Hauptursache dieser Einstellung, die uns die Vermessungsberichte zurückbehält, nur zu suchen in der Angst vor den Dingen, die da kommen können? Eine solche Auswirkung der Angst ist wohl entschuldbar bei den Schwachen, aber bei den unterrichteten Verantwortlichen unstatthaft. Es ist Pflicht von uns allen, Experten, Beobachtern, Behörden, den Möglichkeiten, den Gefahren und dem Unglück offenen Auges entgegenzusehen, um zu retten, was gerettet werden kann – vor allem Menschenleben.
Alle ähnlichen Sachlagen haben uns immer wieder vor die schwierige Frage gestellt: Wie viel richtige Angst muss man einflössen, um die Leute zur Aufmerksamkeit und richtiger Beurteilung der Vorzeichen und rechtzeitiger Flucht zu bringen, ohne dass sie in Verzweiflung geraten und die innere Kraft zu richtigem Handeln und richtiger Resignation verlieren?
Ich habe mich in der Sache betätigt, weil vor drei oder vier Jahren Ihr erster Ruf an mich ging, weil ich mehr als jeder andere Geologe die Bergsturzerscheinungen studiert habe und mich deshalb verpflichtet fühlte, mich in Ihren Dienst zu stellen. Wenn ich aber das rätselhafte Zurückhalten der Akten nicht mehr bloss als ein zufälliges Produkt von allerlei an sich nicht beabsichtigten Hemmungen, sondern als von irgend einer Seite beabsichtigt ansehen müsste, so bitte sagen Sie mir das offen und klar. Dann ist mein Gewissen in der Sache entlastet, ich kann mich zurückziehen. Es bleibt mir nur noch der grosse Kummer um mein liebes Linthal. (Albert Heim an den Glarner Regierungsrat, 25. Oktober 1930)

Zwei Tage nachdem er den Brief an den berühmten Professor abgeschickt hat, trifft die Antwort ein, und was für eine Antwort: Zehn Seiten, eng beschrieben in eigenwilliger altdeutscher Handschrift, regelmässig und doch schwer lesbar, manche Wörter unterstrichen, andere eingeflickt. Friedrich Frey hat auf ein paar Zeilen gehofft, nun liegt das Bekenntnis eines Menschen in grosser Sorge vor ihm, eine Beichte fast. Der Kilchenstock scheint dem achtzigjährigen Professor im fernen Zürich wie ein Stein auf der Seele zu lasten, er raube ihm den Schlaf, schreibt er, er fühlt sich offensichtlich missverstanden, man behindert seine Studien, unterschlägt ihm Messberichte und Karten. Oftmals spricht heiliger Zorn aus seinen Sätzen, wenn er die Ohnmacht des Wissenschaftlers schildert. «Warnt er nicht kräftig und es kommt der Sturz unverhofft, so wird er beschuldigt. Warnt er sehr kräftig, so kann eine Panik entstehen. Und wenn es dann wieder etwas still steht, so wird der Geologe, der Angst gemacht hat, furchtbar verdammt und beschuldigt, vielleicht sogar gerichtlich.»

Frey fühlt sich geehrt, er blättert durch die Seiten, stolz, dass ihm der bedeutende Gelehrte Vertrauen schenkt, und doch fragt er sich immer wieder: Warum? Heim kennt ihn ja nicht, sie haben sich noch nie gesehen.

Freys Eltern sind zu Besuch gekommen, zur Predigt, der Vater sieht müde aus, er ist gealtert. Vor zwei Jahren hat er den Sohn ermuntert, wenn nicht gar gedrängt, das Amt in Linthal zu übernehmen. Jetzt schaut er immer wieder hinüber zum Berg, als höre er schon den Felssturz krachen. Doch es ist ruhig, Frey ist froh. Sein Vater würde sich sonst noch mehr Sorgen machen, vielleicht macht er sich ein Gewissen, dass er den Sohn in Linthal haben wollte.

Gertrud trägt Kaffee auf, die Mutter hat eine Glarnerpastete mitgebracht in einer Schachtel, ein Kunstwerk aus Blätterteig, mit Staubzucker bestreut, die eine Hälfte mit Zwetschgenmus gefüllt, die andere mit Mandeln. «Süss oder sauer?» Die Kinder dürfen wählen, die Mutter schneidet die Stücke. Für den Pfarrer bleibt am Schluss nur noch eines von der sauren Hälfte.

«So beisse ich halt in die saure Pastete», sagt er und lacht.

Dann schicken sie die Kinder hinaus an die Sonne, die Wohnung, gegen Norden gerichtet, liegt im Schatten. Er habe beim Kirchenrat nachgefragt, ob die Kinder im Sängersaal spielen und ihre Aufgaben machen dürften, wenn die Sonne scheint, der sei nach Süden gerichtet und fast immer leer. Da habe ihm der Präsident zur Antwort gegeben: «Die Kinder Ihres Vorgängers Bernhard Becker sind auch im Schatten gross geworden, und es hat ihnen nicht geschadet.»

Frey leckt sich den Staubzucker von den Fingern, greift nach dem Brief des Professors, liest daraus vor, manchmal muss er ein Wort erraten. Albert Heim rekapituliert die ganze Geschichte des Bergs, erinnert sich, wie er selber vor dreissig oder vierzig Jahren hinaufgestiegen ist. «Damals bombardierte er von Zeit zu Zeit die verlassene Kirche.» Er habe früher schon Spuren von Bewegungen beobachtet, jedoch nichts von einem drohenden Bergsturz bemerkt. Er bedauert, dass er wegen seiner Krankheit nicht mehr hinaufsteigen kann. «Als dann die Sache durch Professor Schardt in ein dummes Geleise gewiesen worden war, und man dazu überging, die Sache als belanglos und ziemlich ungefährlich zu betrachten», da habe er mit einem Brief an den Regierungsrat wieder eingegriffen. An einer Konferenz 1926 in Linthal habe man daraufhin die regelmässigen Messungen und Beobachtungen beschlossen. «Eine ernste, schöne, inhaltsreiche Beratung. Hauptresultat: Es gibt keine Mittel, den Bergsturz aufzuhalten.»

«Und der Schutzdamm? Warum baut man ihn, wenn doch Professor Heim meint, dass er nichts nützt?» fragt der Vater, sein Gesicht ist voller Sorgenfalten. «Warum hört man in Glarus nicht auf sein Wort?»

«Heim schreibt, er halte den Schutzdamm für Kinderspielzeug. Er schläfere die Menschen nur ein, lasse sie im Glauben wiegen, sie seien geschützt.»

«Und was glaubst du?»

«Vielleicht will man uns einschläfern», entfährt es Frey. Dann zuckt er die Achseln, immer wieder wird ihm diese Frage gestellt. «Nein, ich sehe es doch nicht so pessimistisch. Der Damm schützt uns gegen Murgänge. Wenn jedoch die ganze Masse losbricht, eine halbe Million Kubikmeter schätzt Heim, dann hat er recht, dann wird der Bergsturz das Dorf wegfegen und vielleicht auch noch den Bahnhof im Ennetlinth und sogar das Kurhaus im Stachelberg.»

«Könnt ihr nicht wenigstens die Kinder in Sicherheit bringen?» fragt die Mutter. «Wir finden in Glarus schon Platz.»

«Wir dürfen jetzt nicht Panik aufkommen lassen und unüberlegt handeln», sagt Frey. «Heim meint selber, die Katastrophe, die er für wahrscheinlich hält, kündige sich einige Tage im voraus an. Dann haben wir noch Zeit, alles in Ruhe in die Wege zu leiten. Heim beschwört mich, die gleichgültige Bevölkerung aufzurütteln, damit sie alles für eine Flucht vorbereitet. Er hat keine hohe Meinung von der Vernunft der Menschen. Er schreibt: «Für Linthal ist nach bisherigen Beobachtungen viel mehr zu fürchten, dass sie nicht zur Zeit fliehen, sie sind schon sehr stark auf diese Art eingestimmt. Man hat ihnen die Gefahr vollauf mitgeteilt, sie glauben schon jetzt nur sehr wenig daran, und wir sind schief angesehen und verachtet, wir, die wir uns verpflichtet sahen, zu warnen.»

«Und wenn Heim recht behält?» fragt der Vater. «Man darf seine Meinung nicht in den Wind schlagen. Schliesslich ist er der bedeutendste Geologe der Schweiz.»

«Gewiss, aber er fällt sein Urteil am Schreibtisch. Menschen, die hier leben, die den Berg seit Jahrzehnten kennen, sind anderer Meinung. Ihre Erfahrung muss man auch ernst nehmen, als Pfarrer muss ich auch zu ihnen stehen.»

«Als Pfarrer schon. Aber wo stehst du selber, Friedrich?» fragt die Mutter. Sie schaut ihn an, und er denkt: Alle schauen auf mich, ich stehe im Zentrum, ich soll Antworten geben, als am meisten Bedrohter, als Vater, als Sohn, als Bürger, als Seelsorger. Wenn sich Erfahrung und Wissen streiten, fragt man schliesslich den Pfarrer. Und der? Der hebt seine Augen auf zu den Bergen, wie es in den Psalmen steht, und fragt: Woher wird mir Hilfe kommen? Und der Psalmist antwortet: Meine Hilfe kommt von dem Herrn, der Himmel und Erde gemacht hat. Glaube ich daran? Warum steige ich dann immer wieder hinauf, fast wie unter Zwang, um selber nachzuschauen, um mich selber zu vergewissern? Warum hebe ich nicht einfach die Augen und vertraue? Weil ich eigentlich gar nie Pfarrer werden wollte?

«Friedrich», sagt der Vater. «Die Mutter hat dich etwas gefragt.»

«Wo ich stehe? Ich stehe irgendwo dazwischen», sagt Frey langsam, «zwischen Berg und Tal, zwischen Himmel und Erde, zwischen Glauben und Wissen.»

---

> Ich lese sämtliche Kilchenstockakten durch, verfolge die Messresultate, beobachte an Ort und Stelle und von meinem Haus aus mit einem terr. Zweizöller. Der Gefahr bin ich bewusst. Ich habe seit meinem Hiersein in dem Sinne gewirkt, dass ich affektiv beruhigend auf die Bevölkerung einzuwirken suchte, ohne die Gefahr zu leugnen, die Behörde aber immer wieder auf die Gefahr und auf ihre Verantwortung aufmerksam machte. Drei der sieben Gemeinderäte sind sich der Lage bewusst, aber sie sind in der Minderheit. (Friedrich Frey an Albert Heim, Ende Oktober 1930)

Er ist fast bis zum Gipfel gestiegen, zum Punkt Q, über bröckelnde Bänder und Gesimse, schwarz und feucht schimmert der Schiefer, schwammig braun die Sandsteinbänke. Seine Nagelschuhe rutschen auf den Platten, wenn ein Stein fällt, reisst er eine kleine Lawine mit. Grau der Himmel, irgendwann setzt leichter Schneefall ein. Beim Messpunkt klaffen neue Spalten auf der Nordseite des Grates, es scheint, als reisse der ganze Gipfel aus seiner Verankerung und komme ins Rutschen. Die Stange steht schief, eine Stütze ist weggerissen. Die neuen Felsspalten sind vom Tal nicht zu sehen, Zweifel hat ihm davon berichtet. Dabei kaute er unruhig an seiner Pfeife.

Der Pfarrer steigt unentwegt, die Pickelspitze tingelt auf dem Geröll, ein Funke springt. Einmal kippt eine Platte, er fällt hin, schlägt mit dem Arm auf eine Kante. Ein leiser Fluch entfährt ihm, ist sogleich verdrängt. Er ist allein. Das Schneetreiben wird stärker, vom Tal streicht ein scharfer Luftzug durch die Ätschruns herauf, wirbelt die Flocken im Kreis. Jetzt klettert er mit Händen und Füssen, hält sich an Wurzeln, an lockeren Felsbrocken, kein Weg ist mehr und kein Steg. Da und dort markiert ein Steinmann die Route. Umgestürzte Bäume liegen übereinander, ineinander verkeilt, die Stämme gebrochen und zersplittert. So hat es ausgesehen auf den Schlachtfeldern des grossen Kriegs. Die Verletzten, die er gepflegt hat im Lazarett in Bielefeld, im Jahr 1916, haben von solchen Landschaften erzählt: Verdun, Hartmannsweilerkopf, Festung Douaumont, Mann gegen Mann, Mensch gegen Natur. Georg Hammann, ein junger Soldat, dem ein Schuss das Gesicht zerfetzt hatte, hat ihm sein Leben erzählt, er hat Notizen gemacht, wird sie vielleicht einmal ins reine tippen. Zeit sollte man haben. Oder nicht tausend Dinge miteinander tun wollen. Vielleicht, so denkt er, bin ich unablässig auf der Flucht, von einer Aufgabe zur andern. Und komme doch nicht zum Eigentlichen, zu dem, was mich im Innersten bewegt.

Mit klammen Fingern stellt Frey das Objektiv des Fotoapparates ein, wählt Blende und Zeit. Warum begebe ich mich, Familienvater, Seelsorger, Armenpfleger, in diese Gefahr? Handle ich nicht unverantwortlich? In den Schützengräben des grossen Krieges haben Theologen ausgeharrt, den Sterbenden Trost gespendet. Unsere Aufgabe ist es, dort zu sein, wo der Mensch leidet, denn nur im gemeinsamen Leiden zeigt sich die wahre Liebe.

Er drückt auf den Auslöser, fotografiert die Risse, die dem Grat entlang hinabziehen bis zum Messpunkt S, obwohl das Licht schon schlecht ist. Sein Arm schmerzt immer stärker, die Finger spürt er nicht mehr. Seine Fotos und Beobachtungen wird er Albert Heim schicken, so dass sich der Professor ein Bild machen kann vom Berg. Die Behörden versuchen, ihn von den Informationen abzuschneiden, seine unablässigen Warnungen sind ihnen unangenehm. Eine Art Zensur, denkt Frey. Auch das ist wie im Krieg.

Den Berg hinab eilt er in grossen Sätzen, sicher tritt er auf, er kennt den Weg. Den Pickel hat er dabei unter den Arm geklemmt, die Spitze zeigt schräg nach unten. Wieder die Bilder vom Krieg. Hier findet er tagtäglich statt, seit Jahrhunderten, Krieg des Menschen gegen die Natur. Wer ist wessen Feind? Wo der Grat in eine brüchige Wand mündet, verliert er in der

Dunkelheit den Weg. Er quert auf einem schneebedeckten Grasband dem Hang entlang, es wird schmal und abschüssig. Er dreht sich gegen den Berg, sucht mit den Schuhspitzen Tritte. Ein Stein rollt weg, fällt ins Leere. Kein Aufschlag ist zu hören, so tief ist der Abgrund. Frey spürt ein leises Zittern in den Knien, packt den Pickel fest, treibt die Spitze in ein Graspolster. «Jetzt ruhig bleiben», sagt er laut vor sich hin. Doch die Nagelschuhe rutschen auf dem schneebedeckten Gras, es ist kein Weiterkommen mehr, die Wand fast senkrecht, das Gestein locker.

Er tastet vorsichtig zurück, Tritt um Tritt, erreicht mit der Hand eine verknorpelte Föhre, zieht sich hinauf, findet schwer atmend Stand. In der Jackentasche findet er einen angerauchten Stumpen, will ihn anzünden, doch die Streichhölzer sind nass. Ärgerlich schleudert er den Stummel in die Dunkelheit, die das Dorf und seine Lichter wieder verschluckt hat.

«Warum?» ruft er hinab. Doch nichts antwortet ihm, kein Mensch, kein Echo, keine Stimme vom Himmel. Also weiter, er kriecht auf allen vieren hangaufwärts, spürt endlich mit den Händen den Weg und konzentriert sich nun ganz auf den Abstieg.

---

> Ich glaube zwar nicht, dass Ihnen diese Berichte mit Absicht vorenthalten wurden. Eine durch unglaubliche Sorglosigkeit getragene Gleichgültigkeit und das Fehlen jeglicher Leitung der Dinge sind die Gründe, die zu vielen ähnlichen Unliebsamkeiten führen. Ich darf mich darüber nicht weiter äussern, da ich für die Grundbuchvermessung weiter mit den kantonalen Organen zusammenarbeiten muss. (Hans Härry an Albert Heim, 28. Oktober 1930)

Bernhard Stüssi klemmt die Mappe unter den Arm, richtet mit der andern Hand den Regenschirm gegen den Wind und schreitet die Dorfstrasse hinauf gegen die Auengüter. Bei den letzten Häusern packt ihn eine Böe von hinten, stülpt das Gestell um. Er stellt sich unter das Vordach einer Scheune und versucht, das Gestänge wieder zurechtzubiegen. Dann hört er Nagelschuhe kratzen auf einem Kiesweg. Der Pfarrer stürmt vom Berg herab wie ein Soldat im Angriff, die Fäuste schwingend, den Kopf gesenkt. Stüssi ruft ihm einen Gruss zu, Frey bleibt stehen.

«Noch unterwegs bei diesem Wetter, Herr Pfarrer?»

«Ich war auf dem Berg», ruft Frey über die Strasse hinweg. «Es sieht böse aus.» Sein Atem geht stossweise.

Er bleibt auf Distanz, so dass Stüssi seinen Schirm aufspannen und in den Regen hinaustreten muss. «Sie sind ja ganz nass. Was ist denn los?»

Der Pfarrer berichtet von Spalten, die täglich breiter werden. Was das zu bedeuten habe, könne er selber nicht beurteilen. Er habe die Risse fotografiert, werde die Bilder noch in dieser Nacht entwickeln und kopieren, morgen schon auf die Post bringen.

«Wozu? Wohin schicken Sie Fotos?»

«An Professor Heim in Zürich. Er hat mir geschrieben und sich beklagt, dass man ihm wichtige Berichte, Karten und Messdaten vorenthält. Stimmt das?»

Stüssi schiebt mit einer Schuhspitze einen Erdklumpen beiseite, der auf der Strasse liegt. «Das ist Sache der Verwaltung, nicht der Regierung. Aber ich werde mich darum kümmern. Der Professor soll alles bekommen, was er braucht.»

«Heim schreibt, man halte die Akten mit Absicht zurück, weil seine Schlussfolgerungen unbequem sind. Die Regierung stecke den Kopf in den Sand.»

«Die Herren Geologen sind empfindlicher als Jungfrauen!» Stüssi lacht, dann fährt er laut fort: «Heim ist ja nicht der einzige, der sich mit dem Berg befasst. Wir bezahlen auch noch den Professor Staub, und unsere Glarner, der Freuler und der Oberholzer, befassen sich mit der Sache. Jeder hat eine andere Meinung. Und jeder findet, er sei die grösste Kapazität im Fach. Wenn man dann nachfragt, will sich keiner festlegen. Man müsse halt noch messen und beobachten. Aber wehe, wenn jemand das, was der Geologe auch nicht so genau weiss, anzweifelt.»

«Die Lage ist nicht zum Lachen», sagt Frey. «Die Bedenken von Professor Heim sind berechtigt. Ich möchte Sie bitten, ihm die nötigen Unterlagen zuzustellen.»

«Ich werde sehen, was ich tun kann. Aber wir haben auch noch andere Probleme als den Berg. Haben Sie sich verletzt?» Er zeigt auf den Arm des Pfarrers. Die Jacke ist zerrissen, das Hemd darunter blutbefleckt.

«Nichts Wichtiges. Ich bin ausgerutscht.»

«Sie sollten nicht allein auf den Berg, Herr Pfarrer. Es ist gefährlich. Auch ohne Bergsturz.»

«Jemand muss Verantwortung übernehmen.»

«Soll das ein Vorwurf an die Behörden sein?»

«Sie können es ansehen, wie Sie wollen. Schicken Sie Heim die Unterlagen. Ich sehe es als meine Pflicht an, ihn über meine Beobachtungen zu informieren. So kann er sich ein vollständiges Bild machen.»

Stüssi tritt noch näher zu Frey, hält seinen Schirm über ihn. «Eigentlich hat der Linthaler Pfarrer andere Pflichten. Ich habe schon von verschiedenen Leuten gehört, er sei mehr auf dem Berg als bei den Leuten zu Hause.»

«Wer hat das gesagt? Fühlt sich jemand vernachlässigt? Ist jemand krank? Oder in Not?»

«Nicht eigentlich ...» Stüssi weicht aus. «Die Leute haben es halt gern, wenn sich der Pfarrer um sie bemüht. Sie kommen nicht von selber. Wir sind hier im Hinterland.»

«Ich weiss ...», sagt Frey. «Ich stamme von weiter vorn.» Er streckt dem Gemeindepräsidenten die Hand hin. «Jetzt muss ich aber nach Hause. Sonst erkälte ich mich noch vom Herumstehen. Und die Stumpen sind mir auch ausgegangen.»

Er dreht sich um, zieht den Kopf ein und geht durch den Regen die Strasse hinab. Stüssi schaut ihm nach, denkt: er sieht aus wie einer von uns und ist es doch nicht. Wenn man wenigstens ein Glas mit ihm trinken könnte. Mit der Zeit ergäbe sich das Du, vieles würde einfacher. Aber ein Weinhändler als Gemeindepräsident und ein Abstinent als Pfarrer, das kann ja nicht gut gehen.

---

> Nach den seither fortgesetzten Beobachtungen von Herrn Geometer Wild hat die Bewegung der Punkte M, E, F, G, Q seit etwa drei Monaten bedeutend zugenommen und ist seither auffallend gleichmässig stark geblieben. Wir möchten Ihnen empfehlen, die Räumung alles gefährdeten Gebietes von Linthal zu prüfen und eventuell vorzubereiten, so dass eine solche, wenn rasche Zunahme der Bewegung sich zeigt, sofort ausgeführt werden könnte.
> Erfüllt vom schweren Ernst der Sachlage entbieten wir Ihnen hochachtungsvollen Gruss. (Albert Heim und Rudolf Staub an den hohen Regierungsrat, 12. November 1930)

Das Gerücht fliegt wie Föhnfeuer. Evakuation! Der Regierungsrat habe Massnahmen beschlossen, jetzt gelte es ernst. Das Dorf werde geräumt, und zwar mit dem Einsatz von Militär. Es werde sogar eine vollständige Umsiedelung der Gemeinde in Betracht gezogen. «Und solange meine Katze hierbleibt, bleibe auch ich», trotzt der Coiffeur Fritz, rührt Rasierseife an in einem Becher, schlägt sie mit dem Pinsel schaumig, dann seift er Sigrist sorgfältig Kinn und Wangen ein. Die Tigerkatze liegt auf dem Sims eingerollt, dick ist sie und faul. «Wenn der Berg wirklich käme, würde das Tier nicht so ruhig daliegen, glaub mir, Heiri.» Zweifel greift zum Rasiermesser, wetzt es am Lederband, das an der Wand hängt.

Sigrist zuckt leicht zusammen. «Das Wild sei unruhig, sagen die Jäger. Und wir hatten Mäuse im Haus wie noch nie. Die bringen sich in Sicherheit, die Mäuse verlassen den stürzenden Berg.»

«Mit meinem Tiger hättest du bestimmt keine Maus im Haus.» Der Coiffeur schaut in den Spiegel, lacht Sigrist ins Gesicht. «Du gibst wohl deiner Katze zuviel zu fressen.» Dann setzt er das Messer an Sigrists Schläfe an und schabt mit sicheren Strichen den Bart von der Wange. «Die Geologen haben scheint's dem Regierungsrat Feuer unter dem Arsch gemacht mit einem Brief. Aber man ist sich im Rathaus in Glarus nicht einig, was man unternehmen soll. Unser Berni Stüssi sei jetzt auch für die Räumung, heisst es, der Talvogt Hefti aber dagegen. Landammann Hauser schwanke wie ein Schilfrohr im Wind.»

«Der Talvogt wohnt ja auch nicht unter dem Berg. Was sagt der Pfarrer?»

«Der spannt neuerdings mit den Geologen zusammen.»

«Woher weisst du das?»

Zweifel putzt die Messerklinge an einem Stück Zeitungspapier ab. Wetzt es nochmals gründlich. «Ich weiss es halt einfach.»

«Das sind doch nur Gerüchte.»

«Der Pfarrer hat dem Berni Stüssi ins Gewissen geredet, daraufhin ist er umgekippt. Er habe dem Professor Heim Unterlagen geschickt, Messresultate, Karten und so. Obwohl eigentlich alles über die Baudirektion laufen müsste. Aber die haben scheint's dem Professor nicht alles geben wollen. Daraufhin soll der Alte in Panik geraten sein, dort unten in Zürich, stell dir vor. Der hockt in seiner Studierstube und zerbricht sich den Kopf über unsern Berg, obwohl er so alt ist, dass er nicht einmal mehr zur Stockhütte hinaufkraxeln mag.»

«Ist doch schön, dass er sich so um unsern Sorgenberg kümmert», murmelt Sigrist durch den Schaum.

«Ihm fällt er ja nicht auf den Kopf. Man erzählt sich, Heim habe dem Bebié schon früher geraten, die Fabrik zu schliessen.»

Sigrist beisst die Zähne aufeinander. Der Coiffeur weiss viel, und was er nicht weiss, das erfindet er.

«Wenn der Berg wirklich kommt, dann kann er mich und meine Katze auch gleich zudecken», sagt der Coiffeur. «Unsere Existenz ist dann ohnehin vernichtet.» Er wendet sich zur Katze: «Dann können wir uns auch noch die Beerdigung sparen. Gell Tigerli.» Aus einem Flakon schüttet er Kölnischwasser in die hohle Hand, reibt Sigrist das Gesicht ein. «Ist's recht so?»

Der nickt. «Unsere Existenz ist auch vernichtet. Ob vom Berg- oder vom Börsensturz, weiss niemand genau. Aber beerdigen lassen wir uns trotzdem nicht. Wir suchen jetzt im Unterland Arbeit. Dort ist zwar auch Krise, aber wenigstens kein Kilchenstock.»

«Du hast wohl etwas in Aussicht. Sonst wärest du nicht zum Rasieren gekommen. Hab' ich recht?»

Sigrist steht auf, zieht das Portemonnaie aus der Tasche. «Zu alt, heisst es bei den meisten. Dabei bin ich erst 43. Morgen kann ich mich in Wetzikon vorstellen. Jedenfalls gebe ich die Hoffnung nicht auf. Und wenn alle Stricke reissen, dann ...»

«... dann könnte man ja auch selber anfangen», macht Zweifel den Satz fertig.

«Wie kommst du darauf?» Sigrist lässt die Türklinke fahren.

Der Coiffeur hat nach dem Besen gegriffen, beginnt die Haare zusammenzuwischen. «Du hast das Zeug dazu. Und eine tüchtige Frau. Jetzt ist der Boden billig. Alle wollen verkaufen. Günstiger kommst du nie zu einem Unternehmen.»

«Und wenn der Berg kommt?»

«Man muss etwas riskieren, wenn man sein eigener Herr und Meister werden will. Wer schlau ist, kauft, wenn alle verkaufen wollen.»

Sigrist schaut schweigend zu, wie Zweifel die Haare mit Handbesen und Schaufel aufnimmt, in den Kübel leert.

«Schau, als ich meine Stelle als Bademeister im Stachelberg verloren habe, habe ich mich zuerst bei der Gemeinde beworben als Nachtwächter. Aber die wollten mich nicht, die hatten irgend etwas gegen mich. Also musste ich mich selbständig machen, wohl oder übel. Bereut habe ich es nie.»

Langsam drückt Siegrist auf die Türfalle, dreht sich um, geht in Gedanken versunken hinaus. Er vergisst sogar, sich zu verabschieden.

Der Coiffeur tritt hinter ihm unter die Tür. «Wenn du Land brauchst, ich wüsste dir ein Stück», ruft er dem Mann nach, der langsam die Gasse hinabgeht, die Fäuste in den Hosentaschen geballt. Man sieht es ihnen gleich an, wenn sie arbeitslos sind, denkt er. Sie gehen gebückter und gedrückter, mit schleppenden Schritten, und schauen ständig auf den Boden. Als ob sie an ihrem Pech selber schuld wären. Dabei können sie nichts dafür. Ich bin zwar nur ein dummer Coiffeur, dafür mein eigener Herr und Meister. Haare wachsen immer, ob braun oder blond oder schwarz oder grau.

Er hört es rumpeln, hoch oben am Berg. Doch daran hat man sich mittlerweile gewöhnt, dreht kaum mehr den Kopf. Die paar Steine wird der Damm schon aufhalten. Schon ist er ein Stück gewachsen, und auch die Bärte und Haare der Bauarbeiter wachsen, dass es eine Freude ist. Am Damm verdient nicht nur der Bauunternehmer und der Wirt, sondern auch der Coiffeur. Not ist das beste Geschäft.

---

Die Messungen ergeben, dass:

a. Die Bewegung allgemein eine weiter zunehmende ist.

b. Die Bewegung in einem Teilgebiet, das durch die im Jahre 1930 gebildeten Terrainrisse begrenzt ist und 82 000 bis 126 000 $m^3$ Masseninhalt aufweist, in letzter Zeit besonders stark zugenommen hat und heute im Zentrum der Bewegung eine Geschwindigkeit von 1 cm pro Tag erreicht hat.

c. Eine weitere Zunahme der Bewegungsgeschwindigkeit bis Neujahr 1930 mit Sicherheit zu erwarten ist.

d. Die Wahrscheinlichkeit des Absturzes der unter b. beschriebenen Teilmasse und eventuell das Nachstürzen der dahinterliegenden, ebenfalls bewegten Massen noch nie so gross war wie im gegenwärtigen Moment.

(7. Vermessungsbericht Hans Härry, 14. November 1930)

Das Seil gibt Sicherheit, Rudolf Zweifel klettert die Wand hinab, Griff um Griff, vorsichtig mit den Spitzen der Genagelten nach Tritten tastend. Sand liegt auf den Felsplatten, viele der hervorstehenden Steine wackeln, wenn er sie berührt. Ein mächtiger Block hängt über dem Abgrund, ein Wunder, dass er noch nicht abgestürzt ist. Das ist Punkt Q, eine Felsnase, fast zuoberst am Berg, die sich laut den letzten Messungen schneller bewegt als der Rest. Ihre Spitze neigt sich bedrohlich gegen das Tal. Weg muss sie, hat der Ingenieur gesagt, bevor sie uns auf den Kopf fällt. Besser sprengen als zuschauen, so behalten wir die Kontrolle.

Zwischen den Beinen, fast senkrecht unter sich, sieht er das Dorf. Der Anblick lässt ihn erschauern, tausend Meter Abgrund klafft zwischen seinen Schuhen und den Wiesen, den Häusern, der Kirche. Die Lastwagen, die Transportschienen und die Kipper der Werkbahn sehen aus wie Spielzeuge, die Menschen sind Flöhe, die über narbige Haut kriechen, sich da und dort festbeissen, weiterhüpfen. Er greift nach dem Seil, das er eng um den Bauch gezogen hat, kontrolliert mit den Fingern den Knoten. Ingenieur Härry hat sich oben an einen Baum gebunden, hat das Seil um die Schultern geschlungen und stemmt sich mit den Füssen gegen festen Fels. «Die Schultersicherung ist bombensicher», sagt er. «Damit würde ich einen Elefanten halten.»

Zweifel packt den Sprengstoff aus dem Rucksack, stopft die braunen Gelatinewürste in den tiefsten Spalt unter der Felsnase, die über ihm hängt. Wenn sie jetzt abbrechen würde, genau in diesem Augenblick? «Halte noch ein wenig, lieber Berg», murmelt Zweifel. «Wir tun dir ja nichts Schlimmes.»

Man würde es hören, sagt Härry, ein Knirschen und Knacken, einige Stunden vor dem Sturz, man weiss das aus der Literatur. Kein Berg stürzt einfach so, aus heiterem Himmel. Alles Unheil kündet sich an. So ist die Natur eingerichtet, so steht es in den Fachbüchern.

Literatur? Gedrucktes? Kann man dem glauben? Vielleicht ist der Kilchenstock anders als alle anderen Berge, wild und unberechenbar. «En Schwiichaib», hat ihn schon der Vater genannt. Doch jetzt ist nicht Zeit zum Nachdenken, Zweifel drückt mit einem Haselstock die Gelatine in den Spalt, in die vorderste Wurst steckt er die Zündschnur mit der Kapsel. Drunten im Tal werden sie vor Schreck zusammenzucken, obwohl man sie per Telefon gewarnt hat. Er schaufelt mit den Händen Steinsplitter und Sand in den Spalt, füllt ihn auf, damit der Druck nicht verpufft, sondern gegen den Berg hin wirkt. Dann zündet er die Schnur an, sie glimmt auf, faucht leise, lässt blauen Rauch steigen. «Zehn Minuten», hat der Ingenieur gesagt.

«Ich komme», ruft Zweifel, klettert wie noch nie in seinem Leben. Oben angekommen, springen sie in einen Graben, ducken sich nieder. Still ist es, der Wind streicht durch das dürre Gras, die Büsche zittern, die Baumgipfel wiegen sich. Er hört den Atem des Ingenieurs, hat Härry Angst?

Dann spürt er einen dumpfen Schlag, wie wenn ein Stein ins Wasser fällt, ein Beben läuft durch den Boden. Vorn an der Kante qualmt blauer Rauch in die Höhe, vermischt mit Gesteinsstaub. Sie stehen auf, horchen. Man hört Steine aufschlagen, dann ist Stille. Plötzlich brandet das Echo der Explosion von der andern Talseite zurück, von Braunwald her, ein langgezogenes Grollen und Rauschen, das in Wellen verebbt.

«Punkt Q ist weg», stellt Härry fest, reibt sich zufrieden die Nase. Zweifel tritt an die Kante. Die Wand fällt jetzt unmittelbar ab, graugelbes Gesplitter und Geschiebe tritt zutage. Tief unten hüpfen Steinbrocken die Ätschruns hinab, springen von Wand zu Wand.

«Hätte nicht der ganze Berg abrutschen können, und wir mit ihm?» fragt Zweifel.

Härry lacht. «Eine solche Masse lässt sich nicht erschüttern durch einen kleinen Klapf. Da braucht es ganz andere Kräfte.»

Zweifel löst das Seil vom Bauch, zündet sich eine Pfeife an. «Dann ist wohl alles nicht so schlimm.»

Härry wiegt den Kopf. «Überlassen wir das Urteil den Fachleuten. Und der Zukunft.»

Absturz scheint nahe. Empfehle Anordnung zu Räumung und Flucht. (Telegramm Albert Heim an Landammann Edwin Hauser, 15. November 1930)

Plötzlich ein Schatten hinter ihm, Hufgetrappel auf dem Weg, das Pferd galoppiert direkt auf ihn zu, mit glasigen Augen, Schaum fliegt vom Maul, es steigt vor ihm in die Höhe, ein mächtiger, schwarzer Koloss, der die Sonne verfinstert, und nun über ihn stürzt, ihn erdrückt und erstickt, seine Knochen brechen wie Zündhölzer, der Schmerz sticht in die Brust, in die Schulter, in die Beine. Er schreit. Erwacht im Schweiss. Das Unglück, das Albert Heim vor 65 Jahren getroffen hat, ist im Traum wieder Gegenwart geworden, ein scheues Pferd hatte ihn überrannt, der Wagen überrollte seine Beine, sieben Knochen waren gebrochen, und fortan war das linke Bein verkürzt, sein Leben lang war er behindert. Trotzdem hat er Berge bestiegen und Pässe überschritten, ein Jahr nach dem Unfall ist er um den Tödi gewandert. Wo ein Wille ist, ist ein Weg.

Er steht auf, macht Licht, wirft einen Mantel über, geht in die Bibliothek. Auf dem Schreibtisch liegt der Bericht von Härry mit einem Begleitbrief in der ordentlichen Handschrift des Ingenieurs. Vorsichtig, sachlich, bescheiden abgefasst. Der Bericht ist fundiert, Tabellen, Grafiken, Kurven, Skizzen und Fotografien belegen, dass hervorragende Arbeit geleistet worden ist. Ein wissenschaftliches Meisterstück. Und das Dokument einer Katastrophe.

«Was ist, Vater?» Helene steht in der Tür, im Nachthemd, die Haare zu einem Zopf geflochten. Ihre Augen weichen seinem Blick aus, schauen nach innen, in eine Welt, die ihm verschlossen bleibt.

«Ich habe schlecht geträumt. Nun will ich etwas arbeiten.» Er setzt sich an den Schreibtisch.

«Mitten in der Nacht? Vater, du bist alt.»

«Was soll's?» erwidert er heftig. «In Linthal schweben tausend Menschen in Lebensgefahr. Wir dürfen keine Zeit verlieren.»

«Ich werde für sie beten.»

«Ja, tu das, schaden kann es nichts. Und lass mich jetzt allein.»

«Möchtest du einen Tee?»

«Ich habe alles, was ich brauche.» Er greift nach dem Bericht, vertieft sich in die Zahlen und Zeichen, welche eindeutig belegen, dass der Berg in wenigen Tagen niederbrechen wird, es wird noch schlimmer sein als damals in Elm. Jetzt muss man handeln.

---

Verdoppelung Geschwindigkeiten Punkte M, E, G Kilchenstock in vergangenen 14 Tagen besorgniserregend, äusserste Vorsicht und Sorgfalt der lokalen Beobachtungen durch Gemeindeorgane bis zu nächsten Messungen unerlässlich. (Telegramm Rudolf Staub an den Regierungsrat, 15. November 1930)

Das Kolloquium ist schlecht besucht, Rudolf Staub ärgert sich. Zwei Studenten haben in Nachtarbeit den Plan des Abrissgebietes auf einen grossen Papierbogen übertragen, die Messpunkte rot markiert, die Bewegungsvektoren eingezeichnet, horizontal und vertikal, Spalten blau, Schieferzonen braun, Sandsteinbänke gelb. 23 Messpunkte waren am Berg verteilt, drei sind bereits abgestürzt. «Wir haben am Kilchenstock die einmalige Gelegenheit, die komplexe Mechanik eines sich vorbereitenden Bergsturzes bis in die letzte Einzelheit wissenschaftlich zu beobachten, zu vermessen und zu analysieren.» Staub spricht diesen Satz langsam und mit Nachdruck, selber überwältigt von seiner bedeutungsvollen Schwere. Und doch kommt es ihm vor, als doziere er gegen eine Wand. Ein Student mit farbiger Mütze bohrt in der Nase und schaut aus dem Fenster, ein anderer stützt den Kopf auf die Hände, als sei er selber ein Felsblock vor dem Absturz. Andere tuscheln. Keiner macht Anstalten, irgend etwas aufzuschreiben. Doch beharrlich und mit monotoner Stimme setzt Staub seine Vorlesung fort. «Ein bogenförmiger Hauptabriss, auf etwa 1620 Metern über Meer, bewegt sich Richtung

Nordwesten, die Masse wird in die Schlucht des Hochätsch stürzen, von dieser direkt auf die evangelische Kirche zu, wo jetzt ein Schutzdamm im Bau ist. Der wichtigste Messpunkt E in diesem Bereich hat sich während drei Jahren um 2 Meter 17 Zentimeter talwärts bewegt, ein Drittel davon allein in den letzten fünf Monaten.»

Er macht eine Pause, schaut in die Runde, klöpfelt mit dem Bambusstab aufs Katheder. Keiner der Studenten meldet sich zu Wort. Linthal ist weit weg, ein zerbröckelnder Schutthaufen scheint diese angehenden Geologen nicht zu interessieren. Sie träumen von fetten Aufträgen im Erdölgeschäft oder beim Bau von Eisenbahnen, Tunneln, Brücken, Staudämmen. Deutschland baut breite Strassen, sogenannte Autobahnen, Arbeitsbeschaffung, auch dort sind gut honorierte Aufträge in Sicht. Während man bei den knausrigen Glarnern um jeden Rappen betteln muss. Und bald, denkt Staub, wird man auch wieder Bunker und Festungen bauen, und diese Herren werden bereitwillig ihre Gutachten liefern. Soll er aufhören, den Bettel hinwerfen?

Doch er fährt weiter, pocht mit dem Stab auf den Plan. «Die Hauptmasse, je nach Schätzung bis zu 250 000 Kubikmeter Fels, bewegt sich schneller als der Rest und wird zuerst abstürzen. Überlagert ist dieser Abriss von der Bewegung der ganzen Gipfelzone, Richtung Norden, gegen Krummätsch zu, eine Runse, die nicht bis in den Talboden hinabzieht. Oberster Anriss auf etwa 1700 Metern.»

Jetzt hebt sich eine Hand. «Wäre es auch möglich, dass auf den Absturz der unteren Platte sogleich die ganze Masse folgt?»

«Das ist schwer vorauszusagen. Möglich ist es. Wir kennen die Tiefenstruktur noch zu wenig genau.»

«Warum treibt man denn einen solchen Aufwand, wenn man schliesslich doch nichts Genaues aussagen kann?»

«Die Wissenschaft, meine Herren, fragt nicht stets nach dem unmittelbaren Zweck. Wir lernen. Vielleicht nicht für den Augenblick, aber für die Zukunft.»

Jetzt streckt die Studentenmütze den Finger in die Luft. «Wie genau kann man den Absturz vorausberechnen?»

«Wir vergleichen unsere Daten mit ähnlichen Vorgängen, beispielsweise dem Bergsturz am Monte Arbino bei Bellinzona, wo wir ebenfalls messen können. Aber eine exakte Voraussage ist schwierig. Geologie ist eine empirische Wissenschaft.»

«Schade», grinst der Student. «Ich meine, man würde doch gerne zuschauen, wenn so etwas passiert.»

Dann läutet die Glocke, unter Gelächter verlassen die Hörer den Raum. Staub räumt mit einer heftigen Handbewegung seine Vortragsnotizen zusammen. Nichts ist mehr wie früher. Als Albert Heim noch las, da strömten Massen in die Vorlesung und ins Kolloquium. Heim erzählte farbig und anschaulich, wenn auch wissenschaftlich nicht immer hieb- und stichfest. Aber beim Publikum kam er an, selbst wenn er über Hunde referierte oder über die Ethik der Feuerbestattung, wenn er gegen den Völkerbund wetterte und den Alkoholismus anprangerte. Stets hatte Heim grosses Haus. Und ich? Mache ich etwas falsch? Oder ist es einfach die Zeit? Die Geologie verspricht keine goldene Zukunft, wie die Chemie, die Physik oder die Elektrotechnik. Unser Thema ist und bleibt die Vergangenheit. Die Menschen aber sehnen sich nach einem besseren Morgen.

---

> Letzte Messungsberichte ganz bös – kann wohl nur noch Tage dauern. Ich glaube, Räumung und Flucht ist das einzige, was man noch tun kann.
> In Eile, nach schlafloser Nacht.
> Möge das möglichste Mindestmass von Unglück über Linthal ergehen. Ich bin in Gedanken Tag und Nacht bei Ihnen. (Postkarte von Albert Heim an Friedrich Frey, 18. November 1930)

Kalt ist es im Keller. Auf einer Elektroplatte wärmt Frey die Entwicklersubstanz, misst mit dem Thermometer die Temperatur. Zwanzig Grad Celsius exakt. Die Laborlampe wirft rotes Licht über seine Hände, den Vergrösserungsapparat, die

Schalen mit Entwickler und Fixierbad, die Klammern und Papierschachteln. Er schiebt ein Glasnegativ in den Apparat, knipst den Schalter an. Auf der weissen Fläche erscheint sein Freund Freuler, in Nagelschuhen, Lodenhosen, Pullover und Hut, skeptisch betrachtet er eine Felsspalte im flechtenbewachsenen Sandstein, die talseitige Wand hat sich gut dreissig Zentimeter vom Berg gelöst. Freuler misst die Breite des Spaltes mit seinem Geologenhammer. Frey stellt das Bild scharf, schiebt das nächste ein. Hier kriecht Gabriel Freuler in den Chlack, versucht seine Tiefe zu ergründen. «Schau die Flechten», hat er damals gesagt, «die werden alles überleben, so oder so. Ein paar tausend Jahre alt werden die.» Und hat gelacht. Er glaubt nicht an das Unglück, der Felsrutsch werde zerbröseln, sich in Staub und Dreck auflösen und als Murgang ins Tal gespült werden, dagegen genüge der Schutzdamm vollauf.

«Du wirst sehen Friedrich, ich werde recht behalten», hat er gesagt. An Selbstbewusstsein fehlt es ihm nicht. Doch Freulers Meinung ist jetzt nicht mehr gefragt, zu gross ist die Verwirrung, jetzt ist die Zeit der Stimmungsmacher, die Gerüchte und Diffamierungen in Umlauf setzen. Was jetzt geschieht, ist nicht mehr Vernunft, sondern Politik. Jeder versucht sich aus der Verantwortung zu stehlen. Was auch immer geschieht, man muss sich so äussern, dass man hinterher recht behalten wird, also möglichst unverbindlich und mehrdeutig. Die Politiker denken schon an die Wahlen in zwei Jahren, Talvogt Hefti, so heisst es, wolle Landammann werden.

Frey klemmt ein Fotopapier unter den Vergrösserungsrahmen. Dann knipst er den Apparat an, zählt laut die Sekunden, während er belichtet. Taucht das weisse Papier in den Entwickler. Gabriel Freuler erscheint allmählich, der Herr Doktor sieht aus wie ein Schulbub, kurze Haare und ein schalkhaftes Grinsen im Gesicht. Bei jedem Bild, das er entwickelt und vergrössert, ist er aufs neue davon fasziniert, wie der Augenblick, den er oben auf dem Berg mit dem Druck auf den Auslöser festgehalten hat, auf dem Fotopapier zu seinem

Abbild gerinnt, geprägt in Bromsilber, eine Sechzigstelsekunde der Unendlichkeit. Die Fotografie, so denkt er manchmal, wird unser Verhältnis zu Raum und Zeit fundamental verändern. Wir können ein Stück unserer Lebenszeit mitnehmen, das Vergangene ist nicht für immer dahin, es lebt in der Fotografie, in dem Bild, das uns verbindet mit längst vergangenen Tagen und verstorbenen Menschen. Emma ist nicht tot. Manchmal holt er ihr Bild hervor, betrachtet es einen Augenblick, ist für einen Augenblick bei ihr. Dann legt er es wieder in die Schublade unter einen Bündel Briefe.

Das Entwickeln und Vergrössern ist für Pfarrer Frey nächtliche Meditation. Er hat Zeit nachzudenken. Was ist eine Flechte, verglichen mit der Milchstrasse, geht ihm durch den Kopf, während er das Bild mit Wasser spült, dann ins Fixierbad legt. Ein Nichts! Was ist der Kilchenstock, der Bergrutsch? Unbedeutend in der Geschichte unseres Landes, ein Randereignis in der Geschichte der Geologie. Und doch hat der Herr auch die winzige Flechte geschaffen, in seinem grossen Plan, hat dem scheinbar nutzlosen Gewächs einen Sinn gegeben. Es gibt einen Sinn, auch wenn er uns immer verborgen bleiben wird, der Sinn des Grossen wie auch des Kleinen. Was ist der Sinn von Leben und Sterben? Was war der Sinn von Emmas frühem Tod? Wir begreifen ihn nicht.

---

Unheimlich finster
Steht, morsch und fahl
Der Kegel drohend
Über dem Tal,
Sich hinabzustürzen
Auf jene kleinen
Gewürfelten Häuser
Mit tobenden Steinen

Und die Bewohner
Verharren in Sorgen
Und blicken empor
So Morgen für Morgen,

Ob der Feind noch sitze,
Der lauernde, böse
Auf brüchiger Spitze,
Oder sich löse.
(Uli, Schweizer Wochen-Zeitung, 29. November 1930)

«Man kommt sich vor wie im Aktivdienst», sagt der Alte zu Jakob Vögeli. Sie marschieren im Schritt die Strasse hinab, dem Berg entlang, der schweigend über ihnen steht, verhüllt von Wolken und Nacht. Regen glitzert im Licht einer Strassenlampe, leise trommeln die Tropfen auf die Feuerwehrhelme. Jakob Vögeli spürt die Nässe an der Schulter eindringen, der Militärkaput ist schwer, der Stoff hat sich vollgesaugt.

Sie gehen weiter, am Adler vorbei, dann an der katholischen Kirche im Secken. Alles ist dunkel, Mitternacht vorbei. Bei der Brücke über den Durnagel, an der Gemeindegrenze gegen Rüti, bleiben sie stehen. Hoch kommt der Bach, das Wasser rumpelt und tobt. Der Alte sagt: «Kürzlich bin ich selber hinaufgestiegen bis zur Stockhütte. Und weisst du, was ich glaube?»

«Nein», sagt der Junge.

«Wenn der Kilchenstock überhaupt kommt, dann wird er ins Durnachtal hinabstürzen, nicht auf unsere Seite.»

«So? Und dann?»

«Das kannst du dir ja vorstellen. Dann staut es den Bach, und wir bekommen eine Überschwemmung statt einen Bergsturz. Wir werden in einem See ersaufen. Der Schutzdamm ist für die Katz. Und für die Bauunternehmer.»

Sie marschieren gegen das Dorf zurück, die katholische Kirche schlägt zwei Uhr, die reformierte folgt ein paar Augenblicke später.

«Noch eine Stunde. Dann können wir uns aufs Ohr legen. Hoffentlich hat es noch Kaffee.»

«Still!»

Sie bleiben stehen. Dumpf grollt es am Berg. Sie starren in die Nacht, doch alles bleibt ruhig.

«Meine Familie habe ich in Sicherheit gebracht», sagt der Alte. «Sie ist bei Verwandten in Betschwanden untergekommen. Frau, Schwiegertochter, Enkel. Der Sohn ist noch auf dem Hof.»

«Wir bleiben», sagt Vögeli. «Der Vater glaubt nicht an den Bergsturz.»

«Ich auch nicht, aber sicher ist sicher, sage ich. Auch wenn mich die einen auslachen.»

Nach einer weiteren Runde, hinauf ins Auen und zurück, treten sie ins Wachtlokal. Die Kollegen liegen in Hemd und Hose auf Strohpritschen, mit Militärdecken zugedeckt. Einer schnarcht laut. Es riecht nach Schweissfüssen und nassem Stoff. Auf dem Tisch liegen Jasskarten und ein angeschnittenes Brot, Biergläser mit Schaumrändern stehen herum.

Der Alte beugt sich über den Schnarchenden, schüttelt ihn. «Aufstehen, Fritz. Du schnarchst ja, dass der Berg wackelt.»

Als Fritz die Augen reibt, schlägt der Alte die Absätze zusammen. «Herr Kommandant. Melde keine besonderen Vorkommnisse.»

Aus einer Kochkiste schöpfen sie Kaffee, giessen aus der Flasche tüchtig Klaren dazu. Jakob Vögeli schreibt die Uhrzeit ins Wachjournal, unterschreibt. Ordnung muss sein.

Die beiden andern hüllen sich schweigend in ihre Mäntel, stülpen die Helme auf den Kopf. Einer murmelt vor sich hin: «Nimmt mich wunder, was das nützen soll. Das Wachtlokal liegt in der Gefahrenzone. Wenn's losgeht, sind wir zugedeckt, noch bevor wir Alarm schlagen können.»

«Der Regierungsrat hat befohlen, den Wachtdienst zu verstärken. Und du weisst ja, Befehl ist Befehl.» Der Alte lacht, kriecht unter die Decke, bald stöhnt er im Schlaf und murmelt unverständliche Wortfetzen vor sich hin.

---

Die starken Regengüsse der letzten Tage, die sich heute fortsetzen und selbst in den obern Regionen nicht in Schneefall übergehen, haben allerorten die Wasser angetrieben. Dass der Kilchenstock bei derartiger Wetterlage besonders empfindlich ist, ist leicht zu begreifen. (Glarner Nachrichten, 19. November 1930)

Rudolf Staub greift sich ein Bündel Akten, schlägt damit auf den Tisch. Die Gespräche verstummen augenblicklich, alle Köpfe fahren herum. Der Zigarrenrauch wirbelt auf im Licht, das durch farbige Wappenscheiben ins Sitzungszimmer fällt. Staub steht auf. «Entschuldigung, wenn ich Sie erschreckt habe, meine Herren. Aber während wir hier die Zeit verschwatzen, kann am Kilchenstock der Bergsturz losbrechen. Das wollte ich Ihnen demonstrieren. Wir dürfen uns nicht überraschen lassen. Wer leitet eigentlich diese Sitzung?»

Landammann Hauser macht den Mund auf, aber Baudirektor Hefti stösst ihn unsanft in die Seite. «Herr Professor, meine Herren ...», setzt er an. «Ich glaube, das gehört in mein Ressort. Wenn der Herr Professor meint, die Baudirektion hätte die Sache verschlampt, dann wird er mir wohl erlauben, kurz die Massnahmen zu rekapitulieren, die wir bisher getroffen haben ...»

Staub fällt ihm ins Wort. «Am letzten Samstag haben wir der Regierung telegrafiert, Professor Heim und ich. Wir sind unabhängig voneinander zum gleichen Schluss gekommen: Jetzt kommt der Berg! Seither sind genau vier Tage vergangen. Vier Tage, während deren fünfhundert Menschen in Ihrem Kanton in Lebensgefahr schweben, fünfhundert unschuldige Männer, Frauen und Kinder. Und nun muss ich vernehmen, dass sozusagen nichts geschehen ist. Niemand ist informiert, es herrscht eine heillose Verwirrung. Zwei oder drei Familien seien bisher ausgezogen, ein paar Kinder zu Verwandten gebracht, ein Wachtdienst aufgezogen, aber der sei mehr ein Jassdienst ...»

«Moment, Herr Professor. Dazu möchte ich auch etwas sagen», ruft Bernhard Stüssi aus Linthal. «Wer erzählt Ihnen solchen Unsinn? Wir haben die Bevölkerung am Samstag gewarnt, sogleich nach Ihrem Telegramm, und zwar eindringlich.»

«Wie denn?»

«Mit einem Aushang. Und von Mund zu Mund natürlich ...»

«Damit die Leute den Aushang am Gemeindehaus lesen können, müssen sie die Gefahrenzone betreten. Sehr sinnvoll! Und das Wachtlokal liegt direkt am Berg!»

Stüssi überhört den Einwand. «Wir haben eine Räumungskommission eingesetzt. Ihre Vertreter sind hier anwesend ...»

Jetzt reden wieder alle durcheinander.

«Es wurde letzthin gesprengt am Berg. Wer hat das angeordnet? Sie, Herr Professor? Vielleicht hat die Sprengung den Rutsch beschleunigt.»

«Man hätte entwässern sollen, schon früher. Aber die Herren Geologen befanden, ein Tunnel sei zu gefährlich. Jetzt wollen sie die Schuld auf uns schieben. Das ist die Wahrheit.»

«Am Wochenende war niemand in der Verwaltung. Das hätten Sie sich denken können, als Sie Ihre Telegramme schickten.»

«Ruhe!» Staub schlägt nochmals mit seinem Aktenbündel auf den Tisch. «Ich verbitte mir ein für allemal diese Beleidigungen, die ständig wiederholt werden. Wenn wir jetzt nicht Gescheiteres zu tun hätten, würde ich die verantwortlichen Herren zur Rechenschaft ziehen. Der ehrwürdige Professor Heim wurde durch ein Schreiben aus der kantonalen Verwaltung in seiner Ehre verletzt.» Ein vernichtender Blick streift Kantonsingenieur Blumer. «Ich verlange jetzt von der Glarner Regierung, dass sie ihre eigenen Anordnungen unverzüglich durchsetzt. Und wenn sie das nicht kann, soll sie abdanken.»

Staub setzt sich, nimmt einen Schluck Wasser. Sein Herz klopft. Kein Wunder, ruft man jetzt überall nach Diktatoren, geht ihm durch den Kopf, wenn die demokratisch gewählten Behörden so schwach sind, Schwatzbuden nennt man in Deutschland Regierung und Parlament.

«Wir sind eben keine Diktatur, Herr Professor», zerschneidet Melchior Heftis Stimme die betretene Stille, als hätte er Staubs Gedanken erraten. Dabei hätte gerade er, der Vertreter der Demokratischen- und Arbeiterpartei, die Statur zum Diktator, geht Staub durch den Kopf. Umsonst nennt man ihn ja nicht den Talvogt. Soll er doch endlich seine Autorität walten lassen. Aber er deckt seinen Kantonsingenieur, der die Leute gegen die Geologen aufhetzt.

«Dann machen Sie einen konkreten Vorschlag, Herr Regierungsrat, und stimmen Sie ab», sagt Staub. «Ganz demokratisch.» Er stopft die Akten in seine Mappe, als wolle er gleich aufbrechen.

«Das Problem liegt in Linthal. Bernhard Stüssi soll doch berichten, warum die Leute sich nicht bewegen.»

Stüssi greift nach einem Notizblock, tut, als ob er lese. Dann sagt er langsam: «Das Problem ist, kurz gesagt, der Pfarrer.»

«Welcher Pfarrer? Der katholische oder der reformierte?»

«Pfarrer Frey. Alle wissen, dass er sich sehr um den Berg kümmert, dass er immer wieder selber hinaufsteigt. Sein Wort hat Gewicht. Wenn der Pfarrer nicht geht, bleiben die meisten auch, weil sie ihm vertrauen.»

«Aber er ist doch in engem Kontakt mit Professor Heim», wirft Staub ein. «Der alte Mann soll viel von ihm halten.»

Stüssi nickt. «Heim habe schon recht, meint der Pfarrer. Nur den Zeitpunkt schätze er falsch ein.»

«Sowohl Professor Heim wie auch Ingenieur Härry und ich sind uns einig. Die Bewegungsgeschwindigkeit wird noch bis Neujahr zunehmen. Der Absturz war noch nie so wahrscheinlich wie jetzt. Worauf stützt der Herr Pfarrer seine abweichende Meinung? Hat er etwa einen direkten Draht zum lieben Gott?»

Zwei oder drei am Tisch lachen, die andern lehnen sich stumm zurück, starren in den Rauch.

«Man kann niemanden zwingen», sagt Stüssi. «Weder zum Weggehen noch zum Glauben.»

«Aber man kann mit den Leuten reden. Das erwarten wir von dir, Bernhard», versucht der Landammann endlich die Initiative an sich zu reissen. «Im weitern schlage ich vor, dass wir Truppen mobilisieren, wie das in unseren Plänen vorgesehen ist. Wenn die Leute Uniformen sehen, wird es einen enormen psychologischen Druck geben. Dann werden sie endlich begreifen, dass es der Regierung ernst ist.»

«Militär gegen das eigene Volk? Muss das sein?» ruft der Talvogt aus.

«Für das Volk! Im Interesse des Volkes. Die Männer können den Leuten beim Zügeln helfen. Das ist doch gewiss sinnvoll. Und für die Betroffenen erst noch gratis.»

«Die Heimat aufgeben, die eigene Welt, das Haus und den Hof, das ist hart, auch wenn es gratis ist. Man muss die Menschen verstehen, man muss sie überzeugen.»

«Man wird sie zu nichts zwingen, was sie nicht wollen. Soll doch bleiben, wer will, wer die Lage anders einschätzt. Die Steine fallen ja ihm auf den Kopf.»

«Er beeinflusst andere, gefährdet sie und seine Familie. Nein, alle müssen weg, aus Prinzip, alle oder niemand.»

«Es wird keine Gewalt angewendet. Die Waffen bleiben im Kantonnement, das ist doch wohl klar.»

Landammann Hauser hebt die Hand. Allmählich tritt Ruhe ein. Er lässt abstimmen, alle am Tisch sind für die Evakuierung, Staub enthält sich als Auswärtiger der Stimme. Auf Antrag von Regierungsrat Stüssi beschliesst die Regierung einen Sonderkredit von 10 000 Franken zuhanden der Räumungskommission, der Ratsschreiber wird mit dem Abfassen eines Flugblattes beauftragt, das den Ernst der Lage unterstreichen soll.

---

Glarus, den 20. November 1930

Der Regierungsrat des Kts. Glarus an die Einwohner der durch den drohenden Bergsturz am Kilchenstock gefährdeten Zone von Linthal.

Aus einer Besprechung mit dem geologischen Experten, Herrn

Prof. Dr. Rud. Staub, vom 19. November ergab sich, dass die Bewegungen am Kilchenstock bereits eine solche Beschleunigung angenommen haben wie diejenigen am Monte Arbino, wenige Wochen vor dem Bergsturz. Die Erfahrungen beim Bergsturz in Elm im Jahre 1881 zeigen, dass die Bewohner von Elm nie an einen Bergsturz glauben wollten und sich in Sicherheit wiegten, bis es zu spät war.

Der Regierungsrat erachtet es mit dem geologischen Experten für unverantwortlich, die Gefahr auf die leichte Schulter zu nehmen und hat deshalb heute folgenden Beschluss gefasst:

1. Die Einwohner vom Hauptmannsbrunnen im Oberdorf abwärts bis zum Haus von Schlossermeister Vögeli, rechtsseitig der Linth, werden aufgefordert, ihre Habe in Sicherheit zu bringen und sich während der Nacht nicht mehr in ihren Häusern aufzuhalten.
2. Den Bewohnern von Ennetlinth, soweit sie in der entsprechenden, gefährdeten Zone wohnen, wird angeraten, ebenfalls ihre Habe in Sicherheit zu bringen und in der Nacht nicht mehr in ihren Häusern zu schlafen.
3. Der Gemeinderat von Linthal ist mit dem Vollzug dieses Beschlusses beauftragt.

Sachte wickelt Babetta den Säugling aus den Windeln, wischt mit einem Zipfel seinen verschmierten Hintern ab. Der dünne Körper erschauert in der kühlen Luft, sie legt eine Hand unter seinen Kopf, die andere unter seinen Körper, beugt sich über die Blechwanne neben dem Herd, in der warmes Wasser dampft. Der Kleine biegt den Rücken, zappelt mit Armen und Beinen, doch im Wasser beruhigt er sich. Babetta macht mit der einen Hand kleine Wellen, Thomas öffnet die Augen, gross und braun sind sie, blicken erstaunt und unruhig ins Licht. Die winzige Hand greift nach Babettas Finger, klammert sich fest. Während sie den Körper im Wasser schaukelt, denkt sie: Vielleicht hält er mich für die Mutter. Ich könnte eher seine Mutter sein als die Schwester. Bald habe ich vielleicht selber Kinder. Sie geht im Kopf die Höfe durch, auf denen Burschen in ihrem Alter wohnen. Im Tschingelgut? Im Auen? Auf der Reitimatt? Auf den Fruttbergen, wo der Vater herstammt? Oder wird es gar kein Bauer sein, sondern ein Arbeiter? Ein Handwerker? Du kannst aussuchen, sagen die Frauen in der Fabrik, wenn sie in der Garderobe in den Unterröcken dastehen, mit nackten Armen, mit offenen Haaren, und sich gegenseitig mustern. Schau deine Haut, wie glatt und rein sie ist. Du hast noch nicht so einen Arsch wie ich.

Es klopft an die Küchentür.

«Vater!» ruft Babetta. Rasch legt sie den Kleinen auf ein warmes Tuch, hüllt ihn ein, drückt ihn an ihre Brust.

Sandbalz kommt aus der Stube, öffnet. Ein Sekundarschüler aus Linthal steht draussen.

«Komm herein.»

Jost blinzelt, schaut erstaunt auf den Säugling in Babettas Armen. «Ist das dir?»

Sie lacht. «Gell, schnell ist's gegangen!»

Er schaut auf den Boden, scharrt mit einem Fuss.

«Was willst du?» fragt der Vater.

«Ich soll... fragen... Wir sind doch irgendwie verwandt, hat die Mutter gesagt.»

«Verwandt sind wir mit vielen.» Balz lächelt. «Fast in jeder Familie heisst jemand Zweifel.»

«Ob wir etwas einstellen könnten. Wir wohnen in der Gefahrenzone.»

«Ach so?» Balz kratzt sich am Kopf. «Wollt ihr auch noch hier wohnen? Wir sind selber sechs Leute. Du siehst ja, wie klein unser Haus ist.»

«Sieben», sagt Babetta. «Mit dem Thomas. Mit meinem Bruder.» Sie drückt ihre Wange an den Kleinen, der verzieht sein Gesicht, stösst glucksende Laute aus.

«Warum fragt ihr nicht in Linthal?»

Jost läuft rot an, sein Fuss kratzt nervös über den Steinboden. Er gibt keine Antwort, bis Babetta sagt: «Ihr seid auch eine grosse Familie. Wie viele seid ihr denn?»

«Acht. Aber wir wollen nur ein paar Sachen einstellen, sagt die Mutter. Und vielleicht im Heu schlafen, wenn es gefährlich wird. Ein paar Nächte höchstens. Der Regierungsrat ...»

«Ich weiss», sagt Balz. «Und warum kommst du so spät?»

«Man lacht alle aus, die ausziehen. Man ruft ihnen Angsthasen nach und noch Schlimmeres.»

«Hast du Angst?» fragt Balz.

Wieder bleibt Jost stumm, nur sein Gesicht zuckt. Mit der Hand zupft er am Jackenfutter, das aus einem Riss hervorschaut.

«Seine Mutter ist krank», sagt Babetta. «Sie hat beim Bebié gearbeitet.»

«Also meinetwegen. Vielleicht sind wir einmal froh. Wenn es dem Berg etwa in den Sinn kommt, auf unsere Seite herunterzufallen statt auf euere. Und wann bringt ihr die Sachen?»

«Am liebsten gleich, hat die Mutter gesagt. Wenn ihr einen Wagen hättet. Ich soll helfen.»

«Dann also.» Sandbalz greift sich seine Jacke vom Haken. «Komm!» Sie gehen hinaus, spannen eine Kuh vor den Leiterwagen. Leise knarrend entfernt sich das Gefährt durch die Nacht.

Babetta wickelt den Kleinen in frische Windeln. Dann drückt sie ihn an die Brust, als ob sie ihn schützen müsse vor allem Schrecklichen, was auf sie zukommt. Leise trägt sie ihn in die Kammer hinauf und legt ihn in den Korb neben das Bett, in dem die Mutter schläft.

---

Sehr geehrter Herr!
Ihre warme und selbstlose Teilnahme am Schicksal von Linthal ist neuerdings ein Akt von grosser Noblesse, wofür Ihnen alle, welche mit dieser Angelegenheit verbunden sind, immerdar dankbar sein werden. Persönlich ist mir um dieses Schicksal bange. Ich habe die drohende Gefahr nie verkannt, dagegen als grosser Naturfreund und Beobachter immer etwelche Hoffnung gehabt, dass das Ausmass des Sturzes nicht ein katastrophales sei. (Kantonsingenieur Blumer an Albert Heim, 20. November 1930)

Ein Lastwagen fährt durch die Dorfstrasse gegen die Auengüter hinauf, hoch türmen sich auf der Ladebrücke Matratzen, Schränke, Truhen und Schachteln, zuoberst ragen Stuhlbeine nach allen Seiten. Seit dem Flugblatt des Regierungsrates trauen sich die ersten bei Tageslicht zu zügeln, Kinder stehen mit offenen Mäulern am Strassenrand, den Schultornister am Rücken. Das Getriebe fesselt sie mehr als Rechnen und Schreiben. Pfarrer Frey öffnet das Fenster, Auspuffrauch schlägt ihm entgegen. Ein Fuhrwerk, gezogen von einer Kuh, knarrt vorüber. Die Kühe heben die Schwänze, lassen ihren Kot auf die Strasse fallen.

«Warum seid ihr nicht in der Schule?» ruft er. Fritz, Bethli und Hedi, seine Kinder, machen keine Anstalten zu gehen. Längst hat es geschlagen.

«Wir haben frei!» ruft Fritz, ein Lachen im Gesicht. Er schwenkt seine Kappe.

«Frei?» Der Pfarrer schliesst das Fenster, schaut auf den Kalender. Ein Feiertag ist es nicht, er als Schulpräsident müsste Bescheid wissen, wenn der Unterricht ausfällt. Das Schulhaus im Sändli steht nicht in der Zone höchster Gefahr. Deshalb gibt es keinen Grund, die Kinder heimzuschicken, im Gegenteil. Sie streunen herum, behindern die Evakuierung, sind nicht unter Aufsicht und dadurch noch mehr gefährdet.

Er tritt ins Freie. Ein Alter schiebt auf einem Handwagen einen Kasten mit gedrechselten Füssen vorbei, ein uraltes Aussteuerstück mit Wurmlöchern. Mürrisch deutet er einen Gruss an.

«Wohin?» fragt Frey.

«Nach Diesbach. In der Leglerschen Fabrik stehe Lagerraum zur Verfügung.»

«Zu Fuss wollt Ihr bis nach Diesbach?»

«Wie denn sonst? Oder haben Sie mir ein Auto?» Der Alte geht weiter, mit verbissenem Gesicht. Nach ein paar Schritten spuckt er auf den Boden.

Frey schüttelt den Kopf, greift sich ein Streichholz, reisst es an der Mauer an und versucht, seinen Stumpen in Brand zu setzen. Der Wind bläst das Streichholz immer wieder aus.

«Wer sagt denn, dass heute schulfrei ist?» fährt er den Sohn an, etwas heftiger, als er eigentlich will.

«Der Gemeindepräsident ist gekommen, hat zum Lehrer gesagt, das Schulhaus sei gesperrt. Da konnten wir heim.»

«Und der Lehrer?»

«Der ist auch gegangen.»

«Wohin?»

Fritz zuckt die Achseln. «Weiss nicht. Das hat er nicht gesagt.»

«Ich habe gesehen, wie er ins Wirtshaus gegangen ist, mit dem Präsidenten zusammen», ruft ein Bub, «in den Adler.»

«Geh nach Hause», sagt Frey zu Fritz. «Du sollst nicht auf der Strasse herumvaganten. Mach Aufgaben, oder lies ein Buch.»

In der Scheidgasse steht ein Fuhrwerk, Leute sind am Aufladen.

«Zügeln Sie nicht, Herr Pfarrer?» ruft eine Frau. Sie trägt gerade die Stubenuhr heraus.

Frey schüttelt den Kopf. «Heute noch nicht.»

«Regierungsrat Stüssi hat gesagt, jetzt müssten alle weg, die in der Gefahrenzone wohnen.»

«Wohin?»

«Zu den Schwiegereltern. Ins Ennetlinth.»

Missmutig geht Frey weiter. Es scheint, als hätten einige den Kopf verloren, hätten nur noch einen Gedanken, weg, irgendwohin. Dabei könnte der Bergsturz, wenn Heims Prognosen zutreffen, bis ins Ennetlinth hinüberbranden. Die Leute fliehen kopflos in ihr Verderben, wie in Elm.

Im Adler drängt sich das halbe Dorf, der Streit zwischen den «Angsthasen», die ausziehen, und den «Mutigen» ist voll entbrannt.

«Mut», so ruft Bernhard Stüssi in den Rauch, «ist manchmal auch Dummheit. Zum Beispiel jetzt. Ich bitte also euch alle, Bürgerinnen und Bürger, den Anordnungen des Regierungsrates Folge zu leisten und euch nicht länger zu widersetzen.»

«Und wer bezahlt den Umzug, den Verdienstausfall, die doppelte Miete? Etwa auch der Regierungsrat?»

«Es ist ein grosszügiger Kredit gesprochen worden, 10 000 Franken. Wenn das nicht ausreicht, schauen wir weiter. Man wird euch nicht im Stich lassen, dafür lege ich meine Hand ins Feuer, als euer Regierungsrat und Gemeindepräsident.»

Frey ist unter der Tür stehengeblieben. Als Stüssi fertiggesprochen hat, sagt er laut: «Herr Gemeindepräsident. Die Schule wird aber nicht geschlossen. Der Schulrat hat nichts dergleichen angeordnet.»

«Aber ich», sagt Stüssi, «als Gemeindepräsident und Regierungsrat.»

«Schulpräsident bin aber ich», erwidert Frey.

«Herr Pfarrer, wir wollen jetzt nicht einen Kompetenzstreit vom Zaun brechen, in diesem schweren Augenblick. Auch der Schulpräsident hat sich an die Vorschriften der Regierung zu halten.»

«Und ich bin der Meinung, dass die Kinder in der Schule unter Aufsicht der Lehrer sicherer sind, als wenn sie herumstreunen und überall im Wege stehen. Das Sändli ist nicht unmittelbar gefährdet. Meine eigenen Kinder gehen dort zur Schule.»

Plötzlich ist es in der Wirtschaft still, alle schauen gespannt auf den Gemeindepräsidenten, der aufgestanden ist, sich umschaut, als ob er Unterstützung suche bei den Leuten. «Was meint denn der Herr Lehrer dazu?»

Eine dünne Kopfstimme meldet sich, Frey sieht, dass auf dem Tisch vor dem Mann ein Rotweinglas steht. «Wir Lehrer sind der gleichen Meinung wie der Herr Präsident.»

«Welcher Herr Präsident? Es gibt zwei hier.»

«Wir machen, was der Bernhard Stüssi sagt, schliesslich müssen wir für unsere Familien schauen, wie alle andern auch.»

«Schaut jetzt also jeder nur noch für sich selber?» fragt

Frey. Als niemand antwortet, sagt er: «Die Sache muss auf jeden Fall vor den Schulrat. Und dessen Präsident bin ich.» Er dreht sich um, wirft die Tür ins Schloss. Hinter ihm brandet der Stimmenlärm wieder auf.

---

> Wie sollte ich, der Pfarrer, mich hierin verhalten? Ich wusste, dass man auf mein Verhalten mit Sperberaugen hinsah. Das Verhalten der Regierung, die sagte: lieber zu viel evakuieren als zu wenig, hielt ich grundsätzlich für richtig. Mit dem Zeitpunkt war ich nicht einverstanden. Ich kannte die Lage auf dem Stock und glaubte an eine ausgesprochene Gefährdung jetzt schon nicht. (Erinnerungen von Friedrich Frey)

Vor dem Pfarrhaus steht ein Lastwagen, Männer tragen Kisten voller Aktenordner die Treppe herab, laden auf. Dann folgen Gestellbretter, Stühle, ein Tisch. Der Waisenvogt, Tagwensräte, Gemeinderäte legen Hand an, Bernhard Stüssi gibt Anweisungen.

«Der Pfarrer zieht aus!» ruft ein Bub. Neugierige stehen auf der Strasse, schauen zu und gwündern, was denn der Herr Pfarrer für Möbel und Hausrat verlade, ob die Frau Pfarrer die Bettdecken und Leintücher schön sauber gewaschen und ordentlich zusammengelegt habe. Doch nichts dergleichen taucht auf, nur Kisten und Schachteln. Die Männer, die aufladen, machen ernste Gesichter, kaum einer lässt ein Wort fallen, viele haben die ganze Nacht gearbeitet oder Wache geschoben.

«Wo ist denn der Pfarrer?»

«Der hockt an der Sonntagspredigt», murrt einer, dem die Pfeife im Mund hängt.

«Wozu denn? Diesen Sonntag wird es ja wohl keine Predigt mehr geben.»

«Oder er ist wieder auf den Stock gestiegen», meint ein anderer, die Hände sind ihm im Hosensack angewachsen.

Kinder rennen nach Hause, die Neuigkeit verbreitet sich schneller als der Räumungsbefehl der Regierung. «Der Pfarrer geht.»

«Ja, dann müssen wir wohl auch», sagt der eine oder andere Vater, bequemt sich in den Stall, das Vieh nochmals etwas zu striegeln, bevor es zu einem Verwandten in Rüti in den Stall kommt. Und die Mutter beginnt einzupacken. «Herr Jesses, muss jetzt das wirklich sein?» Sie schaut aus dem Fenster, vielleicht das letzte Mal, denkt sie. Der Berg ist verhüllt, was dort oben geschieht, weiss niemand oder allenfalls der liebe Gott.

Nur der Coiffeur Fritz tritt jedem, der vorbeigeht, vor die Füsse: «Schau doch mein Tigerli. Solange sich das so ruhig schleckt, da auf dem Sims, bleibe ich.» Kunden kommen keine, heute lässt sich niemand Haare oder Bart schneiden. Fritz steht unter der Tür, alle sollen sehen, dass er bleibt.

Auch der Vater von Jakob Vögeli sagt: «Und wir bleiben», als der Sohn mit der Nachricht heimkommt, jetzt zügle sogar der Pfarrer. Alle Hände voll zu tun hat er als Elektriker, Lampenschirme abmontieren, schade wäre es, wenn dieses schöne Kristallglas, jenes Hirschgeweih unter den Schutt käme. Man rettet, was man kann.

Der Rabenwirt hat in der Nacht ein Schild an die Tür gehängt, in grossen, trotzigen Buchstaben steht dort: «Offen!» In der Gaststube sitzt der Pfarrer, allein am runden Tisch.

«Ein seltener Gast.» Heer setzt sich mit einem Zweier zu ihm. Er ist in letzter Zeit sich selber der beste Gast. «Der Pfarrer zügle auch», versucht er den Gesprächsfaden zu knüpfen.

«Wer sagt das?»

«Die Leute halt. Und ihr seht ja da drüben. Die Herren Räte laden auf, wie es sich gehört.»

«Aber nicht meinen Hausrat. Das ist bloss das Gemeindearchiv.»

«Warum sagt dann alles, Sie gehörten jetzt auch zu den Angsthasen?» Heer stürzt den Wein hinunter, ein Tropfen bleibt ihm in den Bartstoppeln am Kinn hängen.

Frey nippt am Kaffee, schaut am Wirt vorbei. «Vielleicht erzählt es der Präsident den Leuten, damit sie meinen, sie müssten auch zusammenpacken.»

«Also lügt er sie an?»

«Wenn es so ist, gewiss. Mir hat der Kirchenrat noch keine Notwohnung offeriert. Wo sollen wir denn hin?»

«Sie wollen also bleiben? Haben keine Angst? Aber Ihre Kinder sind doch fort?»

Frey nickt. Gertrud wollte die Mädchen zu den Eltern nach Glarus bringen, Schule ist keine mehr, der Schulrat hat seinen Präsidenten überstimmt. Und vielleicht ist es besser so, die Unruhe, die Unsicherheit, der Streit unter den Leuten, die gegenseitigen Vorwürfe würden seine Kinder nur belasten. Soll er das Heer erklären, damit er dann alles, möglichst verdreht, weitererzählt? Er schweigt, fragt nach einer Weile bloss: «Und Sie Heer, Sie bleiben auch?»

Heer fährt mit einem Finger durch die Weinringe auf dem Tisch. «Mir bleibt nichts anderes übrig, Herr Pfarrer. Entweder bleibt der Raben stehen und wir mit ihm, oder wir gehen zusammen unter. Der Kapitän bleibt auf Deck.» Sein Lachen klingt fast wie Schluchzen, nur dass ihm Wein vom Kinn tropft statt Tränen.

Frey sucht nach Worten, doch es kommt ihm nichts Passendes in den Sinn, also schweigt er. Der Wirt geht zur Theke, füllt sein Glas. Dann poltern draussen Nagelschuhe, die Männer, die das Gemeindearchiv verladen haben, kommen herein, setzen sich an den runden Tisch und bestellen eine Runde Kaffee Kräuter.

---

Peinlich berührt es einem, wenn man wahrnimmt, dass unweit vom Unglücksort entfernt bei einem Teil unserer Landeseinwohner eitel Lust und Freude herrscht. Man kann schliesslich nichts dagegen einwenden, dass lange vorbereitete Konzerte und Aufführungen oder Vereinskränzchen programmgemäss abgewickelt werden. Öffentliche Tanzanlässe und dergleichen aber dürften in diesen ernsten Tagen wohl um so eher unterbleiben, als wir ja nun zudem in die Adventszeit eintreten. (Glarner Nachrichten, 21. November 1930)

Die fromme Schwester schwebt durch den Schlafraum, ihre Tracht raschelt wie der Flügelschlag eines schwarzen Engels. Mariella liegt auf dem Bauch im Bett, hält die Augen geschlossen. Die Matratze riecht nach Schweiss, Urin und Muff, die Wolldecke ist dünn. Unruhe hat sie gepackt, von draussen dringen Stimmen herein, Automobile, Fuhrwerke, ein Motorrad, dann ein militärisches Kommando. «Wachtmeister! Sappeur Figi!»

«Sie bringen diese Fuhr nach Schwanden!»

«Zu Befehl, Wachtmeister!»

Militär ist eingerückt, die Wirtschaften sind die ganze Nacht offen. Und in Diesbach ist Tanz, trotz allem, haben die Frauen aus dem Dorf erzählt in der Fabrik. Eine lange Nacht, eine kalte Nacht, eine einsame Nacht. Und morgen wieder der Maschinenlärm, der Staub, der Schweiss, die stumpfsinnige Arbeit.

Mariella findet keinen Schlaf. Leise schlägt sie die Wolldecke zurück, geht barfuss durch die Schlafkammer, an den Bettgestellen vorbei, in denen die andern Mädchen schnaufen im Schlaf, eines hustet. Die Schuhe trägt Mariella in der Hand. Ein Brett knarrt unter ihren Füssen, sie erschrickt, bleibt stehen, horcht. Stimmen draussen, Stille sonst. Sie tastet sich durch den finsteren Korridor und die Treppe hinab. Neben der Eingangstür im Kontor, in einem Pult, bewahren die Schwestern wichtige Dinge auf, Schlüssel, eine Kasse, einen Stapel abgegriffene Wachstuchhefte, die Chronik. Mit einem krummen Nagel öffnet Mariella das Schloss, ein Bruder hat ihr gezeigt, wie das geht, damals, als sie noch frei war. Sie klappt den Deckel zurück, zieht das oberste Heft heraus, liest im blassen Schimmer, den die Hoflampe durchs Fenster wirft. «Mariella will beim Friedhof eine arme Seele gehört und gesehen haben, die es mahnte, heimzukehren und nicht wiederzukommen, weil der Berg bald stürze. Vom Gemeinderat und vom Pfarrer getadelt. Gebeichtet und Busse getan.» Manchmal liest Mariella in den Heften, wenn es die Oberin nicht merkt.

Draussen zittert der Strahl einer Taschenlampe über die Fabrikfassade. Stimmen vibrieren durch Mariellas Herz. Soldaten, junge Männer, laden irgend etwas ab. Absätze klopfen. «Zu Befehl, Wachtmeister!»

Der Wachtmeister antwortet mit einer leisen Stimme. Sie tritt ans Fenster, schaut hinaus. Ein Automobil fährt auf der Strasse vorbei, sonst kann sie nichts erkennen.

Vor einiger Zeit hat sie die Chronik entdeckt, und allmählich versteht sie durch das Lesen ihr eigenes Schicksal besser. Mädchen aus katholischen Gegenden, elternlos wie sie, arm und verwahrlost, werden von der Polizei aufgegriffen und über die Kirche ins Marienheim gebracht, seit 75 Jahren schon. Der Bündner Pater Florentini habe erkannt, dass Fabrikarbeit sie auf den rechten Weg bringe, hat Pfarrer Zimmermann einmal erzählt im Unterricht. Arbeit macht frei, hat er gesagt. Zweimal in der Woche lehrt er sie lesen, schreiben und rechnen. Doch das wichtigste ist die Unterweisung, die Religion, das Beten und Singen. Damit wir nicht merken, dass wir bloss billige Arbeiterinnen für die Fabrik sind, denkt Mariella, Sklavinnen, nichts weiter.

Manchmal haben die Mädchen rebelliert, steht in der Chronik, darum halten sie die Schwestern unter Verschluss. Im Jahr 1866 brach ein Dutzend Walliser Mädchen in einer Nacht aus, angeführt von einer Philomena Barbisch, nach einem Streit mit der Oberin. «Ihre paar Habseligkeiten in die Vierzipfel ihrer Nastücher gebunden, wussten sie sich den Hausschlüssel aus dem Schwesternzimmer zu ermitteln und bei Nacht und Nebel auf Nimmerwiedersehen zu verschwinden.» Mariella stellt sich Philomena vor, wild, schwarzmähnig und stark, sie sieht sie vorausklettern auf dem schmalen Pfad den Klausen hinauf, katzengleich geschmeidig und wendig, die andern hintendrein, hinüber ins Urnerland, wo ihre Wege sich trennen. Die einen wollen in die Stadt, Zürich, Luzern, Basel, die andern zieht es heim ins Wallis. Und Philomena? Nach Amerika vielleicht, in die Neue Welt, wo sie ein neues Leben anfängt, ein besseres Leben.

Eines Tages werde ich auch weggehen, denkt Mariella. Werde der Philomena nachfolgen über den Berg und in die weite Welt. Die Hausschlüssel hängen im Pult, warum gehe ich nicht gleich? Wieder hört sie Stimmen, leise klappt sie den Deckel zu, geht zur Haustür. Zwei Soldaten gehen vorbei, ihre Nagelschuhe knirschen im Kies, dann ist es still.

«Einmal noch wollen wir dir deine Sünde vergeben, Kind, und Gnade walten lassen», hat der Pfarrer gesagt. Hat sie lange angeschaut, tief in die Augen, und ihre Hände umfangen. Sie wagte nicht, sie wegzuziehen, lange hat er sie gedrückt, Schweiss stand auf seiner Stirn. Zwanzigmal musste sie den Rosenkranz beten, auf den Knien in der kalten Kirche. Und bei jeder Perle, die durch ihre Finger glitt, dachte sie: Ich habe nicht gesündigt. Eine Sünde ist es, wie sie uns ins Heim sperren, als Sklavinnen, als billiges Maschinenfutter. Wird ein Mädchen krank, so schieben sie es ab in den Heimatkanton, nur die Gesunden will der Pfarrer retten vor dem Fegefeuer. Eine wilde Freude kommt in ihr auf, wenn es am Berg kracht, wenn Steine fallen, wenn es stäubt und rumpelt oder Schlammlawinen niederfahren. Dann zeigt sich, wer die wahren Sünder sind. Der Berg straft die fetten Bauern, die hochnäsigen Arbeiter und Meister, den Pfarrer mit seinen weichen Händen und dem wässrigen Blick, die Gemeinderäte mit ihrem eingebildeten Gehabe, die Fettsäcke von Fabrikanten. Soll er kommen, der Berg. Das ist die wahre Strafe, nicht der Rosenkranz.

Bei der Fabrik drüben tritt jemand ein Motorrad an, eine Lampe flammt auf. Der Wachtmeister mit der angenehmen Stimme vielleicht? Mariella dreht den Schlüssel, das Schloss knackt, die Tür geht auf. Sie tritt in den Hof, tuckernd kommt das Motorrad auf sie zu. Nicht ein Dutzend Mädchen bricht aus heute, nur ich allein, denkt sie. Und nur bis der Morgen graut. In Diesbach ist Tanz.

---

Und dann die psychologischen Motive: Da über die Prognosen und die «Angsthasen» gespottet wurde, wandten die Verängstigten in ihren Gesprächen die Angst auf die Geologen und den Pfarrer ab. Auch der Lügen bediente man sich. (Erinnerungen von Friedrich Frey)

Schulgutsverwalter Oskar Sigrist hockt verkrümmt hinter dem Tisch, der Wirt spottet. «Die Schule habt ihr geschlossen, damit die Lehrer noch mehr Ferien haben als sonst. Jetzt sieht man sie dafür um so mehr in der Wirtschaft.» Gelächter in der Runde, die nach der langen Nacht beim Frühschoppen sitzt. Im Freihof im Vorauen ist man sicher, weitab vom Berg und von der Arbeit. Halb voll ist die Wirtschaft, und der Schiesser Bernhard, Senn und Wirt, sorgt für Unterhaltung. Weh dem, den der Vierschrötige aufs Korn nimmt. Sigrist nippt am Wein, sauer schmeckt er ihm, aber zu reklamieren traut er sich nicht. Die Runde am Nebentisch spottet weiter über die Hasenfüsse im Dorf, über die Geologen, über die Soldaten, die offensichtlich ihren Spass haben an der Zügelei. «Wenn sie einen Wagen laden, ist ihnen das wichtigste, dass das Sofa zuoberst kommt, damit sie schön weich gepolstert sitzen beim Mitfahren.» Die Männer brüllen vor Lachen.

In einem ruhigen Augenblick ruft Sigrist: «Der Schulrat wollte ja weiter Schule halten. Doch der Präsident hat es verboten, der Herr Pfarrer.»

Alle schauen ihn an, die Gespräche verstummen.

«Ist das wahr?»

Sigrist nickt, nimmt einen kräftigen Schluck. «So wahr ich hier sitze!»

«Du lügst, Oskar», gibt Niklaus Zweifel, der Kirchengutsverwalter, zurück. Er richtet sich auf, hebt das Kinn. «Es ist genau umgekehrt. Der Pfarrer wollte die Schule offenhalten, doch der Schulrat hat sich dem Gemeindepräsidenten unterzogen.»

«Woher willst du das wissen?»

«Ich war im Adler dabei, als der Bernhard Stüssi den Pfarrer abgekanzelt hat. Da gibt es genug Zeugen.»

Sigrist grunzt etwas in den Bart. Sein Kopf fällt wieder vornüber.

Der Wirt haut ihn auf die Schultern. «Lügen und nicht einmal rot werden dabei.» Er dreht sich um, will wieder zur Theke, doch Sigrist schiesst wie gestochen auf, gibt ihm einen Stoss in den Rücken, dass er vornüber stolpert. Im Fallen greift er nach der Lehne von Zweifels Stuhl und kracht mitsamt dem Kirchengutsverwalter auf den Boden. Der Stuhl bricht in Stücke, Zweifel greift nach einem Bein, versucht sich hochzurappeln. «Wart du, ich zeige dir, wo der Bartli den Most holt!»

Doch Sigrist steht schon über ihm, eine Bierflasche in der Hand. Er hebt sie hoch wie eine Keule. «Sag noch einmal, ich lüge, du ...» Sein Gesicht ist blau vor Zorn.

«Hör auf!» schreit Zweifel, bedeckt den Kopf mit beiden Händen.

Jetzt stürzen sich mehrere Männer auf Sigrist, die Flasche fliegt im Bogen gegen die Tür, zerbricht mit lautem Knall. Der Wirt robbt zum Büffet, rappelt sich hoch, da trifft ihn eine Stuhlkante an der Stirn. Am Boden verkeilt ringen die Männer, immer mehr stürzen sich in den Knäuel, bald schlägt jeder auf jeden ein, sinnlos und ohne Ziel. Alte Rechnungen kommen hoch, jahrzehntelange Familienfehden, begraben und vergessen, Demütigungen aus der Schulzeit, Schläge, die noch nicht vergolten, eine ausgespannte Liebste, die noch nicht gerächt ist. Es hagelt Schläge und Tritte, ein Tisch kippt, Flaschen und Gläser splittern, die Kämpfenden wälzen sich in den Scherben, schlagen um sich wie gestochene Kälber. Schiesser hockt auf dem Boden, lehnt mit dem Rücken am Büffet, drückt die Hand auf die Stirn. Zwischen den Fingern läuft Blut hervor, rinnt ihm übers Gesicht, tropft auf die Hosen. Flüche und Schreie versinken im ohrenbetäubenden Lärm.

Dann springt die Tür auf, der Pfarrer steht im Rahmen.

«Wenn man vom Teufel spricht, kommt er», ruft einer, der in die hinterste Ecke der Wirtschaft unter einen Tisch gekrochen ist, wiehert wie ein Ross.

Frey schaut sich um, streicht sich über den Bart. Dann

macht er einen Schritt auf den Knäuel der Raufbolde zu. Er sieht müde aus. An seinen Schuhen und Wadenbinden klebt Schmutz. Sigrist reibt ein blaues Auge, Zweifel liegt leise stöhnend am Boden. Der Wirt hat sich verdrückt, die andern rühren sich nicht.

«Holt einen Arzt», fährt Frey einen der Männer an, die herumstehen und Löcher in den Morgen glotzen. Er stupft mit der Schuhspitze den am Boden Liegenden ins Hinterteil.

«Nein, bitte nicht, Herr Pfarrer. Es geht schon wieder.» Zweifel versucht, sich aufzurichten, kommt auf alle viere, greift mit einer Hand auf den Rücken und sackt wieder zusammen.

«So helft ihm doch!» sagt Frey barsch. Einer packt Zweifel am Oberarm, schlingt ihn um Hals und Schulter und zerrt ihn hoch.

«Mein Rücken», jammert Zweifel.

Wie ertappte Schulbuben humpeln die zwei zur Tür, die andern suchen ihre Jacken und Zipfelkappen am Boden zusammen und folgen ihnen.

Als der Wirt wieder auftaucht, einen Verband um den Kopf, ist die Gaststube fast leer.

Frey hat am Fenster Platz genommen. «Einen Kaffee bitte. Und eine Brissago.»

Der Wirt greift nach einem der Kaffeegläser, die auf Hörner gesteckt an der Wand hängen, stellt es hart auf die Theke, lässt klirrend einen Löffel hineinfallen.

«Dummköpfe», sagt Frey laut. Der Wirt beisst sich auf die Lippen, kommt mit der Stumpenschachtel an den Tisch.

Frey zieht eine Brissago heraus, riecht daran.

«Die ist offeriert», stösst Schiesser kleinlaut hervor. «Der Kaffee auch.»

«Danke.» Der Pfarrer nickt, lässt den Strohhalm aufflammen, zündet die Brissago an, raucht und schaut in den grauen Morgen hinaus.

> Die Militärdirektion hat am Freitag nachmittag die Glarner Truppen des Sappeurbataillons 6, etwa 60 Mann stark, nebst einigen Infanteriedetachementen des Bataillons 85 nach Linthal aufgeboten. (Glarner Nachrichten, 22. November 1930)

Seit Tagen regnet es ohne Pause, Schüttstein nennen die Auswärtigen das Tal. Sie kommen, angelockt von Zeitungsberichten, mit Automobilen, mit Motorrädern, mit dem Zug. Sie stehen herum, Hände in den Hosentaschen, hocken in den Wirtschaften oder stolpern über den frisch aufgeworfenen Damm, Erdklumpen an den Schuhen. Sie stehen im Weg, behindern die Arbeiten, die Lastwagen des Militärs, der Bauunternehmungen und Bierbrauereien.

Ein junger Infanterist vom Glarner Bataillon 85 steht in der Kurve, wo die Strasse ins Auen und Tierfehd abzweigt, stramm die Absätze der Nagelschuhe zusammengestellt, Fusswinkel dreissig Grad. Mit weissen Stulpen an den Armen regelt er den Verkehr, Wasser tropft vom Rand des Helms.

Vom Raben her klingen Hammerschläge. Der Wirt nagelt die Fenster mit Brettern zu, grimmig sein Blick. Doch die Wirtschaft ist offen, randvoll mit Gästen, die sich direkt am Berg das Erlebnis höchster Gefahr holen wollen. Bei jedem Schluck Bier fährt ein Schauer über den Rücken. Wenn er jetzt käme, der Bergsturz. Gerade so, dass man noch fliehen könnte natürlich. Um Haaresbreite dem Tod entrinnen. Dann hätte man endlich etwas zu erzählen, noch jahrelang, wäre dabeigewesen, ein Held, mit der Zeit würde man sich sogar in die Rolle des grossen Retters hineindenken. Ist man nicht auf der Flucht, als die Gesteinsmassen krachten, kaltblütig nochmals umgekehrt, hat ein verwirrtes Kind an die Hand genommen, das auf die falsche Seite lief, gegen den Berg zu, wie damals in Elm? Man hat es über die Linth auf die sichere Seite getragen, auf den Schultern durchs eiskaltes Wasser wie weiland der heilige Christophorus.

Nach der dritten Flasche wünscht man sich geradezu, dass der Berg jetzt käme, schon schwankt er bedenklich, wenn man einmal hinters Haus tritt und beim Wasserlösen hinaufglotzt ins Grau. Vor dem Raben stehen Wienerstühle, Stabellen, Schiefertische und Truhen im Dreck wie bei einer Gant, man schaut sich im Spiegelschrank ins Gesicht, grau ist es wie die Wolken an den Berghängen, Rasieren täte not. Der Wirt hat sich lange dem Räumungsbefehl widersetzt, bis ihm ein Offizier gedroht hat: «Wenn Sie jetzt nicht verladen, dann können Sie dann sehen, wer Ihnen hilft, wenn der Berg kommt. Wir lehnen jede Verantwortung ab!»

«Zu Befehl, Herr Hauptmann!»

Jetzt lässt Heer seinen Hausrat von Soldaten nach Diesbach transportieren, nagelt Fenster und Türen zu, für alle Fälle. Auf der andern Strassenseite steht eine alte Frau im Regen, schüttelt verständnislos den Kopf, bewegt den zahnlosen Mund. «Herrjesses Gott, Herrjesses Gott.» Ihr Häuslein ist ausgeräumt, wo man die Möbel hingebracht hat, hat sie vergessen.

Rasch quetscht man sich wieder hinein in die Gaststube, in den Rauch und die schweissige Hitze, zwängt den Bauch hinter den Tisch, bestellt noch eine Flasche und dazu eine Portion Alpkäse mit Brot und Senf. Langweilig ist der Alltag in den Fabriken und Büros oder in der Schlange vor dem Arbeitsamt. Hier dagegen tut sich etwas, man kann zuschauen, auf den Wirtshaustisch hauen, endlich die eigene Meinung zum besten geben, über die Regierung, die versagt hat und die Bürokratie, die schlampt. In Deutschland, da wird jetzt dann bald aufgeräumt, der Hitler zeigt denen schon, wo's langgeht. Das wird noch anders krachen als so ein Bergstürzlein, schon jetzt laufen seine Leute in gebügelten braunen Uniformen und gewichsten Lederstiefeln herum, nicht in so schäbigen Lumpen und Nagelschuhen wie die Hilfsdienstler da draussen.

«Jetzt reicht's dann», brüllt einer am Nebentisch. Soll er doch herüberkommen, wenn er Mut hat. Doch er schaut weg, hält den Mund.

Man hat es ja immer gewusst, was zu tun wäre: Hinaufschiessen mit Kanonen, sprengen, die Sappeure sollten oben am Berg stehen, an der Front, wo's kracht und rumpelt, nicht hier die Zeit mit dem Zügeln von Nachthäfen verplempern. «Ein Hoch aufs Militär! Lasst uns anstossen, Brüder, Freunde, Volksgenossen.»

Lasst die Gläser klingen, grau ist der Tag, grau das Leben, schon stimmt einer das Soldatenlied an: «Alle Rosen, die blühen am Weg so rot ...» Singt mit! Das Unglück der andern ist unser Glück. Wie im Krieg ist das. Einer muss ins Gras beissen, die andern feiern. Noch ein Lied? Also: «Ich hatt' einen Kameraden ...»

Was sagt da einer? Am Mittwoch komme der Bergsturz, hätten die Professoren ausgerechnet, die drunten in Zürich an ihren Schreibtischen Zahlen beigen. Schad. Am Mittwoch steht man wieder an der Maschine, oder man stempelt fürs Arbeitslosengeld. Schade, man hätte so gerne einmal etwas erlebt, das Besondere, Aussergewöhnliche, das immer nur den andern vorbehalten bleibt. Wenn doch nur wenigstens ein ganz kleines Stücklein abbrechen würde, ein paar Felsbrocken nur, damit sich die Reise gelohnt hat.

---

Vom aufgebotenen Militär rückten ein:
Um 16.40 Uhr: 1 Offizier, 3 Unteroffiziere und 15 Sappeure.
Um 18.30 Uhr: 5 Unteroffiziere und 26 Sappeure, ferner 4 Lastwagen.
Um 21.00 Uhr: 2 Unteroffiziere und 12 Sappeure, so dass am 22. November beim Zimmerverlesen um 1 Uhr 1 Offizier, 10 Unteroffiziere, 52 Sappeure, 4 Chauffeure und 4 Lastwagen im Dienst standen. (Bericht der Räumungskommission, 3. Dezember 1930)

Gertrud ist im siebten Monat schwanger, schwer ist sie geworden. Das erste Kind hat sie im Rheintal zur Welt gebracht, dann haben sie sich auf den Weg gemacht, eine neue Heimat zu finden, und nun heisst es schon wieder umziehen, kaum hat sie sich eingelebt, fort vielleicht für immer, in vier Wände, die ihr nicht vertraut sind. Vielleicht ist das Pfarrhaus nach dem Bergsturz weggefegt, die Welt von Grund auf verändert. Die schöne Pfarrhoschet mit den Apfelbäumen, der Ahorngruppe, den Bänken und Trockenmauern ist schon Wüste, neun Meter hoch stehen Schutt und Schlamm.

Still ist es im Dorf, der Abend fällt. Leer die meisten Fenster, ohne Vorhänge glotzen sie in die Dämmerung wie Irre mit lichtlosem Blick. Selbst die Katzen und die Hunde haben sich verzogen. Vor dem Pfarrhaus steht der letzte Lastwagen, Soldaten tragen Möbelstücke die Treppe hinab, reichen sie auf die Ladebrücke, schwatzen und lachen. Der Dienst scheint ihnen zu gefallen. «Endlich einmal etwas Sinnvolles tun im Militär», sagt einer. «Nicht immer nur Gewehrgriff, Wache schieben, Taktschritt klopfen.»

Langsam, Stufe um Stufe steigt Gertrud die Treppe hinab, das Ungeborene soll so wenig wie möglich spüren von den Aufregungen und Umtrieben. Ihre Angst versucht sie im Zaum zu halten. Friedrich hat sie immer wieder beruhigt, hat ihr Pläne gezeigt, Fotografien, hat erklärt. Hier eine Spalte, die sich öffnet, dort ein Felspfeiler, der sich neigt. Er kennt den Berg am besten von allen, manchmal kommt er ihr wie Moses vor, der auf den Berg Sinai gestiegen ist, um mit dem Herrn zu sprechen, und nun mit seiner Botschaft herabkommt, mit dem Gesetz. Und der nun sieht, wie sein Volk ungläubig, lasterhaft und verführbar, ums Goldene Kalb tanzt. Friedrich sieht aus wie ein Urvater, denkt sie manchmal, der wuchernde Bart, die Haare, die wieder einmal eine Schere nötig hätten, doch dafür ist jetzt keine Zeit.

Den Coiffeur haben die Soldaten fast aus seinem Salon gezerrt, heisst es, ein Offizier habe auf ihn eingeredet und der Gemeindepräsident und Regierungsrat Stüssi. Doch Fritz Zweifel bleibt, komme, was wolle. «Ich lasse ja die Tür einen Spalt offen», soll er gesagt haben. «Ich habe einen leichten Schlaf. Wenn der Berg kommen sollte, bin ich im Nu auf und davon. Mein Tigerli nehme ich unter den Arm.»

Auch Friedrich glaubt nicht, dass der Bergsturz jetzt schon kommt. Später vielleicht. Trotzdem hat er sich bewegen lassen auszuziehen. Dem Vorbild zuliebe, die Behörden würden es ihm übel ankreiden, wenn er sich jetzt noch widersetzte. Kirchenpräsident Heinrich Schiesser hat ihnen ein Haus angeboten in der Matt, winzig klein, gerade gross genug für zwei Leute. Es gehört dem Kirchenrat Heinrich Zweifel, steht aber leer.

«Ich muss doch Platz haben für meine Bibliothek», hat Friedrich eingewandt.

Da hat Schiesser gegrinst: «Für die Bücher habe ich in meiner Wohnung Platz, in meiner Rumpelkammer ist noch eine Ecke frei.»

Was hat der Kirchenpräsident wohl für eine Ahnung von einer Pfarrbibliothek? Bibel und Gesangbuch genügten? Vielen Pfarrern vielleicht schon, aber dem Friedrich doch nicht, mit seinen vielen Interessen.

«Frau Pfarrer, bitte ...» Hauptmann Zweifel, Kommandant der Sappeure, kommt ihr entgegen, den Offiziershut schief nach hinten gedrückt, Kartentasche und Pistole kreuzweise umgeschnallt. Seine Reitstiefel knarren. Er reicht Gertrud galant den Arm, hilft ihr die letzten Treppenstufen hinab, öffnet die Tür zum Automobil, das bereitsteht, setzt sich ans Steuer.

Friedrich winkt von der hochgetürmten Ladebrücke des Lastwagens. «Es ist nur für ein paar Tage. Bald kommt der Winter, und der Berg wird Ruhe geben.»

Gertrud winkt zurück. Der Winter, denkt sie. Und dann? Muss man sich jetzt auf den Winter freuen und den Frühling fürchten?

---

Die Räumungsarbeiten begannen am 21. November um 18.30 und dauerten bis zum 22. November 1 Uhr. In dieser Zeit wurden insgesamt für 68 Familien Transporte ausgeführt, und zwar waren pro Familie bis 5 Transporte auszuführen, so dass die Zahl der Fuhren über 100 beträgt. In der gefährdeten Zone wurden 61 Häuser gänzlich, 25 teilweise und 30 überhaupt nicht geräumt. Die einberufenen Mannschaften und Lastwagen wurden am 23. November um 19.00 Uhr entlassen. Die Kosten dieser ersten Räumung betragen total Fr. 8051.30. (Bericht der Räumungskommission, 3. Dezember 1930)

Der Westwind fegt über die Weiden der Auengüter, zerrt an den verstreuten Häusern und Ställen, schüttelt das Gebälk, knallt Läden und Türen zu, Ziegel splittern. Die Soldaten marschieren auf der Strasse südwärts gegen das Tierfehd, einer hinter dem andern, der Sturm bläht ihre Mäntel. Bei einem Baum bleiben zwei stehen, versuchen zu pinkeln, der Urin des einen sprüht dem andern ins Gesicht. «Pass doch auf, du Sauhund!»

«Der Wind ist schuld. Geh doch auf die andere Seite, du Arschloch!»

Nacht ist es, nach einem langen Tag, Kopf und Glieder sind wie aus Blei. Die Entlassung sei für morgen abend vorgesehen, hat der Korporal gesagt. Also kostet man die kurze Zeit in Uniform noch aus. Wie viele Kacheln Kaffee mit Schnaps oder Kräuter hat man schon in den Bauch geschüttet, da und dort von dankbaren Hausfrauen gereicht? Wie viele Flaschen Bier, wie viele Zweier Veltliner? Von den Landjägern, dem Käse, den Cervelats und dem Rauchspeck gar nicht zu reden. «Der Soldat allein ist der freie Mann», heisst es doch im Lied. Der Soldat ist der Herr der Welt, und wenn er als Rettungsengel erscheint, dann erst recht. An Schlaf mag keiner denken, so aufgekratzt sind alle. Zu müde zum Einschlafen, das ist Militär.

Sie stolpern durch die Dunkelheit weiter, im Freihof sei Freinacht, ein Handörgeler, Frauen vielleicht und Tanz. Auf jeden Fall wird es lustig. Die Welt ist gerettet, feiern wir ihren Untergang! Jetzt ist die Zeit der Sprücheklopfer und Biertischhelden angebrochen, und oft verirrt sich eine Hand auf den Hintern der Serviertochter oder gar unter ihren Rock. «Soldatenleben, ei das heisst lustig sein ...»

Einer hat am Vorabend vom Aktivdienst erzählt, wie sie an der Grippe dahinstarben, ohne dass sie je einen Feind gesehen haben. Ruhmloser Tod, Zehntausende waren es, geschlagen von einer unheimlichen Macht, gegen die es keine Waffe gibt, wie auch gegen den Berg nicht.

Jetzt treibt der Sturm dem Soldaten, der immer mehr zurückbleibt, Graupelkörner ins Gesicht. Hoch am Berg rumpelt und orgelt es, als breche augenblicklich alles hernieder, nicht nur der Fels, nein, der ganze Himmel. Hat nicht jemand behauptet, der Berg stürze um, kopfüber schlage er einen Purzelbaum? Der Soldat lacht vor sich hin. Er sieht die andern nicht mehr, die Nacht hat sie verschluckt. Wo ist die Wirtschaft? Kein Licht weit und breit, nur dunkle Schemen, Häuser, Ställe, irgendwo brüllt Vieh. Jetzt packt ihn die Furcht. Er versucht, schneller zu laufen, fällt hin, sein Ellbogen schlägt in eine Pfütze. Nur mit Mühe rappelt er sich wieder hoch. Alles dreht sich rundum, die Schatten umtanzen ihn, ein Zaunpfahl hüpft vorbei, ein Baum, ein Gaden, noch-mals fällt er, kriecht ein Stück im Graben weiter, durchnässt ist er ohnehin. Kalt fährt es ihm über den Bauch. Die Grippe fällt ihm ein. Ich erkälte mich noch, verdammt, reiss dich zusammen.

Dann sieht er Lichtpunkte, zwei Taschenlampen, Stimmen, Gelächter. Zwei Kameraden, ein Korporal. «Da liegt er im Graben. Hebt ihn hoch.»

«Zu Befehl, Korporal!» Seine Stimme ist nur noch ein Gurgeln.

Sie greifen ihn unter den Achseln, ziehen ihn aus dem Dreck, er lässt sich schleppen, seine Beine sind wie gelähmt. Bequem ist es doch im Militärdienst, nichts denken, sich einfach ziehen und stossen lassen. «Ich hatt' einen Kameraden», lallt er.

Die andern lachen. Stossen ihn die Treppe zur Wirtschaft hinauf. Schieben ihn in die Gaststube, wo er gegen die Theke torkelt. Teller fallen auf den Boden und zersplittern.

Der Wirt flucht, er ist breit und stark, greift ihn mit zwei Fingern am Kragen, reisst ihn mit einer Hand in die Küche, die voller Soldaten steckt. «Gebt dem einen Kaffee», sagt er. «Und dann ab in den Stall aufs Stroh.»

Um 9 Uhr lichtete sich der Himmel. Mächtige Schneefahnen wehten über Stöcke und Gräte im Tödigebiet, und blauer und blauer zeigte sich das Firmament. Ausgeprägte Novemberstimmung. Licht im Düster, und Düster im Licht. Nur noch von leichtem Nebel umflort, stand der Kilchenstock, bis er sich im Lauf des Vormittags ganz enthüllte. Ruhe lag in seinen Rinnsalen, auch an seiner aufgeschürften, zum Sturz vorbereiteten Flanke. (Kaspar Freuler in der Neuen Zürcher Zeitung, 24. November 1930)

«Wie ein ungeheures Tier der Offenbarung, so lauert der Berg über dem Dorf.» Der Satz fällt ihm ein, als er in Diesbach aus dem Zug steigt und gegen Süden blickt, wo der Himmel aufreisst, ein Sonnenstrahl auf die Bergflanke fällt, die vom ersten Schnee bestäubt ist. Kaspar Freuler stellt den Fuss auf einen Stein, legt das Notizbuch aufs Knie und stenografiert den Einfall. Der Berg, ein Ungeheuer, das die Runsen wie Polypenarme ins Tal streckt, erstrahlt in gleissendem Licht. Wie ein Gugelhopf, mit Staubzucker bestäubt. Der Hausstock, die von Nebel umhüllte Majestät, blickt über den Grat ins Tal. Die Metaphern fallen dem Dichter dutzendweise ein, er kommt kaum nach mit Aufschreiben. Der Berg, der ungetreue Wächter des Dorfes. Der Berg, der gottlose Dreckhaufen.

Beschwingt schreitet er durchs Tal, ein Lastwagen kommt ihm entgegen, zuoberst auf dem Fuder hocken Soldaten, singen und johlen, zwischen ihnen ein Mädchen mit der Puppe im Arm. Freuler notiert die Stichworte: Polstersessel, Kommoden, Kanapee, Schirmgestelle, Wäschezainen, Kinderbetten, Nachtstühle, Vorhangstangen, Stubenwagen, Spiegelschrank, Blumenstöcke. Er schreibt eine bildhafte Sprache, die ans Herz geht, Zeitungsberichte, Bücher, Theaterstücke. Die Glarner Nachrichten haben eine Reportage bestellt, ebenso die Neue Zürcher Zeitung. Man kennt ihn auch ausserhalb des Tals. Abends muss der Text auf den letzten Postwagen, morgen steht er im Abendblatt. Oft schreibt Freuler auch im Unterricht, wenn seine Schüler rechnen oder schreiben. Die Schulbehörden haben ihn schon gerügt deswegen. Doch kann keiner die Glarner Art in so treffende Worte fassen wie er, also lässt man ihn gewähren. Der Bauerndichter Alfred Huggenberger war sein Entdecker und Förderer.

Freuler schreitet durch die engen Winkel von Rüti, dann beim Sand übers Feld zur Durnagelbrücke. Jetzt schält sich auch der Kammerstock aus den Wolken, der Firn am Gemsfairen strahlt, nur Tödi und Biferten bleiben verhangen. Das Wetter treibt Narrenpossen wie der Berg. Auf der Brücke begegnet er einem Lehrerkollegen. Thomas Heiz aus Ennenda schaut wehmütig aufs Dorf, etwas gebeugt ist er schon, stützt sich auf einen Stock. Schmerz steht ihm ins Gesicht geschrieben, denn sogar am Sonntag wird am Schutzdamm weitergebaut, der Bagger wühlt im Dreck, pflügt die Wiese um, Auspuffrauch qualmt in den frischen Morgen. Thomas Heiz, schon bald sechzig, ist im Sand aufgewachsen, die Bäuerin ist seine Schwester. Er erzählt, wie ihn als Bub der Vater bei Gewittern zum Durnagelbach schickte, um aufzupassen, ob die Wuhr standhalte. Niemand habe den Berg gefürchtet, den Bach aber schon.

Freuler verabschiedet sich von dem würdigen Herrn, der Gedichte schreibt im klassischen Stil, ziemlich erfolglos, Zeitungsschreiber verachtet er, und so halten sie Distanz, wechseln nur ein paar Worte. Der Berg scheint die Dichter anzuziehen, die junge Betty Knobel hat in den Glarner Nachrichten ein Gedicht abdrucken lassen: «Sie retten jetzt, o Dorf, die karge Habe, von deinem lieben alten Mütterlein. Es droht der Berg! Wie manche Nacht, wie viele Tage der Angst, der Bangigkeit und stillgetragner Not.» Freulers Geschmack ist das nicht. Nur das Mütterlein, das gefällt ihm für seine Reportage. Auch wenn jetzt gerade keines vor einer Tür steht und zum Berg hinaufstarrt mit verhärmtem Blick, das Bild gibt die Stimmung treffend wieder.

Das Ereignis würde wohl Stoff für einen Roman geben, sinniert Kaspar Freuler, während er durch die Scheidgasse geht, an der verlassenen Bebiéfabrik vorbei, über die Brücke, dann zum Kosthaus der Spinnerei Kunz. Man hat ihm zugetragen, dass der Zürcher Schriftsteller Rudolf Schnetzer aufgetaucht sei, die Leute ausfrage, in den Wirtschaften herumsitze. Vielleicht schnappt er ihm den Stoff weg, Zeit müsste man haben, und die ist einfach begrenzt, der Tag hat nur vierundzwanzig Stunden.

Beim Bahnhof steht viel neugieriges Volk aus dem Unterland, in Gruppen starren sie hinüber zum Hang, durch den sich grau die Runsen furchen, zeigen mit Regenschirmen hinauf. «Dort, dort, nein dort.»

Einer zückt den Feldstecher.

«Was sieht man?»

«Zwei klettern im Abbruch herum!»

«Wer wohl?»

«Todeskandidaten!»

«Der Förster und der Pfarrer. Heute braucht er keinen Gottesdienst zu halten. Vielleicht hält er dort oben eine Bergpredigt.»

«Da oben herumsteigen, das ist ja Gott versucht! Was ist denn das für ein Pfarrer?»

Dampfend keucht die Lokomotive heran, schnauft wie ein Asthmatiker, die Wagen sind voll besetzt. Volk steigt aus, Volk steigt ein. Kaspar Freuler setzt sich in die erste Klasse, auf den Knien den Notizblock. Schon fliessen die ersten Sätze in zügigen Stenogrammschwüngen aufs Papier: «In Diesbach, zu Füssen des mächtigen Doppelwasserfalles, hantiert Militär auf hochbepackten Lastwagen. Hausrat wird abgeladen, Frauen und Männer helfen. Der Fahrer erklärt: die Regierung hat die alte Fabrik für die Unterbringung all des geflüchteten Hausrats herrichten lassen. Die Soldaten haben die grossen Säle in Verschläge aufgeteilt; es sei eine wahre Freude gewesen, wie flink das gegangen sei.»

---

Wird er kommen? Prof. Staub gebe ihm, gestützt auf die analogen Erfahrungen am Monte Arbino, noch achtzehn Tage Frist, sagt man. Wer weiss? Die Häuser werden leerer. Aus den Heuställen werfen geplagte Bauern das mit Mühe und Not dem nassen Sommer abgerungene Heu auf die Strasse. Weiter fahren die Lastwagen durch die Lichterzeilen des Linthales, tragen Glück und Heim fort aus der Heimat. Wie vor Stunden steht das alte Fraueli unter der Haustür und starrt zum Berg hinauf. Eine Million Kubikmeter wartet. Und zitternd wartet das Dorf. (Kaspar Freuler in der Neuen Zürcher Zeitung, 24. November 1930)

Babetta stösst den Handwagen mit der Milchkanne zum Dorf hinab. Es ist schon Nacht, Ruhe hat sich ins Tal gesenkt, die Ruhe nach einem hektischen Tag, die Ruhe vor dem Unglück vielleicht. Von der Fabrik her tingelt die Glocke, doch es ist Sonntag, die Maschinen stehen still. Auf der Strasse marschiert eine Gruppe Soldaten talauswärts, mit Tornistern am Rücken und angehängtem Gewehr. Sie schwatzen laut, einer singt mit schwerer Zunge. «Dass ihr's hört, das ist die Kompanie, sie geht vor, doch zurück geht sie nie, ja nie ...» Lachen, glimmende Punkte von Zigaretten und Stumpen in der Nacht. Babetta bleibt stehen, lässt die Männer vorbei. Sie werden auf dem Heimweg durchs Tal noch verschiedene Wirtschaften besuchen. Schon sind sie im Dorf. «Alle Rosen, die blühen am Weg so rot, wir marschieren, marschieren vorbei», klingt der Refrain, vielstimmig und heiser. Babetta stösst den Wagen weiter, erschrickt. Aus dem Schatten einer Scheune tritt ein Soldat auf die Strasse. «So, geht es zur Milchhütte?»

«Das siehst du ja!» Sie stösst den Wagen weiter, der Soldat folgt ihr.

«Du bist doch aus dem Sand, nicht wahr? Ich war bei euch hinten, habe Möbel abgeladen.»

«Es waren viele da. Soldaten sehen alle gleich aus.» Babetta lacht. «Lass mich jetzt. Ich muss zur Hütte.»

«Ich wollte dich was fragen ...» Er nimmt sein Gewehr von der Schulter, stützt sich drauf wie auf einen Spazierstock und versperrt ihr den Weg. Jetzt erinnert sich Babetta. Die Brille, das schmale Gesicht, die Haare, die nach hinten geklebt sind. Er sieht aus wie ein Professor. Im Sand hat er Vesper gegessen und erzählt, er sei Textilmeister, in Schwanden aufgewachsen, arbeitslos.

«Du bist doch Drosslerin beim Schuler in der Spinnerei. Wie war doch dein Name?»

Sie nickt. «Babetta. Suchst du Arbeit?»

«Im Frühling bin ich aus dem Ausland zurückgekommen. Den Sommer über konnte ich im Niederental arbeiten, den Bach verbauen, Notstandsarbeit. Jetzt suche ich eine Stelle.»

«Viele suchen Arbeit, jeden Tag kommt ein Dutzend aufs Büro. Man schickt sie alle wieder fort.»

«Ich habe fünf Jahre beim Schuler in St. Ingbert als Meister gearbeitet, in der Spinnerei.»

«St. Ingbert? Wo liegt das?»

«Im Saargebiet. Von den Franzosen nach dem ersten Weltkrieg besetzt. Jetzt wollen es die Deutschen wieder zurückhaben.»

«Der Hitler?»

«‹Deutsch die Saar, immerdar›, brüllen seine Anhänger an ihren Versammlungen. Sie meinen, ein Anschluss an Deutschland bringe ihnen Arbeit, beende die Krise.»

«Wie lange warst du dort unten?»

«Acht Jahre. Mit achtzehn bin ich ausgewandert. Ich wäre geblieben, aber man hat mich auf die Strasse gestellt, weil ich ein Ausländer bin und weil ich keine Familie habe.»

Babetta schiebt den Wagen mit der Milchkanne weiter, der Soldat geht neben ihr her, raucht eine Zigarette. Was will er von mir, denkt sie. Ich kann ihm auch keine Arbeit beschaffen. Er soll wieder auswandern, ins Unterland oder wieder ins Ausland. Beim Schuler wolle er sich jedenfalls vorstellen, sagt er. Er habe gute Zeugnisse, in St. Ingbert sei man zufrieden gewesen. Wenn der Weg noch weiter wäre, würde er ihr wohl sein ganzes Leben erzählen. Man merkt, dass er im Ausland gewesen ist, er redet geschliffener als die knorzigen Hinterländer.

Vor der Milchhütte bleibt Babetta stehen. Bauern treten aus der Tür, Milchtansen am Rücken. Es ist ihr peinlich, dass man sie mit einem Soldaten sieht auf der Strasse. Sie packt die Milchkanne mit beiden Händen an den Griffen, hebt sie hoch.

«Soll ich helfen?»

«Nicht nötig. Ich bin stark genug.»

Sie spürt, wie er ihr nachschaut, während sie die Kanne zur Milchhütte schleppt.

---

> Erstens hat Herr Freuler in Unkenntnis der geologischen Tatsachen die Kubatur der zu erwartenden Sturzmassen zu hoch gegriffen. Zweitens ist über den zu erwartenden Zeitpunkt und die näheren Umstände des Absturzes von geologischer Seite vorderhand gar nichts zu sagen; es beruht auf unkontrollierbaren Gerüchten, dass ich als Experte dem Kilchenstock noch eine Frist von 18 Tagen gegeben hätte. (Rudolf Staub in der Neuen Zürcher Zeitung, 26. November 1930)

Nach dem Kino spaziert Rudolf Staub mit seiner Frau dem Limmatquai entlang zum Café Terrasse. Der Film hat sie beeindruckt: «Die weisse Hölle vom Piz Palü».

«Mich friert noch immer, wenn ich an die Frau denke in der Gletscherspalte.» Luise zieht den Fuchspelz enger, den sie um den Hals gelegt hat. «Die schreckliche Szene, als ihr Gesicht einfriert und eine Stimme spricht: Nun ruht sie im ewigen Eise ...» Nieselregen fällt, die Lichtreklamen spiegeln sich in den Pfützen auf dem Pflaster.

«Den Piz Palü habe ich mehrmals bestiegen», sagt er beruhigend. «Immer schön am Seil, von zuverlässigen Leuten begleitet. Auf der Normalroute von der Diavolezza hinauf und über die Fortezza zur Bovalhütte hinab. Ein Spaziergang.»

«Trotzdem ...», sie zögert. «Es ist doch gefährlich, oder nicht?»

«Was mich stört am Film, ist diese Andacht vor dem Berg. Es werden ihm mystische Kräfte zugeschrieben. Der Berg ruft, der Berg straft, der Berg verkörpert die höhere Macht, der wir schicksalhaft ausgeliefert sind.» Er macht eine Pause, sagt dann heftig: «Das ist doch Unsinn. Das ist der neue Aberglaube, der sich ausbreitet, die Mär von Blut und Boden.»

«Für dich ist der Berg bloss ein Studienobjekt, ein toter Gegenstand auf dem Labortisch.»

«Wollen wir streiten, Schatz? Auch für mich birgt der Berg Geheimnisse. Welche Kräfte haben ihn geformt, wie haben sich die Schichten und Falten zu dem komplexen Gebilde gefügt, das wir Alpen nennen. Wir wissen es nicht genau, aber es muss rationale Erklärungen geben. Die Natur hat ihre Gesetze.»

«Ich weiss, ich habe dein Buch gelesen ...» Luise ist jünger als ihr Mann, sie sind ein ungleiches Paar, der stattliche Professor und die mädchenhafte Frau. Manchmal kommt er ins Dozieren, wie in der Vorlesung. «Auch für das Handeln der Menschen muss es vernunftbestimmte Gründe geben. Die Retter im Film, mit denen kann ich mich identifizieren. Sie haben eine Aufgabe, ein Ziel, sie handeln rational. Hervorragende Skifahrer übrigens. Und Ernst Udet zeigt eine bestechende Leistung als Rettungsflieger.»

«Udet war im Weltkrieg Kampfflieger.»

«Auch der Krieg hat seine Logik. Wir durchschauen sie nur nicht. Wie so vieles ...»

Sie überqueren die Strasse, da wo sie sich vor dem hell erleuchteten Halbrund des Café Terrasse verzweigt. Ein Automobil fährt dicht hinter ihnen gegen den See, Wasser spritzt an ihre Beine.

Staub zeigt dem Fahrer die Faust, doch die roten Schlusslichter verschwinden im Verkehrsgewühl am Bellevue. Sie betreten das Café.

«Herr Professor ...» Der Chef de Service geleitet sie an einen Tisch, nimmt der Dame Mantel und Pelzkragen ab. Das Hütchen mit den Kolibrifedern behält sie auf dem Kopf. Leise tingelt das Piano, gedämpft unterhalten sich die Gäste, Blicke gleiten hinüber, herüber. Sehen und gesehen werden. Professor Doktor Staub vom Polytechnikum mit seiner jungen Gattin, raunt man sich hinter der Hand zu. Staub bestellt Weisswein vom See, gut gekühlt.

«Weisst du, der Doktor Krafft im Film hat mich ein bisschen an dich erinnert», sagt Luise, als er ihr Feuer gibt. Die Zigarette steckt in einer silbernen Spitze, ihre Wimpern sind nach neuester Mode mit Tusche gezogen, die Wangen gepudert.

«Gerade der, der Fanatiker?»

«Gerade der ...», sie lächelt kühl, wie die Frau im Eis.

«Herr Professor», ein Mann mit modischer Fliege tritt an den Tisch. «Bretscher», stellt er sich vor. «Redaktor bei der Neuen Zürcher Zeitung.» Mit einer Verbeugung reicht er Luise die Hand. Staub lädt ihn ein, sich zu setzen.

«Sie haben das Abendblatt gelesen, Herr Professor?»

«Tut mir leid, wir waren im Kino. Die weisse Hölle vom Piz Palü.» Er lächelt.

«Bald werden sie die Hölle vom Kilchenstock drehen können. Wenn es stimmt, was der Freuler aus Glarus schreibt.»

Staub erstarrt. Jetzt ist der Berg gekommen, fährt ihm durch den Kopf. Und ich hocke im Kino, ich Dummkopf. Er wollte noch in Linthal anrufen am Nachmittag, dann kamen Studenten, das Kolloquium, ein Doktorand, er hat es unterlassen. Und schon war Abend, Luise stand im Büro, zum Ausgehen angezogen, Kinokarten in der Handtasche.

«Was ist geschehen?»

Bretscher lächelt. «Noch nichts, Herr Professor. Aber lesen Sie doch das Abendblatt, bevor Sie zu Bett gehen. Ich wünsche Ihnen einen schönen Abend.» Er steht auf, verneigt sich zur Dame, nickt Staub zu.

«Die Hölle vom Kilchenstock», murmelt Staub. «Wenn er wüsste, wie recht er hat.»

«Jetzt machst du ein Gesicht wie der Doktor Krafft, als er dem jungen Paar in der Diavolezzahütte erklärt hat, warum er die Nordwand des Piz Palü besteigen muss. Weil ihn Schuldgefühle dazu zwingen.» Wieder lächelt sie hintergründig und kühl.

Staub leert sein Weinglas mit einem Zug. «Am Schluss des Films», sagt er, «sind die beiden ja wieder vereint, Doktor Krafft und seine Frau. Im ewigen Eise. Wollen wir gehen?»

Mit einem Seufzer steht sie auf.

> Ich könnte es nun nach den Ergebnissen der Messungen tatsächlich nicht mehr verstehen, wenn nicht wenigstens das Teilgebiet, das Sie mit I bezeichnen, in den nächsten Tagen abbrechen würde. Ich kenne kein Beispiel, für das so eindeutig und ausgesprochen alle Indizien für einen kommenden Bergsturz sprechen. Ich habe mich bemüht, die ungemütlichen Gefühle, die mich bei der Zusammenstellung der Resultate beschlichen, möglichst wenig im Bericht zu registrieren und nur die nackten Zahlen sprechen zu lassen. (Hans Härry an Rudolf Staub, 20. November 1930)

Gertrud tippt auf der Schreibmaschine, manchmal klingelt die Glocke, dann schiebt sie den Wagen zurück. Auf dem Boden, auf dem Tisch und den Stühlen türmen sich Schachteln, Bücher, Aktenordner, der Hausrat ist durcheinandergeraten. Friedrich ist jetzt auch noch Präsident des Hilfskomitees, sie macht das Büro, tippt Briefe, Gesuche, Protokolle und Listen. «513 Personen sind evakuiert, davon 150 Kinder.» Nur wenige sind in ihren Häusern geblieben, der Coiffeur, die Familien Streiff, Bernet, Bernasconi, die alte Frau Hüppi. Kaum ist der erste Schreck überstanden, wird er statistisch erfasst: «Geräumt sind 46 Häuser in Linthal-Dorf, 15 in Ennetlinth, teilweise evakuiert sind je 16 Häuser, bewohnt bleiben noch etwa 30.» Schicksal wird zu Papier.

Im Bauch spürt Gertrud das Kind, es bewegt sich, manchmal zappelt es, als ob es ungeduldig auf den Tag der Befreiung warte, den Tag des Lichts. Wenn es sich nur nicht in die Steisslage dreht.

Sie sieht einen Mann gegen das Haus zukommen, mit jedem Schritt wächst er, wird breiter, der Hut sitzt ihm tief im Gesicht, unter dem Arm klemmt eine Mappe. Dann klopft es kräftig, sie geht zur Tür. Heinrich Schiesser, der Bauerngeneral, fragt nach dem Pfarrer.

«Er ist an einer Sitzung des Hilfskomitees, im Schulhaus.»

«So? Sitzungen kann man halten, Schule nicht?»

«Der Regierungsrat hat das so angeordnet.»

Schiesser schaut an ihr vorbei auf die Harasse, Schachteln

und Koffern, die im schmalen Korridor aufgestapelt sind. Noch nicht einmal das Geschirr konnte sie auspacken, nur das Allernötigste.

«Schöne Regierung ...», brummt der Bauerngeneral. Vom Rand seines Hutes tropft Wasser auf die Türvorlage.

«Kann ich meinem Mann etwas ausrichten?»

«Man sammelt Unterschriften im Dorf. Der Berg muss gesprengt werden. Der Dreck muss herunter, dann haben wir wieder Ruhe.»

«Das würde Friedrich wohl nicht unterschreiben. Sprengen sei zu gefährlich, sagt er. Das meinen auch die Fachleute.»

Schiesser scheint ihren Einwand gar nicht zu hören. «Wenn die Regierung nicht handelt, muss man ihr Feuer unter dem Hintern machen. Das wollen wir.»

«Wir? Wen meinen Sie damit?»

Erstaunt schaut er sie an, als sei er es nicht gewohnt, dass eine Frau Fragen stellt. «Besorgte Linthaler Bürger und Bauern, Gewerbetreibende, Handwerker. Wir sind das Volk.» Er beugt sich vor, so dass Gertrud einen Schritt zurückweicht. «Alles Alteingesessene. Wir kennen den Berg, wir brauchen uns nicht von Auswärtigen sagen zu lassen, was zu tun ist. Die Felsnase wegsprengen, die wackelt, ein Pappenstiel ist das fürs Militär. Ich habe mit Offizieren von den Sappeuren gesprochen. Sie meinen, es sei zu machen.»

«Vielleicht würde dann erst recht alles ins Rutschen kommen.»

«Bei einer fachgerechten Sprengung wird der Fels pulverisiert, kein Stein rollt bis ins Tal. Man darf das natürlich nicht so stümperhaft anpacken, wie damals in Elm.» Er spricht, ohne Gertrud anzusehen, dann dreht er sich abrupt um. «Adieu!»

Gertrud schaut ihm nach. Sie fühlt sich fremd und einsam.

---

An die Einwohnerschaft von Linthal

Angesichts der derzeitigen unsicheren Verhältnisse in der Gemeinde Linthal sind wir bereit, von Einwohnern dieser Gemeinde Wertsachen (Obligationen, Schuldbriefe, Sparhefte u.s.w) unentgeltlich in vorübergehende Verwahrung zu nehmen. (Glarner Kantonalbank, Inserat, 25. November 1930)

Jetzt hat der Albert seinen Übernamen, und das wohl für alle Zeiten, seit er in der Zeitung gekommen ist, heisst er Geldkisten-Bert. Die Reporter schnüffeln jetzt überall herum, Kinder und Greise, Säufer und Wirte, Frauen und Männer fragen sie aus, schreiben alles in ihre kleinen Büchlein und knipsen Fotos. Und auf so einer Foto sieht man den Albert, wie er mit dem Sandbalz zwei Truhen vom Leiterwagen lädt, die Aussteuer der Ehegattin, Barchentleintücher mit handgestickten Monogrammen sind in der einen, sauber zusammengelegt und aufgeschichtet, mit Mottenkugeln vor Ungeziefer geschützt. Der Reporter hat vom Bord herab geknipst, ohne zu fragen. Und zu Hause in Zürich, in der Redaktionsstube, hat er eine nette Geschichte gedichtet, jetzt steht sie unter dem Bild in der Illustrierten: «So kommst du halt zu mir herauf, hat der Bruder dem Albert im Oberdorf gesagt. Wir werden grad auch noch Platz finden für deine Geldkisten.»

Jetzt kann er keine Wirtschaft mehr betreten, schon schallt ihm Gelächter entgegen. «So Bert, was machen deine Geldkisten? Hat sie noch kein Räuber gestohlen?» – «Schaut, da kommt der Geldkisten-Bert. Du, mir ist grad das Münz ausgegangen. Wie wäre es mit einer Runde? Du hast ja wohl noch genug Kleingeld in deiner Truhe.»

Er ist zum Gespött geworden, die Leute brauchen jemanden, an dem sie ihre Laune abreagieren können. Was kann ich denn dafür, denkt Albert. Er meidet die Wirtschaft, nimmt einen andern Weg, wenn er jemanden entgegenkommen sieht. Und je mehr er sich zurückzieht, desto mehr wird er zum Geldkisten-Bert. Er leidet still, damit die andern ihren Spass haben in der schweren Zeit.

---

Es gibt auf der Linie Glarus–Linthal nur einen Gesprächsstoff: der drohende Bergsturz. Auf dem Bahnhof warten die ersten

Evakuierten mit unförmigen Paketen und Reisekörben auf den Zug. Der ernsten Mahnung der Regierung, ihre Habe in Sicherheit zu bringen und das Haus zu räumen, sind sie schweren Herzens gefolgt und reisen nun zu ihren Verwandten oder Freunden. Jahrhunderte alte Holzhütten, stattliche öffentliche Gebäude, Werkstätten, Gasthäuser, alles leert sich widersinnig. Unbegreiflich scheint es, gesunde wohnliche Häuser zu verlassen. Camions, Pferde- und Mauleselgespanne, Karren, von einer Kuh gezogen, und Leiterwägelchen schleppen Hab und Gut ausser Gefahr. Hämisch stösst der Kilchenstock seinen Buckel in den Himmel, jeden Augenblick bereit, sein Zerstörungswerk zu beginnen.
Zwei Hotel-Restaurants im Zentrum der Gefahrzone stehen einander gegenüber. In einem wird nichts mehr ausgeschenkt. Die Fensterläden sind geschlossen, Tische und Bänke schiebt man in den Möbelwagen. Im andern sitzt der Wirt gemütlich unter den Gästen am Fenster. Er kann sich mit solch überstürztem Tempo nicht befreunden. Nur nachts, da muss er dem wachthabenden Feuerwehrmann weichen und mit Protest ein abgelegenes Nachtlager aufsuchen. (Zürcher Illustrierte, Ende November 1930)

Aufmerksam betrachtet Albert Heim die Zeitschrift. «Ein hervorragender Fotograf, dieser Hans Staub. Ist er etwa mit meinem Herrn Kollega Rudolf Staub verwandt?»

Härry zuckt die Schultern. «Mir ist nichts bekannt, Herr Professor.» Das Bild des Mädchens, in brauner Farbe gedruckt, das Hausrat auf einem Leiterwägelchen abtransportiert, greift dem alten Herrn ans Herz. Hinten folgt das Schwesterchen, in Schürze und Kappe, traurig wendet es den Kopf zurück. «Es sind die Kinder, die am meisten leiden», murmelt Heim. «Immer die Schwächsten.»

«Gewiss, Herr Professor.» Der Ingenieur nimmt verlegen einen Schluck Tee. Über den Bäumen in der Ferne liegen die Alpen unter grauen Wolkenbänken, das Laub ist von den Buchen gefallen. Nass und schwarz ragen ihre kahlen Äste auf, als ob lebendige Wesen ihre Arme zum Himmel streckten.

«Und wie sieht es aus vor Ort?»

Härry berichtet sachlich: Bewegung nach wie vor, täglich wird gemessen, wenn es das Wetter erlaubt und nicht alles in Nebel und Schneetreiben versinkt. Förster Zweifel und Geometer Wild leisten gute Arbeit. Inzwischen hat er weitere Berechnungen angestellt, er breitet Skizzen und Zahlentabellen aus, der Zeitungsausschnitt mit den zwei Mädchen verschwindet darunter.

«Es sind eigentlich vier Platten, die mit unterschiedlicher Geschwindigkeit rutschen, ein sehr komplexer Mechanismus. Professor Staub und ich haben aus den Messwerten dieses Modell berechnet und auch bereits an die Glarner Behörden weitergeleitet.»

«Die verstehen das nicht!»

«Es ist unsere Pflicht zu informieren. Was die Behörden damit anfangen, ist ihre Sache.»

«Wenn die Politiker nur ein bisschen gescheiter wären.»

«Jedes Volk hat die Regierung, die es wählt. Solange es wählen kann.»

Heim nickt versunken. Er wird das Bild der flüchtenden Kinder nicht los. Wird man im Alter sentimental? Ihm ist ums Weinen, während Härry seine Kurven und Vektorpfeile erläutert, als handle es sich um einen Versuch im Sandkasten. «Der erste Teilabbruch wird 71 300 bis 188 600 Kubikmeter umfassen, der zweite höchstens 182 100, die dritte Gleitmasse könnte sehr rasch folgen ...»

Heim scheint zu erwachen, rückt die Brille zurecht.

«Die allerschlimmste Annahme, wenn alles zusammen abstürzt, ist also 729 570 Kubikmeter», fährt Härry fort. «Auf fünf Stellen genau berechnet, rein theoretisch natürlich.»

Heim lächelt, kratzt sich im langen weissen Bart. «Sind wir jetzt Propheten, wie die Presse schreibt, oder sind wir exakte Wissenschaftler?» Er schiebt die Papiere beiseite. «Sie haben gute Arbeit geleistet, Härry», sagt er nach einer Weile. «Ich danke Ihnen.»

«Ich habe nur meine Pflicht getan. Dafür werde ich bezahlt.»

«Was können wir mehr tun als unsere Pflicht? Als gute Arbeit leisten? Als uns aufopfern für die Sache, an die wir glauben?»

«Mit Verlaub, Herr Professor. Ich bin das Gegenteil eines Propheten. Ich messe, und ich rechne. Je genauer, desto lieber. Ich bin ein pingeliger Beamter, nichts weiter.» Härry lacht. «Eine Art Buchhalter. Nur zähle ich nicht Geld, sondern Steine.»

«Sie stellen Ihr Licht unter den Scheffel, Herr Ingenieur. Ohne Ihre Messwerte könnten wir Wissenschaftler keine Theorie entwickeln. Doch in einem Punkt haben Sie recht, jede Zahl ist wertlos ohne Interpretation, erst durch den Bezug zum theoretischen Modell gewinnen Ihre Messungen eine Bedeutung, einen Sinn.»

Härry nickt. «Das ist Ihr Fach, nicht meines. Natürlich mache ich mir auch meine Gedanken. Aber meine Meinung ist unwichtig, ich spekuliere nur.»

«Und ob Ihre Meinung wichtig ist! Machen Sie es sich nicht etwas zu einfach, junger Mann? Jeder trägt Verantwortung. Auch Sie!» In einer Aufwallung reisst Heim einen Zeitungsausschnitt von einem Stapel Papier. «Damit solches nicht mehr vorkommen möge!» Er schiebt den Fetzen Härry hin, dick rot unterstrichen steht dort: «Am 18. November telegraphierte Hr. Prof. Heim ...» Die Zahl 18 ist durchgestrichen, darüber steht 15, dahinter drei Ausrufezeichen. «Ich habe am vorletzten Samstag ein Telegramm geschickt, gleichzeitig mit Staub. Am 15. habe ich die Räumung verlangt. Und jetzt schreiben die Glarner Nachrichten, ich hätte erst drei Tage später telegraphiert! Am Dienstag, stellen Sie sich das vor. Eine Lüge steht da in der Zeitung! Unterschrieben vom Glarner Regierungsrat!»

«Vielleicht ein Druckfehler ...», wirft Härry ein, doch Heim lässt sich nicht beruhigen.

«Mit solchen Lügen will die Regierung ihr Zaudern vertuschen. Stellen Sie sich vor, der Bergsturz wäre am Wochenende gekommen. Eine ungeheure Katastrophe. Und deshalb ist es wichtig, dass jeder, jeder, jeder verantwortlich und zuverlässig handelt. Es gibt zu viele Pfuscher, Wichtigtuer, Grosssprecher, Intriganten, Dummköpfe, zu viele ...» Seine Stimme überschlägt sich, sein Kopf fällt vornüber auf die Brust, er bedeckt das Gesicht mit den Händen.

«Herr Professor ...» Härry springt auf, greift nach den Schultern des alten Mannes, hält ihn fest, damit er nicht vom Stuhl fällt.

«Lassen Sie mich nur, Härry», sagt Heim leise. «Es ist schon gut ...» Härry spürt, wie der hagere Körper zittert. Nur Haut und Knochen ist der alte Mann, zerbrechlich und verletzbar.

Er sagt: «Ich fahre noch heute nach Linthal. Morgen bin ich auf dem Berg.»

«Ist gut. Lassen Sie mich jetzt allein. Ich bin müde.» Albert Heim richtet sich wieder auf, lehnt im Stuhl zurück und schliesst die Augen. «Berichten Sie mir, schreiben Sie mir.»

«Aber gewiss, Herr Professor.» Härry verabschiedet sich.

«Danke für Ihren Besuch», sagt Heim leise. «Sie sind ein braver Mann.»

# Hilfe

1930

In Beantwortung der Interpellation Blumer führt der Redner aus, dass ihm von Missgriffen der Soldaten nichts bekannt sei, dass aber Strafen verhängt würden, falls sich solche wirklich ereignet hätten.
Unter einer Schar von siebzig Personen hat es immer einzelne, die zur Sache anderer nicht Sorge tragen. Von eigentlichen Ungehörigkeiten ist dem Redner indessen nichts bekannt. Wenn sie sich aber schon ereigneten, dann hatten die Betroffenen die Möglichkeit, beim Kommandanten des Detachements Beschwerde zu führen.
Die Wahrscheinlichkeit eines Stillstandes ist gering. Aber ein Stillstand ist auch gar nicht wünschbar. Das Verhängnis muss sich einmal lösen. (Verhandlungen des Landrates, Glarner Nachrichten, 27. November 1930)

Die Frau schluchzt leise. Kalt ist es in der Küche, die Decke und die Wände beim Ofen sind schwarz von Russ. Eine Auswärtige ist sie, denkt Frey, man hört es an der Mundart, obwohl sie versucht, den singenden Dialekt der Hinterländer nachzuahmen. Sie stammt aus dem Appenzellischen. Sieben Jahre wohnt sie hier, doch wer nicht im Tal aufgewachsen ist, bringt diesen Tonfall niemals zustande, ist sein Leben lang gezeichnet: Du gehörst nicht zu uns.

«Auch wir sind fremd hier, obwohl ich in Glarus aufgewachsen bin», sagt Frey ruhig. «Mein Bruder ist Pfarrer in Herisau, um kein Geld würde er zurückkehren.»

Ein Kind mit blonden Locken drückt sich ans Bein der Mutter, kratzt in den Haaren, sein Gesicht ist schmutzig. Im Halbdunkel kann Frey nicht erkennen, ob es ein Bub ist oder ein Mädchen. Die Frau greift sich ein Tüchlein aus der Schürzentasche, tupft die Augen trocken, schneuzt sich laut. «Ach, entschuldigen Sie, Herr Pfarrer.»

«Schon gut.» Er ist froh, dass sie nicht mehr weint, hilflos ist er dagesessen. Was soll er sagen? Einen Bibelspruch? Ein tröstendes Wort? Worte sind billig heutzutage, denkt er. Worte sind wohlfeil, bei Politikern, bei Armenpflegern, bei Pfarrern. Die Menschen brauchen anderes: Arbeit, Wohnung, Sicherheit, eine Zukunft.

Stille lastet in der Küche, die Augen des Blondschopfs starren ihn abweisend an. Frey beginnt von seinem eigenen Unglück zu erzählen, die erste Frau verstorben, von vier Kindern weg. Er musste wählen. Der Kilchenstock hat ihn angezogen, gerade wegen der Gefahr. Leicht wäre es gewesen, im Rheintal zu bleiben, seinen vielen Freizeitbeschäftigungen nachzugehen. Es gibt genug Pfarrer, die den bequemen Weg wählen, sich mit frommen Sprüchen ins Licht stellen und daneben ein gutes Leben führen. Er gehört nicht zu denen, er hat den schmalen, steinigen Pfad betreten, den auch Jesus vorgeschlagen hat.

Frey nimmt einen Schluck Kaffee, Fetzen von der Milchhaut schwimmen darin und Kaffeesatz, vielleicht schon einmal gebraucht, dann getrocknet und mit Zichorie vermischt.

«Ich danke Ihnen, Herr Pfarrer», flüstert die Frau. Tupft die Augen. Schneuzt sich nochmals. Ihr Mann ist vor zwei Jahren verunglückt beim Holzen, die Fabrik, die Brot gab, steht still, die paar Rappen vom Stempelgeld sind zuwenig zum Leben, zuviel zum Sterben. Und nun auch noch die Evakuierung, doppelter Mietzins und andere Mehrkosten.

«Ich wollte gar nicht weg.» Die Frau beginnt wieder zu schluchzen. «Hätte uns der Berg doch zugedeckt, es wäre das beste gewesen. Aber die Soldaten sind gekommen, haben einfach die Möbel aufgeladen. Und jetzt schauen Sie das einmal an ...» Sie geht zum Küchenschrank, nimmt Teller um Teller heraus, stellt sie vor dem Pfarrer auf den Tisch. Das Geschirr hat Sprünge, abgebrochene Ränder. Zwei Teller sind zerbrochen. Vom Umzug? Oder waren sie es schon zuvor? Der Blondschopf greift nach einer Scherbe, beginnt damit auf der Tischplatte zu kritzeln.

«Hör auf, Bälzli!» Die Stimme der Frau gellt durch die Küche, sie reisst dem Buben die Scherbe aus der Hand, schlägt ihn ins Gesicht. Er beginnt zu schreien, dann verschluckt er sich und ringt keuchend nach Luft.

Der hätte einen Coiffeur nötig, denkt Frey. Die Locken sind verfilzt, vielleicht hat er Läuse. Einen Coiffeur braucht er und ein warmes Bad. Und mehr Liebe.

«Wir werden Ihnen helfen», sagt Frey bedächtig. «Viele sind durch die Evakuierung in Not geraten. Wir haben eine Hilfsaktion eingeleitet, werden in der ganzen Schweiz Geld sammeln, Lebensmittel und Kleider. Es haben sich schon Leute gemeldet, die Kinder aufnehmen wollen, bis die Gefahr vorbei ist.»

Bälzli versteckt sich hinter der Mutter, krallt sich an ihren Rock. Wenn er den Pfarrer nicht sieht, kann der ihn auch nicht sehen, meint er wohl. Wenigstens schreit er nicht mehr.

«Das Kind fortgeben? Das Einzige, was ich habe?»

«Nur mit Ihrem Einverständnis natürlich, es würde Sie entlasten, bis alles vorbei ist.»

«Wann ist denn alles vorbei? Wissen Sie das, Herr Pfarrer?»

«Im Winter beruhigt sich der Berg, das weiss man. Ende Jahr ist die Gefahr vorbei.»

«Wird es später einen Bergsturz geben?»

Er zuckt die Achseln. «Das weiss niemand.»

«Wenn er nicht kommt, hätte alles keinen Sinn gehabt, die Angst, die Evakuierung, die Aufregung und die Schäden.»

«Vieles, was uns Menschen unsinnig erscheint, hat doch einen Sinn», sagt Frey. «Nur Gott allein kennt ihn. Wir müssen unser Schicksal annehmen.»

Er steht auf. Den Kaffee lässt er stehen.

«Trinken Sie doch aus, Herr Pfarrer. Oder ist der Kaffee etwa nicht recht?»

«Ich muss weiter, komme ein andermal wieder.»

Er gibt ihr die Hand, kraftlos erwidert sie den Druck.

«Wann dürfen wir auf Hilfe hoffen?»

«Bald», sagt Frey. «Sie werden ein Formular bekommen, dort können Sie alle Schäden eintragen.»

«Ein Formular?» Sie schaut ihn hilflos an.

«Meine Frau hilft Ihnen beim Ausfüllen.» Frey dreht sich um und geht.

Regen rieselt aus dem Gewölk, der Schmutz auf der Strasse fliesst in braunen Bächen bergab. Beim Schutzdamm rattert der Bagger, kreischen die Rollwagen auf den Schienen. Er bleibt stehen, zündet sich einen Stumpen an. Was habe ich mir wieder aufgebürdet? denkt er. Das Hilfskomitee, die Hilfsaktion. Schreibereien, Scherereien, danken wird es niemand. Ist das meine Pflicht? Gott allein wird es wissen.

Er geht zum Pfarrhaus, erst auf der Treppe kommt ihm in den Sinn, dass sie ja auch evakuiert sind und nicht mehr hier wohnen.

---

> Sollte dieser Zustand einige Wochen andauern, so ist gewiss, dass viele Familien wieder ihre früheren Wohnungen beziehen. Man ist der Meinung, mit Sprengungen doch zu versuchen, komme es dann wie es wolle, aber ein Ende muss es geben. Die Schulen, die geschlossen waren, sollen am nächsten Dienstag wieder mit dem Unterricht beginnen. Doch liegen die Schulhäuser in der Gefahrenzone und es ist unbegreiflich, dass dieses gestattet wird. (Neue Glarner Zeitung, 27. November 1930)

Dampf zischt aus Ventilen, hüllt die Lokomotive ein, die auf der Bahnstation steht. Kinder lehnen aus den Fenstern des Wagens dritter Klasse, vierzehn sind es, die zu Gastfamilien ins Unterland kommen. Gemeindepräsident Stüssi hält eine kurze Ansprache. Eine schwere Zeit, die man durchzustehen habe, doch dank der freundeidgenössischen Hilfe könne man der Zukunft mit Mut ins Antlitz blicken. Familien in Wald im Zürcher Oberland und in Neuhausen bei Schaffhausen hätten sich spontan bereit erklärt, den Kindern Obdach zu geben über die Weihnachtszeit. Er erinnert an früher. Zweitausend Kinder hätten nach der Franzosenzeit im Jahr 1800 das Tal verlassen müssen, viele der Kriegswaisen hätten später in der

Welt draussen ihr Glück gefunden. So habe auch das Unglück oft eine gute Seite.

Die Kinder schwenken die Schweizerfähnlein, die er verteilt hat. Eine gute Idee, so bekommt der Abschied eine fröhliche Note, es ist mehr eine Schulreise als eine Evakuierung. Die Eltern winken zurück. Stüssi faltet den Zettel zusammen, auf dem er Stichworte für seine Rede notiert hat.

«Sind alle da?» fragt er.

«Eines fehlt noch», sagt die Pfarrfrau, die mit einer Liste in der Hand aus dem Bahnwagen steigt.

«Wer fehlt?»

«Der Bälzli Streiff aus dem Vorauen.»

«Der Blonde mit der Rotznase?»

«Wir müssen fahren», sagt der Vorstand. «Es sind immer die gleichen, die sich nicht an die Zeit und an die Abmachungen halten können.» Er drückt die Uniformmütze auf die Nase, nimmt die Kelle von der Wand.

«Dort kommt er!» ruft ein Kind.

Beim Kosthaus taucht eine Frau auf, den Buben reisst sie an der Hand mit sich, er wehrt sich, schreit und tritt mit den Schuhen nach der Mutter.

Die Kinder im Wagen lachen und pfeifen. Gertrud geht der Frau entgegen, redet auf den Buben ein, der sich an seine Mutter klammert. «Du wirst ins Zürcher Oberland kommen. Zu der Familie Keller in Gibswil, in ein schönes Haus mit einem grossen Garten. Du wirst es gut haben. Komm doch.»

Die Mutter schaut auf den Boden, sie schämt sich.

Am Bahnhof tingelt die Glocke.

«Machen Sie endlich vorwärts!» ruft der Vorstand. Ungeduldig schlägt er mit der Kelle ans Hosenbein.

«Komm, gib mir die Hand, Bälzli», sagt Gertrud.

Doch der Bub beisst seine Mutter in die Hand. Sie stösst einen Schrei aus, lässt ihn fahren. Er rennt davon, fällt um, rappelt sich auf und verschwindet hinter dem Kosthaus.

Verzweifelt schaut die Frau Gertrud an. «Was kann ich nur machen? Er will einfach nicht fort.»

«Dann soll er halt bleiben», sagt Gertrud. «Zwingen wollen wir ihn nicht.»

Dampf qualmt in Wolken über das Dach des Bahnhofs. Der Zug fährt an, die Kinder schwenken die Fähnlein und winken. Dann beginnen sie zu singen.

---

Hotel und Metzgerei Raben Linthal nach wie vor geöffnet. Höflich empfiehlt sich. Fr. Heer. (Inserat, Glarner Nachrichten, 29. November 1930)

Arm in Arm spazieren die jungen Frauen durch Linthal, Mariella aus dem Heim, Babetta aus dem Sand. Sonne bricht durch die Nebelschwaden am Klausenpass, ein Strahl streift den Turm der katholischen Kirche. Ein Lastwagen rumpelt gegen das Dorf, hoch türmen sich auf der Brücke Schränke, Stühle, gerollte Teppiche.

«Kehren sie schon wieder zurück, oder ziehen sie erst aus?» fragt Mariella.

Babetta zuckt die Achseln. «Die einen kommen, die andern gehen. Niemand weiss genau, was vor sich geht.»

«Und der Berg? Glaubst du noch, dass er kommt?»

«Der Vater meint, er komme nicht, wenn wir es erwarten. In den alten Sagen habe der Berg die Menschen auch immer überrascht.»

Der Lastwagen biegt in die Scheidgasse ein, fährt ins Ennetlinth hinüber. Leer und grau steht die Fassade der Bebiéfabrik an der Strasse, Linthal ist ein Gespensterdorf geworden.

«Wo sollen wir hin?»

«Der Raben sei offen, stand in der Zeitung.»

«Ich lade dich zu einem Kaffee ein», sagt Mariella.

«Hast du denn Geld? Ich habe gemeint, ihr müsst alles abgeben im Heim?»

«Früher mussten die Mädchen alles den Schwestern geben, erst wenn sie auszogen, bekamen sie ihren Lohn. Vor zehn Jahren traten ein paar von uns der Christlichsozialen Gewerkschaft bei, und die erreichte, dass wir unseren Zahltag bekommen. Das heisst, das wenige, das übrigbleibt, wenn Kost und Logis abgezogen ist.»

«Heute muss man froh sein, wenn man von der Arbeit leben kann.»

«Aber für einen Kaffee reicht es noch.» Mariella lacht, sie greift in ihre langen Haare, streicht sie auf den Rücken, weisse Baumwollflocken kleben noch daran. Sie haben die Maschinen geputzt, wie jeden Samstag, da wirbelt der Staub, setzt sich ins Haar, auf die Haut, kriecht in die Lungen. Die jungen Frauen riechen nach Fabrik, so gut sie sich auch waschen.

Die Gaststube im Raben ist leer, trübes Licht fällt durch die Fenster auf der Strassenseite, gegen den Berg sind sie vernagelt. Der Wirt lehnt am Büffet, ein Weinglas in der Hand. Mit glasigen Augen starrt er die zwei Arbeiterinnen an, als sie eintreten. Sie bleiben stehen, schauen sich um.

«Hier wäre noch frei.» Ein junger Mann sitzt im Winkel neben der Tür, macht eine einladende Handbewegung. Er trägt eine Krawatte, auf der Bank liegt sein Hut. Fünfundzwanzig ist er vielleicht, doch seine Stirn ist schon faltig. Es ist der Textilmeister aus Schwanden. Heiss schiesst das Blut in Babettas Gesicht, verlegen bleibt sie stehen.

«Erinnerst du dich?» fragt er, steht auf und rückt einen Stuhl. Sie setzen sich an seinen Tisch.

«Zigarette?» Mariella zieht eine Parisienne aus dem Päcklein, das er aufreisst, lässt sich Feuer geben. Emil heisse er, sagt er.

«Du rauchst?»

«Warum nicht? Wegen dem Rauchen muss ich wohl nicht zum Pfarrer.»

«Warum musst du denn zum Pfarrer?» fragt Emil.

Babetta schweigt, schaut auf den Tisch, während er mit Mariella schäkert. Sie tanze halt gern, erzählt sie, das sähe der Pater nicht gern. Darum habe er sie ins Gebet genommen.

«Ich bin auch ein grosser Tänzer.» Emils Augen glänzen.

Der Wirt bringt Kaffee im Glas, dazu Rahm in einem Krüglein. Emil holt einen Korb mit Nussgipfeln vom Nebentisch. «Frisch abgestaubt», sagt er, «ich lade euch ein.» Bestellt für sich noch ein grosses Bier.

Mariella greift sich einen Nussgipfel, rückt näher zur Bank.

«Ich habe mich beim Schuler vorgestellt», berichtet Emil, «habe meine Zeugnisse vorgelegt. Vielleicht habe ich Glück, sie könnten einen Meister brauchen.»

«Der alte hat uns immer geplagt. Hoffentlich bringst du auch uns Glück.»

«Aber sicher!» Er schaut Mariella in die Augen. «Zweifelst du daran?»

Babetta nimmt einen Schluck Kaffee, der Rahm ist ranzig und gerinnt in Flocken. «Ich muss jetzt heim.» Sie steht auf. «Danke für den Kaffee.»

«Jetzt schon?» Er schaut sie mit seinen seltsamen Augen an, eines ist braun, das andere halb grün. Sein Gesicht ist bleich, faltig schon. Er ist ein Textiler und doch keiner wie die andern. Die Welt kenne er, hat er erzählt, Paris, Strassburg, Köln. Grosse Städte, fremde Menschen, gewiss auch Frauen. Französisch spreche er so gut wie Glarnerdeutsch und auch ein paar Wörter Italienisch.

«Warum suchst du eigentlich im Hinterland Arbeit?» fragt Babetta.

«Vielleicht suche ich eine Frau», grinst er. «Die Glarnerinnen sind doch die besten. Obwohl sie manchmal einen eigenen Grind haben.»

Er hält ihre Hand fest. «Wir sehen uns wieder, gell?»

«Wenn du die Stelle beim Schuler bekommst, jeden Tag.» Babetta macht sich los.

Schnell geht sie durchs Dorf, das noch immer verlassen ist, obwohl der Berg nicht kommen will, aller Angst und allen Prophezeiungen zum Trotz. Auch er hat einen eigenen Grind, denkt sie, er lässt sich nicht befehlen und nicht zähmen. Er ist halt auch ein Glarner. Babetta liebt den Berg, je wilder er sich gebärdet, um so mehr.

Es wird gegenwärtig an der Felswand E – M eine Horizontallatte montiert und in der Schutzhütte Zugegg beim Punkt K ein Beobachtungspfeiler errichtet. Mit Hilfe eines auf dem Pfeiler aufgestellten und in eine feste Richtung eingestellten Fernrohres wird es einem Beobachter möglich sein, die täglichen Bewegungsgrössen an der Horizontallatte abzulesen. (7. Vermessungsbericht Hans Härry, 14. November 1930)

«Es ist wieder Gottesdienst heute», sagt Zweifel, als sie an den Rand der Runse treten und in der Tiefe die Kirche erblicken. «Sonst wäre der Pfarrer auch mitgekommen.»

«Hast du etwa ein schlechtes Gewissen?» lacht Vögeli.

«Ich nicht, aber meine Frau», brummt Zweifel. «Sonntagsarbeit ist Sünde, sagt sie. Wollt ihr damit den Kilchenstock herausfordern?»

Wie als Antwort kracht ein Felsblock durch den Abbruch hinab in die Tiefe. Sie schauen ihm nach, wie er an die Wände der Runse prallt und in Stücke zerstiebt.

«So wird der ganze Berg zerbröckeln», sagt Vögeli. «Von Bergsturz keine Spur. Oder was meinen Sie?»

Ingenieur Härry beschreibt mit der Hand einen Bogen über den Abbruch. «Entweder er kommt bald, oder er kommt nie. Das habe ich in meinem letzten Bericht deutlichgemacht. Nach den Berechnungen der Geologen müsste der Bergsturz bereits stattgefunden haben. Allmählich komme ich zur Ansicht, dass ihre Modelle zu pessimistisch sind.»

Wieder bricht ein Felsblock los, rutscht durch Geröll, reisst eine kleine Schuttlawine mit.

«Wenn die da unten noch ein bisschen beten, kommen wir vielleicht ungeschoren davon.» Zweifel schneuzt sich in ein gelbes Taschentuch. Dann steigen sie schweigend weiter, über nasse Graspolster und glitschige Felsstufen, immer am Rand des Abbruchs. Er trägt die Messlatte auf der Schulter, die andern Rucksäcke mit Werkzeug. Die Hanfseile haben sie kreuzweise um die Brust gehängt. Bei einer Tanne halten sie an. Die Wurzeln spannen sich spinnwebenartig über den Boden, der von Rissen durchsetzt ist.

«Als ob der Baum den Berg zurückhalten wollte.»

«Das ist doch die Ursache des Unglücks. Man hat zuviel Holz geschlagen, Raubbau getrieben. Die Baumwurzeln haben den Schutt früher zusammengehalten.»

«Vielleicht», sagt Härry. «Andererseits sind die Alpen in ständiger Bewegung, sie sind ein junges Gebirge. Es ist, wie wenn ein Steinhaufen immer höher und höher wächst. Irgendwann und irgendwo muss der Hang rutschen. Pech, dass es jetzt gerade hier so weit ist.»

«Pech für die einen, Glück für die andern», meint Vögeli.

«Glück für wen?»

«Für alle, die daran verdienen. Die Bauunternehmer, die Wirte, die Zeitungen und die Gutachter ...»

«Ich könnte mir eine angenehmere Arbeit vorstellen, als am Sonntag hier Kopf und Kragen zu riskieren», schneidet ihm Härry das Wort ab.

«Entschuldigung», murmelt der junge Mann verlegen. «Man erzählt das halt im Dorf. Die Leute sind wütend. Sie sind aus ihren Häusern weggezogen, einige hat das Militär fast mit Gewalt fortgeschleppt. Und jetzt geschieht nichts.»

Er schlingt das Seil um den Baum, Zweifel hat es schon am Bauch. Vorsichtig quert der Förster in die Wand hinaus, immer bereit, sich zu ducken, wenn Steine fallen. Aber es bleibt so ruhig, dass er im Tal die Kirchglocken hört. Der Pfarrer hält Predigt, setzt ein Zeichen, dass man das Dorf nicht aufgeben will, dass man weiterkämpft, trotz allem.

Eiskalt sind die Griffe, die Zweifel rüttelt, bevor er sich festhält. Bricht ein Felszacken weg, so schleudert er ihn hoch im Bogen in den Abgrund. Weit spannt sich das Seil schon über die Wand, die Hanffasern sind nass und schwer. Jetzt würde es einen Sturz wohl nicht mehr aushalten, es würde reissen oder den jungen Vögeli aus dem Stand werfen, denkt Zweifel. Sie würden wie Felsbrocken durch die Runse in die Tiefe rollen, gegen die Wände prallen, irgendwo hängenbleiben, wo sie niemand mehr holen kann. Seine Hände beginnen zu zittern, fast schwindelt ihn. Zweifel bleibt stehen, über ihm springt der Fels vor, schützt das Band vor dem Regen. Er klammert sich an einen Felszacken.

«Was ist los?» ruft der Ingenieur.

«Ich muss mir einen Stumpen anzünden.»

«Bleiben Sie stehen. Dort ist der richtige Platz für die Messlatte.»

Zweifel zieht einen Stumpenstummel aus der Jackentasche, zündet ihn an, zieht den Rauch in die Lungen. Allmählich lässt das Zittern in den Gliedern nach. Jetzt kann er wieder in die Tiefe schauen, ohne dass er weiche Knie bekommt. Kämpfen, denkt er. Das ist unser Schicksal. Das ist wohl der Sinn unseres Lebens. Lieber gegen den Berg kämpfen, als auf dem Schlachtfeld gegen Menschen. Lieber von einem Felsblock erschlagen werden als von einer Granate zerrissen. Eigentlich haben wir es ja gut, trotz allem.

«Was ist los, Zweifel?» ruft Härry nochmals, mit den Händen bildet er einen Trichter.

«Alles in Ordnung.» Zweifel winkt mit dem Hut. Dann beginnt er mit dem Kreuzmeissel das erste Loch zu schlagen für die Dübel, an denen die Messlatte verschraubt wird. Manchmal fallen Steine, er hört ihr Sirren in der Luft, bevor sie unter ihm aufschlagen und zersplittern.

---

Gli ultimi giorni di un paese.

Condannato a morte.

Una indicibile tristezza grava su queste popolazioni, e lugubri previsioni si vanno diffondendo. Si dice, ad esempio, che l'anno in corso è particolarmente favorevole alle catastrofi sismiche e meteorologiche; si vive sotto l'incubo di una fatalità. Gli uomini che incontrate per la strada e che sembrano usciti da un quadro dell'Hodler, tanto sono duri e schietti, vi salutano con un tono che vuol dire «arrivederci». (Corriere della Sera, 23. Novembre 1930)

«Harre, meine Seele, harre des Herrn ...», singt die Gemeinde, dürftig hallt es von den Wänden des Kirchenschiffs. Die Orgel zieht den schleppenden Gesang vorwärts wie die Lokomotive einen trägen Zug, stets eilt sie einen halben Takt voraus. Pfarrer Frey steht auf der Kanzel, heiser ist er, erkältet, vielleicht hat er Fieber. Er lässt sich mitschleppen und versucht, seine Gedanken zu fassen.

«... Alles ihm befehle; hilft er doch so gern ...»

Draussen rumpelt ein Lastwagen vorbei, der Bagger springt an. Selbst am Sonntag wird am Schutzdamm gebaut, Steine werden behauen, eine Trockenmauer aufgeschichtet, mit Erde hinterfüllt. Sechzig Tage hat die Baufirma Zeit.

In den Bänken sitzen fast nur Frauen, sie schauen ins Gesangbuch auf den Knien, ihre Lippen bewegen sich kaum. Coiffeur Zweifel, allein in der vordersten Reihe sitzend, lässt seine Augen umherwandern, den Mund hält er geschlossen. Sonst bewegt er ihn ohne Unterbruch, denkt Frey, auch wenn er nicht sollte, oder vor allem dann. Ist es wirklich so, dass der Herr gerne hilft? Oder gilt eher die alte Weisheit «Hilf dir selbst, so hilft dir Gott»? Was soll man noch glauben in diesen Zeiten, wo selbst Theologen zweifeln und verzweifeln?

«... Sei unverzagt; bald der Morgen tagt ...»

Der Coiffeur ist sonst kein Kirchgänger, doch heute ist er in tadellosem Schwarz erschienen, die Schuhe blank poliert, die Haare pomadisiert und gescheitelt. Hat sich zuvorderst hingesetzt, als ob er demonstrieren wollte: Hier bin ich, hier bleibe ich, ich lasse mich nicht vertreiben, weder vom Berg noch vom Regierungsrat noch vom Militär. Man erzählt von einer wüsten Auseinandersetzung mit einem Offizier, der fast handgreiflich geworden sei. Doch Fritz und seine Katze haben gewonnen, sie sind geblieben.

«... und ein neuer Frühling folgt dem Winter nach ...»

Frühling, denkt Frey. Und dann? Kommt der Berg diesen Herbst nicht herab, wird auch der Frühling nicht die Befreiung bringen, sondern neues Bangen, neue Ungewissheit, neuen Zwist. Alles hat sich ins Gegenteil verkehrt. Heute hoffen wir auf den Winter, auf die Kälte, auf Schnee und Eis, wo wir sonst den Frühling, die Wärme, den Sommer kaum erwarten können. Vielleicht will uns der Berg die Bescheidenheit unseres Seins in Erinnerung rufen, will uns sagen, dass unsere Werte, unsere Hoffnungen nur ein winziger Teil des Ganzen sind, unbedeutend und unwichtig selbst in den Augen Gottes. Undurchschaubar ist sein Plan, wir können nur vertrauen oder verzweifeln. Einen Mittelweg gibt es nicht.

«… In allen Stürmen, in aller Not, wird er dich beschirmen, der treue Gott …»

Die Orgel verhallt, Stille kehrt ein. Frey lässt sie wirken, der Bagger dröhnt fern in einer andern Welt. Unterdrücktes Husten kommt auf, ungeduldiges Scharren von Füssen. Auf dem Taufstein brennt eine Kerze, es ist der erste Advent. Trauriger Advent. Er nimmt die Blätter, die er mit dem Text der Predigt beschrieben hat, tief in der Nacht noch, nach einem anstrengenden Tag. Laut liest er vor, und seine Stimme hallt im weiten Raum: «Denn die Berge mögen weichen und die Hügel wanken, aber meine Gnade soll nicht von dir weichen und mein Friedensbund nicht wanken, spricht der Herr, dein Erbarmer.»

Und so sei denn, so legt er das Wort des Propheten aus, diese schwere Zeit nicht nur eine Prüfung, sondern auch Anlass zu Hoffnung. Sie lasse einen erfahren, dass man nicht allein sei, sondern gemeinsam mit den Nächsten und mit Gott einen Weg finden werde. Coiffeur Zweifel macht ein ernstes Gesicht, nickt ab und zu, die Frauen blättern in den Gesangbüchern. Manchmal kommt es Friedrich Frey vor, als rede da einer auf der Kanzel vor ihm, während er hinter ihm steht und zuhört.

---

In Linthal hat sich ein Lokalkomitee gegründet, das sich zur Aufgabe macht, die eingehenden Spenden richtig und zweckmässig zu verwenden. Man hört landauf, landab die Behauptung, dass die eingeleiteten Sammlungen des Gewerbeverbandes und anderer Institutionen verfrüht und eigentliche Notlagen nicht vorhanden seien. Demgegenüber stellen wir fest:

1. Eine gewisse Notlage ist durch die Industriekrisis schon vorher eingetreten.

2. Die Notlage ist in sehr hohem Masse verschärft worden durch die schwerwiegenden Prognosen. Handel und Gewerbe liegen darnieder – wer baut noch? Wer kauft ein, was nicht zum körperlichen Unterhalt dient?
3. Sehr viele Familien sind disloziert, auseinandergerissen und zum Teil nur gastweise, also provisorisch untergebracht.
Für das Lokalkomitee. Der Präsident: F. Frey, Pfarrer
(Glarner Nachrichten, 2. Dezember 1930)

Breit steht der Bauerngeneral in der Stalltür, in der rechten Hand hält er den Striegel, in der linken die Bürste. Er ist am Küheputzen, als der Pfarrer kommt. Sie sprechen über das Wetter, früh schon ist Schnee gefallen auf den Alpen. «Es wird einen harten Winter geben», sagt Heinrich Schiesser. «Viel Schnee, ich habe eine gute Nase, glauben Sie mir, Herr Pfarrer.»

«Eine gute Nase ist viel wert», wirft Frey hin. «Diesen Winter sind wir froh um den Schnee und die Kälte.»

«Wir nehmen's, wie's kommt.» Schiesser bleibt in der Tür stehen, als wolle er dem Pfarrer den Zutritt zu seinem Reich versperren.

Frey schaut an ihm vorbei in den Stall, wo die Kühe in einer Reihe stehen, die Schwänze aufgebunden, frisches Stroh unter den Hufen. «Sauberes Vieh, sieht gut aus.»

«Wir wollen nicht klagen.» Schiesser wendet sich etwas zur Seite. «Wollen Sie hereinkommen?» Er streicht einer Kuh mit der Bürste über das breite Hinterteil, setzt den Striegel an, kratzt ihr den Mist vom Schenkel.

«Ein Musterbetrieb», lobt Frey. «Viele Neuerungen hätten Sie eingeführt, erfährt man.»

Schiesser scheint noch zu wachsen, mit ausladenden Handbewegungen erklärt er das System der Tiefkrippen, das er aus Österreich mitgebracht hat, das Füttern wird dadurch bequemer. Stolz sagt er: «Sehen Sie, ich war ein einfacher Bauernbub vom hintersten Krachen, ab der Reitimatt. Doch ich habe Schulen besucht, den Strickhof in Zürich, den Plantahof im Bündnerland. Als Bauernpräsident muss man Vorbild sein.»

«Als Pfarrer wohl auch.» Frey lächelt. Mit der Hand greift er zur Brusttasche, wo eine Brissago steckt. Lässt sie gleich wieder sinken.

«Die einfachen Leute brauchen Führung. Besonders die Bauernsame, sie ist verschuldet und gevogtet von den Banken und vom Staat.»

Die Kuh hebt den Schwanz, grüner Kot platscht in die Rinne, Frey weicht einen Schritt zurück. «Ho, ho, Lisette», ruft Schiesser. Greift nach einer Schaufel, schöpft den dampfenden Kuhfladen aus dem Graben und klopft ihn in eine Benne.

«Sie sammeln Unterschriften, habe ich gehört.»

«Es muss etwas geschehen, Herr Pfarrer. Es kann nicht mehr so weitergehen. Die Leute sind verunsichert und verängstigt. Jemand muss einen Weg zeigen.»

«Eine Sprengung wäre aber ziemlich der dümmste Weg. Das sagen alle Fachleute. Haben Sie gesehen, wie es oben am Berg aussieht?»

Schiesser greift wieder nach dem Striegel, nimmt die nächste Kuh dran. «Wir kennen den Berg, Herr Pfarrer. Den müssen wir uns nicht von Auswärtigen erklären lassen.»

«Auch nicht vom Pfarrer, meinen Sie.»

Schiesser dreht sich um, macht einen Schritt auf Frey zu, er überragt ihn um einen Kopf, sein Scheitel berührt fast die Stalldecke. «Man sagt, Sie seien der Knecht der Geologen. Sie seien mehr auf dem Kilchenstock als in der Kirche und bei den Leuten.»

«Wenn ich ein Knecht bin, dann einzig und allein der Knecht meines Gewissens», gibt Frey heftig zurück. «Nur mein Gewissen sagt mir, was ich zu tun habe, kein Geologe und kein Einheimischer.»

Schiesser stösst die nächste Kuh mit dem Ellbogen in die Seite, sie weicht mit einem kleinen Sprung. Das ist also die Sprache, die der Bauerngeneral versteht, denkt Frey, und fährt in lautem Ton fort: «Sie haben Stimmung gegen den Zusammenschluss der Korporationen gemacht. Gehen Sie doch in dieser Frage voran! Zeigen Sie den Leuten, welches politisch der vernünftige Weg ist.»

«Die alten Körperschaften haben ihre Sache recht gemacht. Warum will man sie denn abschaffen?» Schiesser senkt den Kopf wie ein Stier, der sich angegriffen fühlt.

«Jetzt ist Solidarität nötig, nicht Eigennutz. Miteinander, nicht Bauern gegen Arbeiter, Arbeiter gegen Unternehmer, Einheimische gegen Auswärtige, Theologen gegen Geologen und alle zusammen gegen den Staat und die Kirche.»

Der Bauer denkt nach. «Dann schliesst doch die Korporationen meinetwegen zusammen. Den Berg haltet ihr damit nicht auf.» Er dreht sich abrupt um und macht sich an der Kuh zu schaffen. Der Pfarrer geht durch den Stall, atmet den Geruch von trockenem Mist, Heu und Milch. Kuhglocken mit bestickten Lederbändern hangen an einer Wand, daneben gedrechselte Melkstühle, blankgeputzte Kessel. In einem Verschlag liegt ein Kalb im Stroh. Er streichelt seinen Kopf, es zuckt mit dem Ohr, leckt mit der rauhen Zunge seine Hand. Schiesser stösst die Benne vorbei, kippt sie draussen auf den Miststock.

«Vor zwei Tagen geboren, gesund und gefrässig ...», sagt er, als er zurückkommt.

«Sie haben Glück im Stall», sagt Frey. Das Eis ist wieder gebrochen.

Später sitzen sie in der Küche beim Kaffee, die Bäuerin schneidet dicke Scheiben Schwarzbrot von einem Laib, ein Stock Butter liegt auf einem Teller, daneben steht Konfitüre in Gläsern und eine Art Melasse, aus Löwenzahnblüten eingekocht. Käse, Speck und Rauchwürste türmen sich auf Brettchen. Frey greift zu. Schiesser erzählt, während er einen Landjäger aufschneidet. Hunger habe man gelitten im Weltkrieg. Da habe er die Initiative ergriffen, eine Organisation gegründet, die Saatgut beschaffte, Werkzeuge, Lebensmittel. Daraus sei die landwirtschaftliche Genossenschaft gewachsen. Früher habe jeder Bauer auf eigene Faust Milch verkauft, vom Ennetlinth habe einer zwei Liter ins Dorf getragen, der andere vom Tierfehd drei Liter auf die Matt. Er habe dann mit Käsen begonnen und die Milchgenossenschaft aufgebaut. «Keiner weiss so gut, was Solidarität bedeutet wie ich.»

«Das klingt ja fast sozialistisch», meint der Pfarrer. Beisst in ein Brot, das dick mit Butter bestrichen und mit gut durchwachsenem Speck garniert ist.

«Gewiss nicht! Die Sozialisten wollen zwar die Arbeit genossenschaftlich organisieren, das ginge ja noch an, aber sie wollen gleichzeitig den Boden enteignen, unser höchstes Gut. Sie wollen uns in Kolchosen zwingen wie in der Sowjetunion. Dann befehlen Beamte, die keine Ahnung von der Landwirtschaft haben. Jetzt fliehen die Bauern in Massen wegen Stalins Zwangskollektivierung.»

«Von Verstaatlichen redet doch niemand bei uns. Nur von mehr Zusammenschluss, mehr Miteinander statt Gegeneinander.»

«Sehen Sie, wir Bauern müssen jetzt einmal für uns selber schauen. Die meisten sind so verschuldet, dass ihre Betriebe kaum mehr lebensfähig sind. Unser Ziel ist eine grosse nationale Organisation, um endlich eine politische Kraft zu werden.»

«Die Nationalsozialisten in Deutschland spannen auch die Bauern vor ihren Karren. Die Landvolkbewegung macht sogar Bombenattentate gegen den Staat.»

«Die deutschen Bauern sind verzweifelt, sie wehren sich gegen Pfändungen, Zinsen, gegen neue Steuern.»

«Aber Ihnen geht es doch ausgezeichnet, Schiesser. Sie haben ja eine exzellente Pacht bekommen.»

«Wir haben Glück gehabt, doch wer weiss, wie lange.»

«Warum?» fragt Frey.

«Ich zinse der Firma Kunz.»

«Sie haben das schönste Land, flach, fruchtbar, mitten im Dorf. Verlangt Kunz zuviel?»

«Die Fabrik gehört Juden», sagt Schiesser. «Da weiss man ja nie …»

Aha, denkt Frey. Daher weht der Wind. Gibt zurück:

«Auch unser Heiland war Jude.»

«Die Juden haben ihn gekreuzigt, habe ich im Unterricht gelernt. Stimmt das etwa nicht?»

«Es waren die Mächtigen, die Pharisäer, die Reichen und die römischen Soldaten. Nicht das Volk.»

«Die Juden sind mächtig. Sie beherrschen insgeheim Politik und Wirtschaft. Meine Zinsherren besitzen Fabriken in aller Welt.»

«Aber sie sind doch recht mit Ihnen.»

«Sie können rechnen, das ist alles. Einen Pächter wie mich finden sie weit und breit nicht mehr.»

«Die Familie Wolf hat, soviel ich weiss, die Spinnerei Kunz vor dem Bankrott bewahrt, kurz vor dem Krieg. Und auch in der gegenwärtigen Krise führen sie den Betrieb weiter.»

Schiesser beugt sich über den Tisch: «Gegen die Wolfs persönlich will ich nichts gesagt haben. Aber das Weltjudentum ist schuld an der Wirtschaftskrise. Es war schuld am Weltkrieg.»

«Ich habe Verwundete gepflegt im Krieg», erwidert Frey, «Menschen ohne Beine, Menschen mit einem halben Gesicht, Menschen, die den Verstand verloren haben im Schützengraben. Es waren aber nicht Juden, die sie an die Front geschickt haben.» Er steht auf, bedankt sich bei der Bäuerin, die schweigend zugehört hat.

«Schön war der Gottesdienst am Sonntag, Herr Pfarrer», sagt sie. «Wir wollen doch hoffen, dass alles noch gut komme.»

Schiesser begleitet ihn ins Freie. Sein Händedruck ist kurz und hart. Beim Bahnhof zündet Frey eine Brissago an. Seine Hand zittert, der Wind bläst ihm den Strohhalm immer wieder aus.

---

Wer sich über ungenügende Wohnverhältnisse, sei es in der Gemeinde selbst oder auswärts, zu beklagen hat, wende sich vertrauensvoll an den Präsidenten unseres Hilfskomitees, Herrn Pfarrer F. Frey. Im übrigen aber müssen wir darauf aufmerksam

> machen, dass Leute, die den behördlichen Weisungen keinerlei Beachtung schenken oder sich ihnen gar widersetzen, auf eine Unterstützung aus den den Behörden glücklicherweise zur Verfügung stehenden Mitteln selbstverständlich zu verzichten haben. (An die Einwohnerschaft im bergsturzbedrohten Gebiet der Gemeinde Linthal. Der Gemeinderat, 5. Dezember 1930)

Der Schrank bleibt im Treppenhaus stecken, schief hängt er über dem Geländer, klemmt auf den Stufen, an der Decke und an den Wänden. Heinrich Sigrist flucht. «Einmal muss er doch da heraufgekommen sein. Also sollte er auch wieder hinab.»

«Waren Sie dabei?» fragt der Chauffeur des Möbelwagens, der auf der Strasse steht und an einem Zündholz kaut.

«Er gehörte schon meinen Eltern.»

«Das Haus ist wohl in der Wäsche eingegangen», lacht Coiffeur Zweifel, der von der Strasse aus zugeschaut hat und jetzt seinen Kopf durch die Tür streckt.

«Halt's Maul! Hilf gescheiter!»

Zu dritt drücken und zirkeln sie, doch es ist nichts zu machen. Der Schrank kommt nicht aus dem Haus heraus, wie er einst hereingekommen ist, bleibt ein Rätsel. Vielleicht ist das Treppenhaus umgebaut worden, oder es hatte früher kein Geländer. Auseinandernehmen lässt sich der Schrank auch nicht. Also trägt man ihn wieder hinauf, da steht er nun mitten im Raum, der die Schlafkammer war und jetzt leer ist. Die Bodenbretter knarren unter den Tritten der Männer, kleine Sägemehlhäufchen von Holzwürmern sind unter dem Schrank zum Vorschein gekommen.

«Die haben doch das Haus um den Kasten herumgebaut», sagt der Chauffeur. «Am besten lassen Sie ihn stehen, irgend jemand kann ihn dann schon brauchen, zumindest zum Heizen.»

«Der Kasten will nicht fort, Heiri. Wie meine Katze!» Der Coiffeur grübelt mit dem Zeigefinger im Ohr. «Bleib doch auch. Was hast du denn im Zürichbiet unten verloren?»

«Nichts», sagt Sigrist. «Aber hier habe ich alles verloren.

Das Haus, die Arbeit, die Hoffnung. Nach Neujahr können wir anfangen, beim Braschler in Wetzikon.»

«Gabriel Zweifel meint, mit dem Braschler gehe es auch bergab.»

«Dummes Geschwätz. Meinst du, der hätte uns sonst eingestellt!»

«Der Gabriel war Prokurist beim Bebié, der muss es wohl wissen.»

«Braschler sucht tüchtige Leute, entlässt dafür die Faulen. So ist das heute.» Sigrist schliesst die Fensterläden.

Zweifel sagt leise: «Jetzt sind dann bald alle fort.» Lichtstreifen fallen auf sein Gesicht, das stets lacht, aber nun traurig wirkt, fast verzweifelt.

«Geh doch auch. Dann bekommst du wenigstens einen Beitrag vom Hilfskomitee. Und ein Weihnachtsgeschenk. Zwanzig Franken erhält jeder.»

«Ich gehe nicht. Niemals!» Zweifel ballt die Faust, schlägt trotzig gegen die Wand. Staub rieselt von der Decke. Dann dreht er sich um, stampft ohne Gruss die Treppe hinab.

Dicke nasse Schneeflocken fallen, ein weisses Leintuch hat sich über den Hang des Kilchenstocks gebreitet, bedeckt die hässlichen Narben der Runsen, die Schuttkegel und das Geröll. «Reiner weisser Schnee, o schneie. Decke beide Gräber zu …» Das Gedicht fällt Sigrist ein, das er irgendwann gelernt hat in der Schule. Wie geht es weiter? «Dass die Liebe uns gedeihe, still und kühl in Wintersruh …»

Der Chauffeur reisst ihn aus den Gedanken, er will fahren, bevor er noch Schneeketten montieren müsse, sagt er. Nach Wetzikon sind es ein paar Stunden.

Als sie schon in der Kabine sitzen, kommt ein Mann auf der leeren Strasse dahergeschritten, hebt die Hand.

«Ist das der Dorfpolizist?» fragt der Fahrer.

«Nein, der Gemeindepräsident. Warten Sie.» Sigrist kurbelt das Fenster hinunter.

Bernhard Stüssi hält ein maschinengeschriebenes Papier in

der Hand, schon ganz durchweicht ist es von den Schneeflocken. «Geht ihr oder kommt ihr?»

«Wir gehen. Für immer», sagt Sigrist trocken. «Ich habe eine Stelle in Wetzikon.»

«Geht ihr wegen dem Berg oder wegen der Arbeit?»

«Wir gehen, weil wir müssen.» Sigrist macht eine Handbewegung über das Dorf hinweg zum Berg. «Egal warum. Bisher hat es dich ja auch nicht interessiert.»

«Dann kann ich euch von der Liste der Evakuierten streichen? Wegen dem Weihnachtsgeld, meine ich.»

«Mach, was du willst.» Stüssis eifriges Gehabe widert ihn an. Hat er nichts Gescheiteres zu tun, als mit Namenslisten im Dorf herumzuweibeln, den Polizisten zu spielen, der Herr Regierungsrat und Gemeindepräsident. Gewiss gäbe es wichtigere Aufgaben, jetzt wo das Dorf in Not ist.

«Wir müssen kontrollieren», sagt Stüssi, als hätte er Sigrists Gedanken gelesen. «Es gibt Leute, die haben sich auf die Liste setzen lassen, obwohl sie gar nicht wirklich evakuiert sind. Um sich Hilfsgelder zu erschleichen.»

«Wegen zwanzig Franken ... Und das traust du mir zu? Das hätte ich nicht gedacht von dir.»

«Wir haben die Pflicht zu kontrollieren. Im Interesse der Ehrlichen und der Bedürftigen.»

Der Fahrer lässt den Motor anspringen. Stüssi ruft: «Du hast dich scheint's beim Tagwen wegen Land erkundigt.»

«Sie verkaufen nichts, das wirst du ja wissen. Hättest dich ja für mich einsetzen können.»

«Was wolltest du mit dem Boden? Spekulieren? Heute billig einkaufen, morgen teuer verkaufen, wenn die Gefahr vorüber ist?»

«Arschloch!» Sigrist kurbelt das Fenster hinauf, tippt mit dem Finger an die Schläfe. Der Möbelwagen kommt ruckweise in Fahrt, die Reifen drehen kurz durch, dann greifen sie. Bei der Fabrik biegen sie auf die Kantonsstrasse ein, Sigrist schaut weg, die Fenster starren ihn an wie die leeren Augen eines Irren.

«Eine eigenartige Stimmung habt ihr im Dorf», sagt der Chauffeur.

«Die Angst macht die Menschen kaputt», murmelt Sigrist.

---

> Da ich mich seit Jahren mit den kosmischen Ursachen von Erdbeben, Grubenunglücken und Bergstürzen ausserberuflich beschäftige, interessierte mich diese Nachricht und ich versuchte, sogleich einen Überblick zu erlangen, inwieweit ein kausaler Zusammenhang mit den kosmischen Korrelationsfaktoren des unter 9 Grad östl. Länge und 47 Grad 10 Minuten nördlicher Breite liegenden Kilchenstockes festgestellt werden kann. Verglichen mit den Gravitationsfaktoren des Bergsturzes von Lyon, der in der Nacht vom 12. auf den 13. November stattfand, besteht die grosse Wahrscheinlichkeit, dass der Lösungsprozess der inneren Bindung des Gesteinskonglomerates bis 19. Dezember 1930 abgeschlossen sein wird und am 20. Dezember der Bergsturz in seinem ganzen Ausmasse erfolgen könnte. (Ferdinand Hoyer, Keplerstrasse 38a, Graz. An die Stadtverwaltung in Glarus, 2. Dezember 1930)

Der Duft von Zimt und Anis zieht durch Küche und Stube. Die Mutter ist aufgestanden, schwach noch, aber schon wieder rastlos tätig. Thomas liegt in der Zaine und schläft. Margrit und Anni schieben Bleche mit Mailänderli und Zimmetsternen in den Backofen. Die Mutter sitzt mit Babetta am Stubentisch, sie rollen den Anisteig zu langen Würsten, schneiden kurze Stücke ab, in die sie mit dem Messer Zacken einkerben. Die Chräbeli werden vor dem Backen an der Luft getrocknet, hart sind sie und süss.

Es klopft, als die Mutter und die Töchter in der Küche beim Kaffee sitzen. «Herein!»

Die Tür geht nur einen Spalt auf, ein bleiches Gesicht schaut herein, die Augen bleiben an der grossen Schüssel mit Mailänderli hängen, die auf dem Tisch steht.

«Sei doch nicht so schüchtern, Jost», ruft Babetta, Anni zieht den Burschen am Ärmel in die Küche.

«Ich wollte nur ...», stottert er.

«Sitz ab, trink einen Kaffee, und iss ein paar Guezli!»

Sein Gesicht, das mit Pickeln übersät ist, läuft rot an. Er drückt sich neben Babetta auf die Bank, macht sich dünn, dass er sie nicht berührt, greift verstohlen nach einem Mailänderli, steckt es dann gierig in den Mund. Die jungen Frauen bestürmen ihn mit Fragen, doch er gibt nur verstockt Auskunft, sagt ja oder nein oder zuckt mit den Schultern.

«Linthal ist ja noch immer evakuiert, oder?» Jost nickt.

«Aber ihr seid ja nie hierhergekommen. Wo wohnt ihr denn?»

«Zu Hause.» Kaum, dass er das Wort über die Lippen bringt. Ob die eingestellten Möbel noch in der Scheune bleiben könnten, lasse der Vater fragen.

«Habt ihr denn keine Angst?»

Er kaut hastig, bedeckt dabei den Mund mit einer Hand. Nuschelt: «Der Vater sagt, der Berg bleibe schon ruhig. Und sonst ...»

«Was sonst?»

Er zuckt leicht mit den Schultern, es ist mehr ein Zittern, das durch seinen dünnen Körper zieht.

«Hast du denn Angst?» Er schüttelt den Kopf heftig, als müsse er sich selber überzeugen. Ein Bursche in der letzten Schulklasse darf doch keine Angst zeigen. Man würde ihn noch mehr auslachen als sonst schon. Seit er beim Pfarrer war, ist er ohnehin das Gespött von allen.

Babetta stellt eine Kachel voll Milchkaffee auf den Tisch. Jost packt sie mit beiden Händen, setzt sie an und trinkt mit lautem Schlürfen. Nach und nach bringen sie aus ihm heraus, dass die Mutter fort möchte, aber es nehme sie niemand auf. Zum Pfarrer wolle der Vater nicht. «Der Vater ...» Wieder stockt er, fährt nach einer Pause fort: «Wenn man nachfrage, lasse der Vater ausrichten, dann solle man doch sagen, sie hätten im Heu geschlafen.»

«Warum denn?» fragt die Mutter.

«Wegen dem Weihnachtsgeld», sagt Babetta. «Stimmt es?»

Jost nickt. Dann steht er auf. Sie wickeln ihm eine Handvoll Gebäck in Zeitungspapier ein.

Sehr geehrter Herr Pfarrer!
Es handelt sich da wirklich um ein falsches Gerücht, das Unglück stiften könnte. Die Gefahr besteht unverändert. Ein bedeutender Bergsturz, der einen Teil des Dorfes Linthal zerstören wird, wird sich unabwendbar ereignen. Es ist nicht denkbar, dass diese gelöste, immer schneller sich bewegende Masse von c.a. 500 000 $m^2$, die auf einer Gleitfläche von über 300 Neigung liegt, wieder zum Stillstand kommen könnte. (Albert Heim an Friedrich Frey, 8. Dezember 1930)

Sehr geehrter Herr Professor!
Ich tue, was ich kann, um die Linthaler im Sinne der geologischen Gutachten aufzuklären. Da der Berg noch nicht gekommen und die Bewegung eher wieder zurückgeht, zieht ein wesentlicher Teil der Bevölkerung wieder in die Gefahrenzone ein. Allerlei Gerüchte wirken verwirrend auf die psychisch alterierte Masse: das Vertrauen zu den massgebenden Instanzen wird beständig untergraben. Nun, wir werden, solange die Bewegung zurückgeht, zusehen und bei Zunahme der Bewegung wieder warnen. Wir schauen aber drauf, dass nur die notwendigsten Habseligkeiten zurückgetragen werden. Trotz der gegnerischen Arbeit glaube ich, dass ein Steinhagel die Zurückgekehrten wieder zum Fliehen bringt. (Friedrich Frey, 10. Dezember 1930)

Kinder ziehen ihre Schlitten den Damm hinauf, setzen sich drauf und sausen den steilen Hang hinab. Die Bahn ist festgetreten, der Schnee mit Schmutz vermischt. Manchmal stossen zwei zusammen und fallen um. Bald sind alle durchnässt und schmutzig, doch das tut ihrer Fröhlichkeit keinen Abbruch. Sie haben den Schutzdamm als Spielplatz in Besitz genommen. Ein Alter stolpert über Steine und gefrorene Erdklumpen, ruft: «Passt auf, der Berg kommt bald.» Doch die Kinder lachen nur. Buben liegen bäuchlings auf ihren Schlitten, hängen mit den Füssen einen zweiten an, auf dem ein Mädchen sitzt. «Vorweisen» heisst das, die Buben zeigen dabei ihren Mut, die Mädchen kreischen.

Immer verwegener werden die Spiele. Ein paar Burschen

schieben einen Rollwagen auf den Geleisen gegen die Kirche hinauf, zuerst nur ein paar Meter, dann immer weiter. Die Kipper rollen auf der Dammkrone dem Dorf entlang, die Kirche flitzt vorbei, das Pfarrhaus, der Raben mit den vernagelten Fenstern und dem Schlachthaus. Erst weit vorn beim Adler kommen sie zum Stillstand. Die Arbeiter haben schon Feierabend und hocken in der Wirtschaft.

«Obacht!» Rufe gellen durch den Abend. Der Berg ist vergessen. Auch wenn es grollt in der Höhe, im Nebel, schaut niemand mehr hinauf. Im Winter kracht es immer in den Bergen, man ist sich an Lawinen gewöhnt, kaum jemand glaubt mehr an den Bergsturz. Die meisten Familien sind zurückgekehrt, feuern die Kachelöfen ein, kochen wieder zu Hause. Rauch mischt sich in den Nebel, aus dem Flocken schweben. Es riecht nach Kartoffelrösti. Manche Familien ziehen sich am Abend wieder an die Orte zurück, an die sie evakuiert sind. Sicher ist sicher. Doch zu Hause ist es am schönsten. Mit der Zeit bleiben sie auch nachts in ihren Häusern, schlafen auf Matratzen am Boden und sitzen auf Harassen und improvisierten Bänken. Der Raben ist am Abend wieder voll, Männer spielen Karten, Arbeiter rühren im Kaffee Schnaps. Heer steht dick und zufrieden hinter dem Büffet, das Glas in der Hand.

Niemand hört den Schrei, den der Schnee verschluckt, das metallene Rumpeln oben am Schutzdamm. Dann ist es wieder still, fahl fällt die Dämmerung ins Tal.

«Hast du dir weh gemacht?»

Fritz, der Pfarrerssohn, kauert hinter dem Damm, hält sich das Knie. Blut sickert zwischen den Fingern durch. Der Rollwagen ist entgleist, mit scharfem Ruck stehengeblieben, hat die beiden Buben zu Boden geschleudert. Fritz hat das Knie an einem Stein aufgeschlagen.

«Ist nichts. Es geht schon», stösst er hervor und verbeisst das Weinen.

«Komm, ich bring dich heim.» Jost zieht ihm das Hosenbein hinauf, nimmt eine Handvoll Schnee, reibt den Dreck von der Wunde.

«Au, das brennt! Nein, nicht heim. Lass mich!»

«Warum nicht? Das sieht bös aus. Du musst verbinden, oder sogar zum Doktor.»

Fritz hat Angst, der Vater werde schimpfen. Er hat ihm ein Buch gegeben, lesen sollte er, nicht draussen herumtollen. So belesen wie der Vater soll er werden, in dessen Büro sich die Bücher stapeln. Geologie studiert er jetzt, dicke Wälzer, «Geologie der Schweiz» von Albert Heim, «Der Bau der Alpen» von Rudolf Staub. Doch Fritz ist davongeschlichen, Vater und Mutter haben viel zu tun, sie haben es nicht bemerkt. Aber jetzt, die Wunde und die Hosen, die verdreckt sind, zerrissen und voll Blut. Alles wird an den Tag kommen, und dann ... Der Vater ist streng.

Es ist schon dunkel, als Fritz ins kleine Haus auf der Matt schleicht, in dem die Pfarrfamilie untergebracht ist. In der Küche brennt Licht, das Büro ist dunkel. Also ist der Vater weg, Fritz atmet auf. Im Gang kommt ihm die Stiefmutter entgegen. Er schaut auf den Boden.

«Um Himmels willen, was hast du nur gemacht?»

«Ich bin ausgerutscht, umgefallen.»

«So bös?» Sie schaut ihn an. «Komm.» Sie führt ihn an der Hand in die Küche, schöpft warmes Wasser aus dem Herdschiff in ein Becken, wäscht ihm die Wunde, tröpfelt Jod drauf.

Fritz schreit auf, so stark brennt es. Dann beginnt er leise zu schluchzen. Es ist, als ob ihn der Schmerz an einen noch viel grösseren erinnern würde, an die Mutter, die vor drei Jahren gestorben ist, an der Grippe in einem kalten Winter.

«Ich sag dem Vater sicher nichts.» Gertrud fährt ihm über die Haare. Er drückt sein Gesicht in ihren Schoss.

---

Sehr geehrter Herr!

Vermutlich haben Sie die Meinung, dass die Villa geräumt sei, was nicht der Fall ist, sondern es sind alle Räume möbliert und stehen teilweise heute noch unserm Herrn A. Bebié zur Verfügung, welcher die Räume beinahe jede Woche einige Tage, sehr

oft mit seiner Familie oder Angehörigen, benützt. Einige Zimmer im Parterre sind aber auch reserviert, um unsere Bureaux, Archiv ect. dorthin verlegen zu können, falls ernstliche Gefahr droht.
Wir bedauern deshalb, Ihnen nicht entsprechen zu können, machen Sie aber darauf aufmerksam, dass im Ennetlinth Wohnungen geräumt wurden, die nach unserer Ansicht absolut keiner Gefahr ausgesetzt sind und die wir gerne wieder zur Verfügung stellen. Wir haben überhaupt die Überzeugung, dass die Gefahr überschätzt wird und Linthal-Ennetlinth ganz bestimmt ausserhalb des Gefahrenkreises liegt.
Hochachtungsvoll, Bebié & Cie. Linthal, 9. Dezember 1930

Weisse Tücher liegen über dem Sofa und den Fauteuils, es kommt Albert Bebié vor, als ob sie Leichen bedecken würden. Weiss lagert der Staub auf dem Plattentisch mit dem Nussbaumrahmen, den gedrechselten Beinen, altes Glarnerhandwerk aus dem 18. Jahrhundert. Mit solchen Tischen begann der Export von Industriearbeit. Die Glarner sind geschickt und arbeitswillig, schon Johann Gottfried Ebel, der 1797 durchs Tal wanderte, schrieb: «Diese armen, zwischen fürchterlichen Felsen verborgenen Hirten, bieten das auffallendste Schauspiel eines der industriösesten Völker dar.»

Bebié zieht mit dem Zeigefinger einen Strich auf der Schieferplatte, putzt ihn an den Hosen ab. Wird man hier jemals wieder wohnen? Linthal ist am Ende, geht ihm durch den Kopf. Obwohl er stets Optimismus verströmt, wenn ihn befreundete Unternehmer auf Linthal ansprechen. «Der Berg? Viel Lärm um nichts!» Optimismus gehört zum Beruf des Unternehmers, verliert er ihn, so muss er abtreten. Sozialisten, Gewerkschafter, Schuldenbauern, Journalisten und Politiker dürfen mit schlechten Nachrichten hausieren, aber doch nicht der Fabrikant, der auf die Zukunft baut. Denn in der goldenen Zukunft soll das Geld zurückkommen, das er heute investiert, doppelt und dreifach. Eine Wirtschaftskrise kann man auch herbeireden.

Bebié tritt ans Fenster, starrt ins Grau. Präsenz markieren! Dieser Gedanke hat ihn nach Linthal getrieben, zum ersten Mal nach Monaten. Was geht hier vor? Da schreibt einem der Pfarrer einen Brief in einem Ton, als wolle er die Villa konfiszieren lassen für die Evakuierten vom Berg, als handle es sich um Kriegsflüchtige, die Haus und Gut verloren haben. Die Regierung hat jede Kontrolle über die Vorgänge verloren, heisst es, einer sagt dies, der andere das. Das Volk flieht, kehrt zurück, flieht. Es fehlt die starke Hand. Zu seiner Zeit wäre das anders gewesen, er war Landrat, er hätte auch Regierungsverantwortung übernommen, wenn man ihn gefragt hätte. Doch letztlich war Albert Bebié halt ein Auswärtiger, den man gerne sieht, wenn er Geld bringt, aber ungern, wenn er beim Ausgeben mitreden will.

Und wieder rollt der Satz durch seinen Kopf: Linthal ist am Ende. Am Ende war das Dorf schon immer, am Ende der Welt, im Süden sperrt der Tödi jede Aussicht, jede Hoffnung. Linthal ist ein Gefängnis. Doch einst kamen Leute hierher, die gerade diese Atmosphäre suchten, das Verlorene, Einsame, Ursprüngliche, das leicht Morbide der Abgeschiedenheit. Im Bad Stachelberg traf sich alles, was Rang und Namen hatte, von Louis Bonaparte bis Graf Zeppelin. Das Schwefelwässerlein war nur Vorwand für das süsse Leben, das die Herrschaften hier genossen, abseits der Blicke von Priestern und Schwiegermüttern.

Begonnen hat der Zerfall nicht erst mit dem Kilchenstock, sondern, so meinen die Einheimischen, mit der Braunwaldbahn, die er, Albert Bebié, gebracht hat. Die Leute wollen in diesem Jahrhundert nicht mehr im Tal auf ihren Ärschen hocken und Schwefelwasser saufen, sie wollen in die Höhe, frische Luft atmen, sie wollen wandern und bergsteigen, mit Seil und Pickel, und nicht bloss dem Kurorchester lauschen und Sahnetorte löffeln. Er hat das erkannt, er hat mit Weitblick vorausgesehen: In der Höhe liegt die Zukunft. Die Braunwaldbahn kam 1907, acht Jahre später war das Kurhaus im Stachelberg konkurs. Das hat ihm Feinde geschaffen. Gekauft haben die Liegenschaft dann pikanterweise die Wolfs von der Konkurrenz, der Spinnerei Kunz, Juden aus Stuttgart, Unternehmer von internationalem Rang.

Linthal ist am Ende. Der Kilchenstock gibt dem Dorf den Todesstoss, in einer Zeitung hat jemand von einer totalen Umsiedlung geschrieben. Vielleicht wird es Linthal schon bald nicht mehr geben. Die grosse Investition wäre für immer dahin. Wenn nicht ein Wunder geschieht, wird die Fabrik untergehen wie Bad Stachelberg. So ist die Welt. Heute oben, morgen unten. Der Sieger von gestern ist der Verlierer von morgen.

Mit schweren Schritten steigt Bebié das Treppenhaus hinab, durch die Milchglasscheiben fällt graues Licht, wirft seinen Schatten an die Wand. Ein Geist markiert Präsenz. Er stösst die Tür auf, hat im Freien sogleich das Gefühl, die Wolkendecke falle ihm auf den Kopf. Er ringt nach Atem, als sei er einen Berghang herabgestiegen und nicht bloss eine Treppe. Das Tal ist Gift für sein Gemüt, sein Optimismus erstickt im Nebel, in der drohenden Stille, in den Blicken der Menschen, die sich abwenden. Da kommt der Alte! Wollte nicht mal seine Villa öffnen für die Opfer. Für die Menschen, die sich in seiner Fabrik krumm geschunden haben. Er hört sie am Stammtisch poltern und auf den Tisch hauen. Dieselben, die zittern, wenn sie näher als einen Steinwurf von ihm entfernt sind. Nicht einmal im Sack trauen sie sich die Faust zu machen.

Nur der Pfarrer. Er ist wohl wie sein Vorvorgänger, der Becker, der gegen die Fabrikanten predigte und schrieb, obwohl er selber von Fabrikanten abstammte. Und der schliesslich erreichte, dass den Unternehmen ein Fabrikinspektor aufgezwungen wurde, zuerst im Kanton und dann im ganzen Land.

Bebié schaut zum Stock hinauf, stumm verbirgt sich der Gipfel im Nebel, kein Stein fällt, kein Schneerutsch fährt herab, nichts bewegt sich. Am liebsten hätte er hinaufgerufen: «So komm doch! Zeig doch, wer du bist!»

Aber es fällt ihm eine Sage ein, die einmal einer auf der Jagd erzählt hat, im Urnerland drüben. «Ich muss loslassen», habe es vom Berg herab gerufen, auf der Alp Rinderbüel im Maderanertal. Da habe der Älpler, der gerade beim Melken war, zurückgegeben: «Du magst schon noch halten!» Am nächsten Abend habe es wieder gerufen, am dritten habe der Senn zur Antwort gegeben: «So lasse halt los!»

Sogleich sei der Berg gekommen, krachend und Funken sprühend und habe die Alp zugedeckt.

Man soll das Schicksal nicht herausfordern, Aberglaube hin oder her. Es wird genug mit dem Feuer gespielt. Ein Fabrikant aus Frankreich, der kürzlich zu Besuch weilte, sagte: «Es wird wieder Krieg geben. Deutschland rüstet heimlich auf, die Boches werden sich rächen für Reparationszahlungen, die man ihnen aufgezwungen hat. So viel können die Deutschen niemals bezahlen, ein neuer Krieg ist zwingend.»

Krieg? denkt Bebié, das würde auch wieder Arbeit bedeuten, Garn und Stoff, Uniformen, Zeltplachen, Wolldecken. Krieg hat die Textilindustrie noch immer zum Blühen gebracht. Vielleicht ist Krieg das Wunder, worauf wir alle warten.

Er öffnet die Tür seines Automobils, klopft den Schnee von den Schuhen. Der Motor springt sofort an, er ist noch warm.

---

Und Tür' an Türe schliesst sich zu
Horch – kracht es nicht schon im Gestein?
Nein, noch ist rings im Tale Ruh'
Doch morgen, was wird sein?
Ja, morgen! Was wird morgen sein? –
Doch, ob auch alles stürzt und bricht.
Die Bruderliebe greifet ein,
Sie steht fest, sie wanket nicht
Und hält ob Euch ihr tröstend Licht!
(Bertha Hallauer im Glarner Volksblatt, 13. Dezember 1930)

«Wo ist der Schang?» fragt der Gemeindepräsident. Das Gesicht der Frau zuckt. «Weiss nicht. In der Wirtschaft. Im Holz. Im Stall. Irgendwo.» Das nervöse Zucken beginnt in einem Mundwinkel, dann verzerrt es ihr die ganze Gesichtshälfte. Sie ist mit den Nerven am Ende, denkt Frey. Er stellt die Kartonschachtel auf den Tisch. «Schauen Sie zuerst einmal, was wir Ihnen gebracht haben.» Er öffnet den Knoten der Schnur. Wollene Socken, Pullover, Hemden, Unterwäsche. Zoberst liegt eine Schokolade. Das halbseitig gelähmte Mädchen, das auf dem Schoss der Frau sitzt, greift nach der Tafel, doch die Mutter schlägt ihr auf die Hand. «Finger weg, Saugoof.»

Das Kind beginnt zu weinen, rutscht ungelenk vom Schoss der Mutter und verkriecht sich unter der Bank.

«Das haben gute Leute aus dem Unterland gespendet. Ich dachte, Sie könnten es brauchen», sagt der Pfarrer.

Die Frau starrt auf das Paket, sagt kein Wort. Schrecklich zuckt ihr Gesicht. Trinkt sie etwa auch, fragt sich Frey. Oft sind die Ehefrauen der Alkoholiker süchtig, weil sie das Leben sonst gar nicht aushalten. Die Schnapsflasche im Schrank ist ihre letzte Rettung. Und die Kinder sind behindert, die genetische Katastrophe pflanzt sich fort. Er zieht seine Geldbörse aus der Hosentasche, zählt vier Fünfliber auf den Tisch. Und nochmals vier dazu. «Das Weihnachtsgeld von der Hilfsaktion ...», er schiebt der Frau ein Stück Papier hin. «... Sie müssen dafür diese Quittung unterschreiben.»

«Vielen Dank, Herr Pfarrer», murmelt sie, schreibt mit zittrigen Buchstaben ihren Namen.

«Und jetzt sagst du uns noch, wo der Schang steckt. Wir müssen mit ihm reden», sagt der Gemeindepräsident.

«Ich will nicht, dass er fortkommt. Wir brauchen den Vater.» Das Kind unter dem Tisch beginnt zu heulen wie ein junger Hund, hinter dem Türspalt sieht der Pfarrer Kinderaugen, die ihn feindselig anschauen.

«Es ist für sie alle das beste, wenn Ihr Mann die Entziehungskur macht.» Er legt ein Kuvert auf den Tisch. «Wir haben das in der Armenpflege so beschlossen. Es geht nicht an, dass Ihr Mann das Armengeld vertrinkt, das die Fürsorgegemeinde bezahlt. Jetzt muss etwas geschehen.»

Die Frau nickt, ihr Blick ist leer.

«Der Jost kommt im Frühling aus der Schule. Er macht schon die Arbeit im Stall», sagt der Pfarrer. «Ein tüchtiger Bub. Nur ...» Weiter redet er nicht.

«Wir wollen euer Bestes», sagt der Gemeindepräsident. «Am Montag muss sich der Schang bereithalten. Der Herr Pfarrer wird ihn in die Anstalt begleiten. Wenn er sich drückt, dann ...»

Sie zuckt wie unter einem Peitschenhieb zusammen, springt auf, macht zwei Schritte auf den Präsidenten zu. «Du bist schuld! Ja du! Du Weinhändler. Du verdienst doch am Wein und am Schnaps. Du säufst doch auch. Ihr alle, ihr feinen Herren ...»

Stüssi weicht zurück. Hinter der Frau ist die Tür aufgesprungen, auf der Schwelle stehen die Kinder, stumm und erschrocken, das grösste Mädchen hält die Mutter am Rock fest. «Mutter ... hör auf ...»

Die Frau lässt sich auf einen Stuhl fallen, ihr Kopf sinkt auf die Arme.

Frey greift nach der Schokolade, reisst das Papier auf, bricht jedem Kind ein Täfelchen ab. Etwas Gescheiteres fällt ihm nicht ein. Gierig kauen die Münder, schwarze Zahnstummel mahlen, brauner Schokoladesaft rinnt aus den Mundwinkeln.

«So, den Rest gebe ich der Mutter. Für später.» Frey legt die Tafel neben die weinende Frau. «Am Montag dann also.»

Schweigend stapfen sie übers Feld, meiden die Strasse, obwohl der Schnee schuhtief liegt. Frey bleibt nach ein paar Schritten stehen, zieht eine Schachtel Stumpen aus der Jackentasche, bietet dem Präsidenten einen an. «Jeder hat sein Laster», sagt er. «Ich rauche wie ein Fabrikschlot. Dafür bin ich Abstinent.»

Sie zünden an und schauen aufs Dorf, das still unter dem

Schnee liegt. Sanft und harmlos steht der Berg über den Dächern.

«Glauben Sie mir, manchmal möchte ich den ganzen Bettel hinwerfen», sagt Stüssi. «Das Regierungsamt und die Gemeinde. Auswandern und fort. Im Veltlin habe ich Weingüter angeschaut, gute Erde und viel Sonne. Die Leute singen den ganzen Tag. Das wäre ein anderes Leben, als hier dieser ewige Kampf gegen den Berg, gegen das Elend, gegen den Eigennutz und die Dummheit.»

Frey nickt. «Wem sagen Sie das? Ich könnte mir auch ein anderes Leben vorstellen. Zum Beispiel als Astronom an einer englischen Universität. Ich würde durch mein Fernrohr den Himmel erforschen, die Planeten und Sonnen und die Galaxien. Oder mit dem Ballon hinaufsteigen in die Stratosphäre, wie der Professor Piccard. Und dabei die Grösse der Schöpfung bestaunen, mich ganz ihrer wunderbaren Seite hingeben, statt mich grämen über das Elend auf Erden.»

Stüssi kaut am Stumpen, bringt zwischen den Zähnen hervor: «Es ist schon recht, dass Sie hier sind, Herr Pfarrer.» Dann dreht er sich um und watet durch den Schnee davon.

---

1 Mantel für Jüngling, getragen
1 Regenmantel f. Töchter, getragen
2 Wollblousen, getragen
1 Paar Kinderstrümpfe, getragen
1 Paar weisse Hosen, getragen
1 Jupe, getragen
3 Schürzen für Erwachsene, getragen
2 Paar Tricot-Hosen, getragen
1 Kinderjupe, getragen
1 Barchentleintuch, getragen
(Dokument Hilfsaktion)

Durchs Fenster sieht sie ihn, wenn die Sekundarschüler in der Pause auf den Fabrikhof treten, die einen lehnen müde an die Mauer vor dem Hochkamin, die andern werfen Schneebälle.

Jost überragt alle um einen Kopf, ein Mann ist er, kein Bub mehr, in die Höhe geschossen, bleich und mager, die Haare kurz geschoren wie ein Sträfling. Mariella schaut hinüber, hebt die Hand und deutet ein Winken an. Er lehnt an der Mauer, die Sonne scheint auf sein Gesicht, er hält die Augen geschlossen, als ob er träumen würde. Dann zündet er sich einen Zigarettenstummel an, hält ihn in der hohlen Hand versteckt, schaut sich um, bevor er einen Zug nimmt.

«Was siehst du?» fragt Babetta. Mariella hat sie nicht kommen hören im Maschinenlärm.

«Ach nichts. Ich schaue den Schülern zu. Schön haben's die. Ich möchte auch lieber zur Schule als in die Fabrik.»

«Was möchtest du denn lernen?»

Mariella denkt nach. «Ich lese heimlich in der Chronik des Heims. Seit achtzig Jahren schreiben die Schwestern alles auf, was täglich geschieht. Früher mussten sogar die Neunjährigen in die Fabrik, elf Stunden am Tag, barfuss mussten sie auf den öligen Holzböden laufen, machten sich die Füsse kaputt. Wenn sie krank wurden, schob man sie ab in ihre Heimat und holte neues Maschinenfutter. Das möchte ich einmal aufschreiben. Ein Buch möchte ich schreiben.»

Babetta lächelt. «Du, ein Buch schreiben?» Sie hängt die Spulenkiste an die Maschine. «Komm jetzt. Hilf mir.»

Während sie Spulen abnehmen, erzählt Mariella weiter. «Einmal ist ein Neunzehnjähriger in die Transmission gefallen, neun Knochen hat er gebrochen, stell dir vor. Und drei Tage später ist er gestorben. Jost hiess er …»

«Jost? Wie dein …»

«Nein, stimmt nicht. Er hiess Josef Böni.» Mariella hebt die Kiste hoch, trägt sie um die Maschine herum, hängt sie auf der andern Seite wieder an die Schiene.

«Dein Jost geht jetzt im Heim zur Schule. Aber nicht mehr lange, der Berg hat sich beruhigt.»

Mariella gibt keine Antwort. Das Dröhnen und Pfeifen der Drosseln macht die Unterhaltung mühsam, man muss sich fast in die Ohren schreien. Nach ein paar Sätzen hat man genug, versinkt in sich selber, lässt die Gedanken treiben. Fort, denkt Mariella. Wie die Mädchen damals, die ausgebrochen sind aus dem Heim bei Nacht und Nebel, mit der Philomena Barbisch, die sie anführte. Wo sind sie wohl hingekommen? In die Stadt? Ins Wallis, in ihre Heimat? Nach Amerika, ins gelobte Land? Als sie das Garn zu den Transportkisten tragen und neue Spulen holen, ist der Fabrikhof leer.

Es dämmert, als die Schüler das Heim verlassen, zuerst die Mädchen im Schwarm, dann die Buben in kleinen Gruppen, zuletzt der Jost. Den Schultornister hat er unter den Arm geklemmt wie eine Mappe. Müde stolpert er über den Fabrikhof, beim Magazin fährt sein Kopf herum.

«Jost!» Mariella stösst die Tür einen Spalt auf, packt ihn an der Hand, zieht ihn in den Schuppen, der bis unter die Decke mit Baumwollballen gefüllt ist. Alexandria steht auf einer Etikette, New Orleans auf einer andern. Man ist auf einmal in der grossen Welt, nicht mehr im engen Tal. Sie zieht ihn durch einen Spalt zwischen den Ballen. Jost ist verwirrt, lässt es mit sich geschehen, muss niesen vom Baumwollstaub.

«Still!» Sie kriecht in eine Höhle, wo eine Baumwollballe zur Seite geschoben ist und eine andere als Dach darübergelegt. «Komm!» zischt sie. Dunkel ist es und eng, nur ein blasser Lichtschimmer dringt von aussen herein. «Magst du mich noch?»

Er schweigt. Sie spürt, dass er zittert. «Was ist?»

Er gibt keine Antwort, legt den Kopf auf ihren Schoss. Sie streicht über seinen geschorenen Kopf, die Stoppeln fühlen sich wie feine Stacheln an. «Hier sieht uns niemand. Bald ist Nacht.»

Hart spürt Mariella die gepresste Baumwolle im Rücken, als er auf sie kriecht und ihr ungeschickt mit den Fingern in die Haare fährt. Sein Atem riecht nach Tabak und Schnaps.

---

Halte Stillstand am Kilchenstock bis Anfang März für sehr wahrscheinlich. Begründung folgt. (Telegramm Albert Heim an Regierungskanzlei Glarus, 18. Dezember 1930)

Schreiben ist das einzige, was er noch kann. Bogen um Bogen füllt Albert Heim mit der Schrift, deren Formen seinem Willen kaum mehr gehorchen, gross und klein die Buchstaben und Wörter, gerade wie sie wollen, er streicht und unterstreicht und schreibt auch die Ränder voll. Schreiben ist eine Sucht geworden in diesen schwarzen Tagen, Lebenssucht und Todesahnung, Anschreiben gegen das Vergessen.

Reif liegt auf der Wiese vor dem Haus, das Laub ist gefallen, der Blick streift frei in die Weite. Licht strömt in die Bibliothek, in der sich das Papier türmt. Briefe an die Glarner Regierung, Briefe an den guten Pfarrer in Linthal, Briefe an den Sohn in China. Und langsam wächst auch das Werk: «Bergsturz und Menschenleben». Heim untersucht nicht nur die geologischen Aspekte, die verschiedenen Formen des Abreissens und Abgleitens, er studiert auch das Verhalten der Menschen, die die Warnungen in den Wind schlugen und die Zeichen nicht richtig zu deuten wussten. Zum Beispiel in Goldau bei Schwyz, im Jahr 1806, 457 Tote gab es, 111 Häuser wurden zerschlagen, als eine Nagelfluhschicht vom Rossberg über das Dorf niederging, eine Masse zwischen 6 und 90 Millionen Kubikmetern, zehn- bis hundertmal mehr als jetzt am Kilchenstock droht. Heim unterstreicht den Satz in seinem Manuskript, er hat ihn auch dem Linthaler Pfarrer in einem Brief geschrieben. «Kein einziger Dorfbewohner dachte an Flucht, sie sind alle unter dem Trümmerstrom begraben. Bei richtiger Würdigung der bekannten Vorboten und richtiger Erkenntnis der Erscheinung der grossen Bergstürze überhaupt hätten sich zwei Tage oder gar noch einen halben Tag vor der Katastrophe leicht alle Menschen in Sicherheit bringen können.»

Doch die Menschen lernen nichts aus der Geschichte. Heim steht auf, quält sich die Treppe hinab, Tritt um Tritt, klammert sich ans Geländer. Er muss sich seinen Tee selber kochen. Die Tochter ist krank, eine Grippe hat sie ins Bett geworfen, einmal am Tag kommt eine Pflegerin. Sonne fällt durchs Küchenfenster, die Rauhreifbärte an den Zweigen der Buchen gleissen. Es ist kalt. Die Menschen lernen nichts, denkt Heim. Der Weltkrieg hat eine hoffnungsvolle Generation zerstört, schon spricht man von einem neuen. Die Haager Konferenz hat Deutschland 34 Milliarden Reichsmark Reparationszahlungen aufgebürdet. Auch der Völkerbund wird einen neuen Krieg nicht verhindern können. Heim hat sich schon vor einem Jahrzehnt gegen den Beitritt der Schweiz zu dieser Organisation stark gemacht und sich damit Feinde geschaffen. Schon in der Kriegszeit hat man ihn der Deutschfreundlichkeit bezichtigt und beschimpft, weil sein grosses Werk, die «Geologie der Schweiz», in einem deutschen Verlag erschienen ist. Dabei hatte er den Vertrag lange vor dem Krieg unterschrieben, kein Schweizer Verlag hatte das kostspielige Buch herausgeben wollen. Vor allem die Welschen und Franzosen haben gegen ihn polemisiert, vielleicht unter dem Einfluss seines Widersachers Schardt.

Albert Heim trinkt den Tee im Stehen, bitter schmeckt er. Dann steigt er wieder hinauf in die Bibliothek, beendet den Brief an den Glarner Landammann, der angefragt hat, ob die Evakuierung aufgehoben werden könnte, wenigstens vorübergehend, solange der Berg in der Winterstarre liegt. Noch fragt man nach seinem Rat im Glarnerland, vielleicht nur aus Höflichkeit oder weil es nichts kostet. Denn die Stimmung hat umgeschlagen. Niemand glaubt mehr an die Geologen, über Rudolf Staub sollen nur noch Verwünschungen zu hören sein, aus reiner Habgier erstelle er seine Gutachten. Die Menschen urteilen nicht nach der Vernunft, sondern nach dem Bauch und dem Portemonnaie, heute so, morgen anders.

In der Bibliothek zieht Heim ein schwarzes Heft aus der Schublade, in das er persönliche Gedanken einträgt, Gedichte manchmal. Er schreibt die Zeilen:

Das Gute wollt' ich vollbringen …
Sie sagten mir, was gut –
Dann bin den Weg ich gegangen
mit festem Glauben und Mut.
Im Kämpfen und im Leiden, da weitete sich die Welt –

und an des Zweifels Klippe, da ist die Kraft zerschellt.
Nun schau ich aus der Ferne auf all mein Irren zurück –
Wohl konnt' ich viel Gutes vollbringen,
doch ich zerstörte mein Glück!

Dann setzt er sich in den Polsterstuhl, schliesst die Augen. Bilder ziehen vorbei, hell und doch verschwommen, der Glärnisch, der Säntis, der Tödi, gewaltige Wolkengebirge im Himmel, in der andern Welt. Schwerelos wandert er dahin, ohne die Behinderung, die ihn ein Leben lang begleitet hat, ohne die Beschwerden des Alters. Er sehnt sich nach dem Tod, und gleichzeitig fürchtet er ihn.

---

> Herrn Pfarrer Frei, Präsident des Hilfskomitees in Linthal.
> Ich bitte Sie um freundl. Aufnahme des folgenden Schreibens.
> Ich habe noch eine Anzahl follfetten Käse auf Lager, und habe nun, seit der Bergsturzgefahr in Linthal, die Kunden verloren, auch die noch Ortsansässige Befölkerung kauft nichts mehr in Vorrat.
> Wie man vernommen hat, gibt es Leute, die aus dem Hilfsgeld unnütze Sachen kaufen, und somit bin ich auf den Gedanken gekommen, Ihnen dieser Käse zu offerieren, zur Verteilung. Da hätten die Leute etwas rechtes und auch mir wäre dann geholfen.
> Der Preis wäre bei Abnahme von mehreren Laiben Fr. 2,9 per kg. Einer wohlwollenden Antwort gerne entgegensehend zeichnet mit vorzüglicher Hochachtung.
> Linthal, 19. Dezember 1930, A. Zweifel, Sentenbauer.
> (Brief an Friedrich Frey)

Steil steigt der Weg vom Sand zum Restiberg, der Boden ist hartgefroren. Tief in der Schlucht rauscht der Durnagel, blau und still steht der Kilchenstock auf der andern Talseite, die Schneegrenze schneidet eine Linie in den Wald. Im Herbst beobachtet sie Sandbalz, wie sie mit jedem Schneefall tiefer herabsteigt, jeden Herbst hofft er, der Schnee möge noch warten, die Kälte sich noch gedulden. Jeden Herbst ist die Hoffnung umsonst, der Winter kommt unerbittlich.

Balz steigt rasch, Axt, Schälmesser und Seile auf den Schultern, im Rucksack Brot, Speck und die Thermosflasche mit Kaffee. Albert, der Vetter, folgt mit der Säge, spuckt bei jedem Tritt Tabaksaft und schimpft vor sich hin. Die Behörden und die Banken und der Regierungsrat kommen dran und der Pfarrer in Linthal, der ihm seinen Käse nicht abkauft.

«Was soll der Pfarrer mit deinem Käs?» brummt Balz.

«Die verteilen jetzt Schokolade und Pulverkaffee und Maggisuppe. Statt dass sie das Hilfsgeld für unsre eigenen Produkte ausgeben.»

«Dank dem Herrgott, dass du wenigstens etwas bekommst. Hat da nicht der Pfarrer dafür gesorgt?»

Am Rand der Lichtung machen sie halt, Baumstämme liegen nebeneinander, entastet und geschält. Wenn der Schnee kommt, wird man sie den Ritt hinab ins Tal gleiten lassen. Der Holzpreis steht gut, trotz der Wirtschaftskrise. Sie sägen eine Tanne an, Balz schlägt mit der Axt die Kerbe. Der Vetter steht daneben, saugt an der Pfeife und nuschelt Flüche und Verwünschungen vor sich hin. Der Bauerngeneral werde den Oberen einfeuern, die Bauern kämen wieder einmal zuletzt, wie immer, himmelhergottsakrament.

«So», sagt Balz. «Jetzt halt dich fest.» Er setzt das Sägeblatt an. Bedächtig sägen sie miteinander, einer auf jeder Seite des Stamms. Auf die gegenüberliegende Talseite fällt Sonne, kaltes Gewölk schleicht um den Ortstock.

«Schuld seien wir Bauern auch noch am Bergsturz, soll der Herr Pfarrer gesagt haben. Raubbau habe man getrieben, den Wald am Kilchenstock abgeholzt.»

«Wird schon sein», brummt Balz. «Pass auf. Sonst fällt dir vor lauter Jammern der Baum auf den Kopf.» Es knackt und knirscht. Der Stamm beginnt zu zittern. Balz beobachtet die Krone. «Er kommt!»

Ruhig legt er die Säge ab, macht ein paar Schritte rückwärts den Hang hinab. Die Tanne neigt sich, fällt gegen den Berg, Äste krachen und splittern, die Krone peitscht auf den Boden, Schnee wirbelt auf.

«Hundert Jahre ist der Baum gewachsen. Jetzt ist er dahin», sagt Balz fast traurig.

«An dir ist auch ein Pfarrer verlorengegangen, herrgottsakrament.»

Sie machen sich ans Entasten und Schälen des Stamms. In einer Pause schaut Balz über die Lichtung des Restibergs, auch hier haben die Vorfahren gerodet, eine Wunde geschlagen in den Hang. Vielleicht beginnt er eines Tages zu rutschen wie der Kilchenstock. Doch hätten die Alten eine andere Wahl gehabt? Sie brauchten das Holz, sie brauchten Alpweiden fürs Vieh. Als die Industrie kam, brachte das Holz bares Geld, die Jugend durfte nicht mehr in den fremden Kriegsdienst, später wanderten ganze Familien aus. Auch aus dem Sand sind die Jungen nach Amerika gefahren, die Überfahrt bezahlten sie mit dem Wald. Sie haben genommen, was da war, und nie daran gedacht, dass der Berg eines Tages strafe für die Wunden, die man schlug. Macht euch die Erde untertan, war der Leitspruch der Alten, der Pfarrer predigte ihn von der Kanzel herab. Jeder nimmt, was er kann, wie die Vögte früher von den Untertanen. Jeder nimmt, was er kann, auch Vetter Albert wollte mit seinem versalzenen Käse noch ein Geschäft machen. War die Welt früher besser, wie die Leute immer behaupten?

Oft denkt er darüber nach, sagt zu keinem Menschen ein Wort. Nicht einmal zur Mutter oder zum Schwager, dem Schullehrer und Dichter. Immer wieder sieht er dann das Bild vor sich, den Hof im flachen Land, über das sich ein unendlich weiter Himmel spannt. Gibt es irgendwo eine bessere Welt? Im Thurgau? In Amerika? In Russland? Vielleicht ist die Welt überall gleich, überall haben die Menschen die gleichen Sorgen und machen dieselben Dummheiten.

Doch, einmal hat er darüber gesprochen. In Zürich, als sie den Bahnhof bewachten während des Generalstreiks. Da hat er einen jungen Arbeiter gefragt, der Flugschriften verteilte: «Was wollt ihr eigentlich?»

«Wir kämpfen für eine bessere Welt», hat ihm der zur Antwort gegeben und dabei die Faust gehoben.

«Und wie soll sie aussehen, die bessere Welt?»

Da hat ihm der Bursche mit leuchtenden Augen berichtet von Solidarität, vom Klassenkampf und von der Herrschaft des Volkes. Aller Besitz werde den Werktätigen gehören, die Fabriken den Arbeitern, der Boden den Bauern. Jeder gebe nach seinem Können, jeder bekomme nach seinen Bedürfnissen, keiner beute den andern aus. «In Russland», rief der Arbeiter, «bauen sie an der neuen Gesellschaft. Die Sowjetunion ist die bessere Welt.»

«Eigentlich ist das gar nichts Neues», hat Sandbalz gesagt und dem Jungen von den Korporationen erzählt, die seit vielen hundert Jahren die Alpen gemeinsam bewirtschaften, gemeinsam den Naturgewalten wehren. Gemeinsam haben sie die Vögte verjagt, einmal im Jahr tagt die Landsgemeinde. Das ist doch Volksherrschaft. «Aber es gibt doch immer solche, die nur ihren Vorteil sehen und mehr nehmen, als ihnen zusteht. Das werdet ihr Sozialisten auch noch lernen. Auch wenn ihr die Gesellschaftsordnung umstürzt, die Natur des Menschen wird sich so schnell nicht ändern.»

«Doch!» schleuderte ihm der Arbeiter entgegen. «Denn das Sein bestimmt das Bewusstsein. Die Diktatur des Proletariates wird bessere Verhältnisse schaffen. Und in besseren Verhältnissen wird auch ein neuer Mensch heranwachsen.»

Wäre ich ein anderer Mensch auf einem Hof im Flachland? Wäre mein Vetter anders, wenn der Berg ihm nicht auf den Kopf fallen würde? Balz denkt nach, während sie schweigend Baum um Baum fällen und zurüsten für den Transport.

Am Abend steigen sie ins Tal hinab, auf den Rucksack hat er einen kleinen Tannenbaum geschnallt. Bald ist Weihnachten.

---

Ein Lichtblick in der trostlosen Lage ist das schöne Ergebnis der Sammlung für die Notleidenden in Linthal. Von nah und fern strömten in eidgenössischer Bruderliebe Gaben herbei, so dass nun das lokale Hilfskomitee in Linthal bereits über mehr als 25 000 Fr. verfügen kann. Mit diesen Geldern wird sehr haushälterisch umgegangen. So hat das Hilfskomitee beschlossen, auf Weihnachten Bezugsscheine für Kleider und Lebensmittel zu verabfolgen; ferner wird geprüft, ob Bedürftigen auch Beiträge an einen doppelten Mietzins verabfolgt werden können. (Neue Zürcher Zeitung, 28. Dezember 1930)

Er hat seinen Namen auf die Liste setzen lassen, man kann ja nie wissen. Ein paar Möbelstücke stehen in einer Scheune, das Bett ist dageblieben, der Tisch und die Stühle, der Kassenschrank ebenfalls. Kein Grund, ihn zu retten, er ist ohnehin leer. Die Mahnungen, Rechnungen, Zahlungsbefehle, die da einbruchsicher lagern, darf der Berg jederzeit zudecken, noch so gerne und neun Meter hoch, so tief wie der Schutt hinter dem Haus steht. Fridolin Heer lacht heiser, dann krümmt er sich, hustet stossweise. Er greift zur Flasche mit dem Klaren, setzt sie an die Lippen und nimmt einen tiefen Schluck. Warm rinnt es durch die Kehle, breitet sich aus in der Brust, er schliesst die Augen und stellt sich vor, wie sich in seinen Blutgefässen glühende Lavaströme ausbreiten, sich verästeln und bis in die äussersten Glieder vordringen, in die Fingerkuppen und Zehenspitzen und in die Ohrläppchen und die Nase. In einem Buch hat er einmal einen Menschen gesehen, der nur aus Adern bestanden hat, rote Arterien, blaue Venen, in der Mitte das Herz. Er stellt sich vor, er sei ein solcher Adermensch, kühl und wohltuend strömt jetzt die Lava zurück durchs blaue Geflecht, er spürt, wie sein Herz erschauert. Ein befriedigtes «Aah…» entfährt seiner Kehle.

Düster ist es in der Kammer, weiss und kalt brechen Lichtstreifen durch die Ritzen der Bretter, die vor die Fenster genagelt sind. Gesiebte Luft wie im Gefängnis, geht ihm durch den Kopf. Ich werde dem Regierungsrat schreiben, unsere Probleme darlegen. Was kann ich dafür, dass der Raben so nah am Berg steht? Durch einen Spalt sieht er, wie sich drüben am Hang des Schutzdamms die Dorfjugend tummelt im frischen Schnee, unbekümmert ziehen sie ihre Schlitten hinauf, sausen hinab, hängen einander ein. Niemand schert sich um die Gefahr, auch die Eltern sind sorglos. Seit Wochen schweigt der Berg. Kein Mensch glaubt mehr an den Bergsturz, und der nächste Frühling ist weit. Warum unablässig daran denken, was kommt?

Heer blättert durch die Papiere, notiert Zahlen in ein kariertes Heft, zählt zusammen. Zwanzig Franken Weihnachtsgeld vom Hilfskomitee, wenn es nicht zum Lachen wäre, wäre es zum Weinen. Abgetragene Kleider, ausgelatschte Schuhe aus dem Unterland. Danke schön! Darauf einen Schluck Feuerwasser. Die Zahlenkolonnen verbiegen sich vor seinen Augen, Soll und Haben purzeln durcheinander. Bei jedem Schlag seines Herzens machen die Ziffern einen Luftsprung. Er versucht, die Blätter mit einer Büroklammer zusammenzustecken, das Papier zischt und zittert in seinen Händen, die Metallklammer fährt wie ein Taktstock durch die Luft. Er steht auf, greift nach dem Papierbündel und dem Heft, schleudert alles mit einem Schwung in den Kassenschrank, schlägt die Tür zu, dumpf schnappt das Schloss. Soll und Haben sind eingesperrt, jetzt können die Zahlen von innen an die Eichenplatten poltern und an die Stahltüre, da können sie jammern und betteln. Weg sind sie, hinter Schloss und Riegel, der Konkurs ist vertagt. Heer torkelt zum Tisch, stösst an die Kante, die Flasche fällt um, rollt davon. Der Klare spritzt über das fleckige Holz. Er macht einen Schritt, will sich an der Stuhllehne festhalten, aber er greift in die Luft. Die Schnapsflasche zersplittert neben seinen Schuhen. «Gottverdammich nochmal», entfährt ihm. «Du verdammte Sauflasche du …» Voll Wut starrt er auf die Glasscherben am Boden, eine ist scharf und spitz wie ein Messer. Er hebt sie mit zwei Fingern auf, hält sie gegen das Licht. Ihre Spitze funkelt. Zitternd setzt er sie an die Pulsader am Hals, im Spiegel sieht er sein feistes Gesicht, die blauen Äderchen auf der Nase, die Warze auf der Stirn, die Schweisstropfen. Stich zu, denkt er, Feigling. Mach Schluss. Hundert Schweine hast du gestochen, hast den wehrlosen Tieren die Schlagader aufgeschlitzt, das dampfende

Blut im Kübel aufgefangen, gerührt mit der Kelle, Mehl dazugegeben, Zwiebel und Knoblauch und Salz, und alles in Därme gefüllt. Heisse Blut- und Leberwurst, Metzgete im Hotel Raben, Herrgott, waren das Zeiten. Tanz und Kilbi und Konzert. Im Raben war immer das Hauptquartier der Klausenrennen, ein Treffpunkt der internationalen Schickeria. Der Wein strömte, der Most, das Bier. Und er, der Fridolin Heer, ein kleiner Metzger einst, hat das alles aufgebaut, hat gut verdient. Und jetzt? Vorbei, der Berg hat alles zerstört, die Hoschet, die Obstbäume, den Garten, hat das Schlachthaus mit Schutt gefüllt, die ganze Existenz zerschlagen. Und da sollen abgetragene Kleider, Suppenwürfel, Schokoladetafeln und eine Zwanzigernote weiterhelfen?

Ein Stich mit dem Glassplitter und Schluss. Etwas Mut muss er sich noch holen, er beugt sich über den Tisch, seine Zunge fährt durch die Pfützen mit dem Schnaps, er lappt und schlürft wie eine Katze, er drückt sein Gesicht ins Nass, kühl spürt er den Alkohol auf der Haut, sein Kopf klärt sich. Nein, nicht Schluss, zuerst noch der Brief an den Regierungsrat, die Gläubiger vertrösten. Dann sinkt er auf den Stuhl, die Glasscherbe fällt auf den Boden. Feigling! Hundert unschuldige Schweine hingerichtet, zerfleischt, ihr Blut gefressen, ihr Leben vernichtet. Deines ist dir zu schad. Sein Kopf schlägt auf die Tischplatte. Bald schnarcht er, dass es hallt von den kahlen Wänden.

Von draussen dringt das Lachen und Rufen der Kinder herein, die den neuen Spielgrund am Schutzdamm in Besitz genommen haben.

---

Bis jetzt lastet die ganze Fürsorge auf meinen Schultern. Die Bevölkerung ist gegen die Behörden sehr verstimmt. Im Laufe des Januar wird voraussichtlich eine Volksversammlung stattfinden, die eventuell verschiedene Begehren an die Regierung stellen wird. Die Anwesenheit eines Fachmannes an dieser Versammlung hätte ich sehr begrüsst. Dr. Staub zu bestellen wagt niemand aus Angst vor hohem Honorar. (Friedrich Frey an Albert Heim, 29. Dezember 1930)

«Vieles haben wir gemeinsam», sagt Friedrich Frey zu Gertrud, «Albert Heim und ich.» Sie sitzen im engen Zimmer, Rücken an Rücken. Gertrud tippt auf der Schreibmaschine: «Evaquierte, nach ihren früheren Wohnsitzen geordnet.» 149 Namen, 149 Familien, 149 Schicksale, zusammengefasst in ein paar Zeilen auf dem Papier. Der Pfarrer liest den Entwurf für den Brief nochmals durch, mit dem er Albert Heim antwortet. Sie tauschen nicht nur über den Kilchenstock Erfahrungen aus, Heim schreibt ausführlich von den Neufundländern, die er züchtet, er hat Frey eine Broschüre über Luftfarben geschickt und geologische Literatur. Erde und Himmel und das Leben beschäftigen sie, beide sind Abstinenten, kämpfen gegen den Alkoholismus, die Sucht, welche die Menschen und die Moral verdirbt. Alle paar Tage trifft ein Schreiben ein oder zumindest eine Postkarte. Das Vertrauen des berühmten Professors ehrt den Pfarrer, es schmeichelt auch seinem Stolz. Sie stützen sich gegenseitig, Heim hat das Wissen, Frey den Berg vor der Haustür, die unmittelbare Erfahrung. Er beobachtet und registriert, Heim interpretiert. Allmählich, so spürt er, macht er sich Heims Vorsicht zu eigen und seine Voraussagen und entfernt sich dadurch mehr und mehr von den Einheimischen und ihrer Sorglosigkeit. Manchmal hat er das Gefühl, die Leute drehen den Kopf weg, wenn er ihnen begegnet, sie weichen ihm aus. In die Kirche sind sie nie in grosser Zahl gekommen, dass jetzt fast niemand mehr kommt, kann viele Gründe haben. Die Kirche steht in der Gefahrenzone.

Doch man muss sich entscheiden. Wie vor zwei Jahren, als er sich entschieden hat, nach Linthal zu ziehen, allen Warnungen zum Trotz. Wie früher, als er sich für die Theologie entschieden hat, obwohl es ihn zur Naturwissenschaft zog. Jetzt hat er sich entschieden, mit dem alten Professor zusammenzuarbeiten. Vielleicht aus dem Wunsch heraus, es könne eine Synthese geben zwischen Glaube und Naturwissenschaft. Das Wort Kilchenstock ist schon eine Synthese von Kirche und Berg, von Religion und Natur, es ist ein Symbol. Nicht umsonst haben die Vorfahren die Kirche nach dem Berg ausgerichtet.

«Was habt ihr denn gemeinsam?» unterbricht Gertrud seine Gedanken. «Er ist doch ein alter Mann, er stammt aus einer andern Gesellschaft und aus einer andern Zeit.» Das Klappern der Schreibmaschine ist verstummt, sie spannt das Papier aus, nimmt das Kohlepapier zwischen den dünnen Blättern heraus, sortiert sie in mehrere Bündel.

«Heim und mich verbindet das Interesse an der Wissenschaft, die Liebe zu den Tieren und zur Natur. Und die grosse Sorge um die Gemeinde, praktische Nächstenliebe letztendlich. Wir wollen beide nur das Gute.»

«Seit ihr euch schreibt, bist du pessimistischer geworden. Du schätzest die Gefahr grösser ein als zuvor.»

«Glaubst du? Heim ist vorsichtig, ein grosser Skeptiker. Er studiert alle wichtigen Bergstürze in der Geschichte, schreibt an einem Buch. Vielleicht war ich zuvor allzu sorglos.»

«Die Linthaler haben eine Wut auf die Geologen. Sie sehen nicht gern, dass der Pfarrer mit ihnen zusammenarbeitet.»

«Albert Heims Argumente würden sie verstehen. Er hat eine einfache und anschauliche Sprache.»

«Wenn man ihn einladen würde? Wenn er zu den Leuten sprechen würde, ihnen seinen Standpunkt darlegen?»

Frey dreht sich um. Gertrud schichtet wieder Blätter und Kohlepapier aufeinander, dreht sie auf die Walze der Schreibmaschine. «Die letzte Seite», sagt sie.

«Du hast recht, warum soll immer der Pfarrer predigen? Warum nicht einmal ein Wissenschaftler? Vor Heim hätten sie Respekt. Aber er ist alt und schwer krank, das schreibt er fast in jedem Brief.»

«Frag ihn doch einfach.»

Der Gedanke lässt Frey nicht mehr los. Ein Vortrag des Professors könnte die Leute beruhigen, die aufgerissenen Gräben zuschütten, könnte sie vorsichtiger stimmen und vorbereiten auf das Kommende. Denn noch immer kriecht die Gesteinsmasse auf das Dorf zu, langsam und unaufhaltsam. Der Winter hat die Geschwindigkeit vermindert, doch hat

Heim wahrscheinlich recht, eine Katastrophe ist unabwendbar. Die Frage ist einzig: Wann?

Frey nimmt den Brief, streicht und ändert, schreibt von einer Volksversammlung, die im neuen Jahr stattfinden könnte, mit dem Vortrag eines Fachmanns. Diplomatisch vorgehen, nicht mit der Tür ins Haus fallen. Heim wird den Wink verstehen. Denn noch nie hat er mit einem Menschen korrespondiert, bei dem er so viel Verständnis, so viel Gleichklang und Gemeinsamkeit gespürt hat. Nur in einem Punkt gehen ihre Meinungen grundsätzlich auseinander: Heim ist Atheist, er glaubt nicht an Gott. Ich kann nicht, hat er einmal geschrieben. Seine Tochter gehe schon für zwei zur Kirche.

Wäre ich ebenfalls Atheist geworden, wenn ich meiner Neigung zu einem naturwissenschaftlichen Studium hätte nachgehen können, fragt sich Frey manchmal. Und findet keine Antwort, oder will keine finden.

«Fertig.» Gertruds Stimme klingt müde. Die 149 Namen sind getippt, 149 Schicksale festgeschrieben, schwarz auf weiss. «Gehen wir schlafen?»

«Ich will noch den Brief ins reine schreiben», sagt Frey. «Morgen muss er auf die Post.» Er setzt sich an die Maschine. Gertrud geht in die Küche, dann die Treppe hinauf, legt sich ins Bett. In dem kleinen Holzhaus hört man jeden Ton, und wenn alles still ist, trippeln die Mäuse in den Blindböden, ächzen Balken und knacken Bretter.

Die Glocke von der katholischen Kirche schlägt zwei, als Frey ans Fenster tritt und hinausschaut. Vereinzelte Sterne schimmern zwischen den Wolken. Hinter dem Kilchenstock schimmert der Himmel fahl. Der Mond wird bald über den Grat steigen. Frey ist hellwach, zu müde zum Schlafen.

---

Nach dem Gutachten der geologischen Experten können die geräumten Wohnungen vorläufig wieder bezogen werden; aber es sollte nur der allernotwendigste Hausrat mitgenommen werden, da, solange die Bewegungen andauern und der Bergsturz nicht ausgelöst ist, keine Sicherheit besteht. (Regierungsrat an die Bevölkerung, 31. Dezember 1930)

Sie sind nicht zurückgekehrt ins Pfarrhaus, noch nicht. Gertrud steckt Kerzen auf die Zweige des Christbaums, Bethli und Hedi, die grossen Mädchen, helfen ihr. Das Ungeborene in ihrem Bauch bewegt sich, als ob es auch schon helfen wolle, als ob es die Unrast spüre, die in der Luft liegt. Silvester, nach langer Zeit ist die Familie wieder zusammen, zusammengedrängt im winzigen Haus auf der Matt. Man hätte ins Pfarrhaus zurückkehren können, fast alle Evakuierten sind wieder in ihren Wohnungen. Doch es wäre zuviel Aufregung, zuviel Arbeit gewesen. Der Pfarrer hat anderes zu tun, ist kaum mehr im Haus. Die Hilfsaktion nimmt ihn voll in Anspruch, wann er die Predigten schreibt, weiss niemand. Gertrud muss sich schonen, im Februar kommt das Kind.

«Wird der Vater eine Geschichte erzählen?» fragt Bethli.

«Gewiss.» Gertrud schaut auf die Stubenuhr. Neun Uhr vorbei, Friedrich ist noch immer unterwegs. Sie zündet die Kerzen an, dann sitzt sie mit den drei Mädchen und dem Buben am Tisch, Katharina, die Kleinste, schläft schon. Dörrobst, Nüsse und Äpfel liegen auf einem Haufen, sie essen, plaudern, dann schläft auch Trudi ein, die Vierjährige. Gertrud trägt sie in die Kammer hinauf, legt sie ins grosse Bett.

Zehn Uhr schlägt es, als sie hört, wie der Mann vor der Tür den Schnee von den Schuhen scharrt. Sie geht in die Küche, setzt den Kaffee auf.

«Erzählst du jetzt eine Geschichte?» fragt Bethli wieder. Der Vater hat es versprochen, es ist Tradition in der Familie, dass er sich an Silvester Zeit nimmt und erzählt. Von der Kindheit in Glarus, vom Gymnasium in Schiers, der Studentenzeit in Basel und Zürich oder von seinen Aufenthalten in Deutschland, im Krieg.

«Heute erzähle ich euch aber von meinem Vorgänger, dem berühmten Bernhard Becker, der von 1848 bis 1879 Pfarrer war in Linthal und mit seiner Familie, der Frau und elf Kindern, in der gleichen Wohnung lebte wie wir. Auch er ist als junger Mensch in Europa herumgereist. Hat Hunger gelitten und war einmal so krank, dass er in Lyon in einer Herberge seinen Namen mit Kreide auf den Tisch schrieb, damit man wisse, wer er sei, wenn er am nächsten Morgen nicht mehr erwache.»

Still hören die Kinder zu, Friedrich Frey fährt weiter: Becker war nicht nur Pfarrer, er war auch Schulinspektor, er war Berichterstatter für Zeitungen, er war ein engagierter Schriftsteller und Dichter. Die soziale Frage hat ihn zeitlebens beschäftigt. Er hat gegen die Kinderarbeit gekämpft, die damals üblich war, er hat gegen den Alkoholismus, die schlechte Ernährung, gegen die Ausbeutung der Arbeiter geschrieben. Frey schlägt ein Büchlein auf: «Ein Wort über die Fabrikindustrie, mit besonderer Hinsicht auf den Canton Glarus.» Die Schrift hat beim Erscheinen im Jahr 1858 Staub aufgewirbelt, gab den Anstoss für das Fabrikgesetz, das die Glarner 1864 an der Landsgemeinde in Kraft setzten. Er liest ein Stück vor: «Nach sechs Jahren kommt das Kind in die Spinnerei oder Druckerei. Die heissen Stuben in den Druckereien, der Menschen- und Farbendunst sind einer gesunden, blühenden Entwicklung entgegen. In den Spinnereien müssen die Kinder meistens von morgens 5 Uhr bis abends 7½ Uhr tätig sein. Diese Arbeit ist schuld, dass die Kinder nichts werden. Haben sie, wie es in vielen Orten der Fall ist, noch einen weiten Weg bis zur Spinnerei, so müssen sie um 4 Uhr morgens aus dem Schlaf genommen werden, aus dem Schlaf, der für die Kinder in reichem Masse geradezu unentbehrlich ist. Das ist ein Zustand, gegen den man sich mit aller Macht erheben sollte. Man empört sich im politischen Leben gegen mancherlei, wo nicht halb so viel Ursache vorhanden wäre, und gegen diesen erbärmlichen Zustand unserer Kinder wagt niemand ein Wort einzulegen.»

«Ist es denn heute besser?» fragt Gertrud, als der Pfarrer das Buch beiseite legt. «Die Bauerntöchter und die Mädchen aus den Fabrikheimen müssen auch mit fünfzehn in die Fabrik.»

«Das Leben der Menschen war wohl zu allen Zeiten ein Kampf», sagt Friedrich. «Gegen die Adeligen, die Grundbesitzer, gegen Fabrikherren, gegen Diktatoren, gegen die Naturgewalt. Gott hat die Menschen halt aus dem Paradies vertrieben. Was bleibt ihnen anderes übrig? Sich erheben, wie Becker schreibt? Oder sich ergeben?»

Die Glocken beginnen das alte Jahr auszuläuten. Sie treten vor die Tür, Kerzen leuchten in den Fenstern, das Dorf lebt wieder, die Lichter stehen wie Lebenszeichen gegen die drohende Masse des Bergs. «Bernhard Becker nannte sich einen Schattenmann, weil er im Schatten des Kilchenstocks lebte. Als er einmal an einem sonnigen Ort weilte, sagte er, wo man 1400 Klafter guten Pflanzboden habe und eine Frau, und die Sonne stehe um fünf Uhr auf, da sei die soziale Frage gelöst.»

Das Geläute verstummt, Stille breitet sich aus. Dann beginnt eine Glocke der reformierten Kirche Mitternacht zu schlagen, die katholische folgt kurz darauf. Die Kinder zählen laut mit. Zwölf Schläge, das neue Jahr hat begonnen.

«Den Pflanzboden haben wir nicht mehr», sagt Gertrud leise. «Die Sonne auch nicht.»

Schweigend stehen sie in der Dunkelheit, hören zu, wie die Glocken das Jahr 1931 einläuten. Friedrich zündet die erste Pfeife an.

# Widerstand

1931

Besuch des Frühgottesdienstes bei schrecklichem Schneesturm. Die Kinder, denen sonst dergleichen Scherz bringt, sind heute nicht zur Heiterkeit zu bringen, manches weint auf dem Kirchweg. Mit Mühe erreicht die Sr. Oberin, die schon hohes Fieber hat, dass ein Dutzend Mädchen zum Hauptgottesdienst gehen. Schon am Abend melden sich mehrere Mädchen unwohl – sie haben Fieber. (Chronik Marienheim Rüti)

«Und wenn ich allen Glauben habe, so dass ich Berge versetze, habe aber die Liebe nicht, so bin ich nichts.» Pfarrer Zimmermann hat aus dem Brief des Apostels Paulus an die Korinther gepredigt. Der Berg, immer der Berg, denkt Mariella, Schneekörner stechen ihr ins Gesicht wie Nadeln. Der Biswind zieht von Norden ins Tal, wirbelt durch den Kessel des Hinterlandes. Sie haben gebetet, der liebe Gott möge doch den Berg zur Ruhe bringen, und wenn sie fest daran glauben, werde er still bleiben. Der Berg sei eine Warnung an die Menschen in einer sittenlosen Zeit, in einer Zeit des Zerfalls aller Nächstenliebe und aller Ordnung. «Der Glaube kann Berge versetzen, der Glaube kann den Berg zähmen.»

Mariella glaubt nicht. Vor ihr stampfen die andern Mädchen gebückt durch den Schnee, der Sturm fegt in ihre Röcke, steifgefroren wie Bretter schlagen sie ihnen um die Beine. Um den Kopf haben sie Tücher geschlagen, Ohrenwärmer, Kappen. Wie soll ich glauben können, wenn mich das Schicksal ins Heim gesperrt hat, in die Fabrik, zu den lieblosen Nonnen und den groben Meistern. Der Pfarrer hat sie angestarrt, während er gepredigt hat, immer nur sie. Als er von der Liebe gesprochen hat, da hat es wie Funken aus seinen Augen gesprüht.

Priester treiben es mit den Köchinnen, mit den Haushälterinnen, mit den Nonnen. Priester greifen den Mädchen unter den Rock. Witze gibt es darüber und obszöne Lieder, im Heim sind sie verboten. Die Soldaten haben sie erzählt, haben gesungen, haben ihr die Hand aufs Bein gelegt. «Im Kloster der Karmeliter, der Pater Gabriel, der hat der Anna Bänziger, versprochen 'ne neue Seel ...» Im Heim ist fast alles verboten, tanzen, sich mit Burschen treffen. Ist das Liebe, mit dem Jost, dem verstockten Schüler? Mariella weiss es nicht.

Jost sagt kaum ein Wort, er schaut ihr nicht in die Augen, er fällt über sie her wie ein junger Hund, lässt sich von seinem Trieb mitreissen. Stark ist er, drückt sie fest. Liebe? Einen Kuss hat er ihr noch nie gegeben.

«Schneller», faucht die Schwester hinter ihr, «sonst erfrieren wir noch.» Schwer hebt Mariella ihre Füsse, die Tritte im Schnee sind schon fast verweht, die andern Mädchen nur noch Schemen, im Gestöber versunken.

«Ich bin so müde.»

«Schlaf in der Nacht. Dann magst du laufen und arbeiten.»

Vierzehn Stunden mussten die Kinder früher in die Fabrik, hat sie gelesen in der Chronik, schon die Neunjährigen. Und als das Fabrikgesetz die Kinderarbeit verbot, galt es nicht für die Kinder des Heims, weil sie aus andern Kantonen stammten. Sklaven waren die Heimkinder, Gesetzlose. Manchmal packt Mariella eine Wut. Einmal muss alles ans Tageslicht kommen, in einem Buch wird sie alles aufschreiben, was sie weiss, und deshalb muss sie fort aus diesem Gefängnis.

Philomena kletterte durchs Klosettfenster im Erdgeschoss, elf Mädchen hinterher, wie zwölf weibliche Apostel, die sich aufmachten in die Welt mit einer Botschaft. Sie verschwanden im Nichts, auf der Suche nach Liebe. Später haben die Schwestern das Fenster mit einem Eisengitter versperren lassen, jetzt sieht das Heim aus wie ein Gefängnis.

Eines Tages mache auch ich mich davon, denkt Mariella, vielleicht kommt der Jost mit, wenn er ein Mann geworden ist. Wohin? Überall ist es besser als hier. Sie bleibt stehen, lehnt sich an einen Zaunpfahl, der einzige Halt im Sturm, in dem Erde und Himmel zu einem weissen Strom verschmelzen.

«Jetzt geh schon. Ist dir nicht gut?»

Die Schwester schaut sie an, nur ihre Augen sind zu sehen hinter Tüchern und Schals, Eis klebt an ihren Brauen und Haaren. Eine eisigkalte Hexe.

«Mir ist schlecht.»

«Gib mir die Hand. Du hast Fieber.»

Sie zieht Mariella übers Feld, grau taucht die Fabrik aus dem Schneetreiben, der Hochkamin wie ein Leuchtturm, das Magazin ein schwarzes Schiff. Mariella spürt den Boden nicht mehr, Hände und Füsse sind gefühllos, sie schreitet wie über schwankende Eisschollen. Einmal werde ich weggehen, im Sommer, wenn es wieder warm ist und der Klausenpass schneefrei.

Die Fenster der Fabrik starren sie an wie die Augen des Pfarrers, neugierig und strafend und fordernd. Die Liebe, so sagt der Apostel, ist grösser als der Glaube und grösser als die Hoffnung.

---

Sehr geehrter Herr Pfarrer
Ich werde am nächsten Sonntag 18.1., 9.24 ab Zürich fahren und 11.36 in Linthal eintreffen. Gerne folge ich darum Ihrer Einladung, zu Ihnen zu kommen. Nach dem Mittagessen muss ich etwas Ruhe haben. Vor dem Vortrag kann ich keinen Rundgang durchs Dorf machen, so interessant es mir wäre. Vor zwanzig Jahren hatte ich noch keine Veranlassung, meine Kräfte zu ökonomisieren – aber jetzt! (Albert Heim an Friedrich Frey, 15. Januar 1931)

Stumm stehen die Berge, in graue Tücher gehüllt. Der Zug ist leer und kalt. Es ist meine letzte Fahrt ins Tal, denkt der alte Mann. Sein Bart ist schütter geworden, die Haare fallen büschelweise aus. Es ist, so will es ihm vorkommen, als habe die Fahrt hinüber ins andere Land, ins Schattenreich, schon begonnen. Nicht über den Styx führt sie, sondern durch dieses Tal.

Glarus. Hier war Endstation, als er siebzehnjährig seine erste Exkursion ins Tödigebiet unternehmen durfte. Sie waren zu Fuss weitergewandert, der Linth entlang, an der sich Fabriken wie Festungen erhoben, kalkgraue Fassaden mit langen Fensterreihen. Schon nach einer Stunde, bei Mitlödi, stand unvermittelt der weisse Kubus des Tödi im Süden, die Herausforderung. Fünf Jahre zuvor hatte der Berner Chemiker und Mineraloge Rudolf Theodor Simler die höchste Spitze des Massivs betreten, auf dem fussbreiten Gipfelgrat, tausend Meter über Abgründen war ihm die Idee gekommen, eine Vereinigung der Bergsteiger und Bergfreunde zu gründen, den Schweizer Alpenclub. Albert Heim war schon als Gymnasiast beigetreten. Er selber bestieg den Gipfel nicht, er skizzierte und modellierte nach den Zeichnungen sein erstes Relief aus Ton und Gips. So war Albert Heim zur Geologie gekommen, die Glarner Alpen hatten ihn nie mehr losgelassen. Hier hatte alles begonnen, hier hatte es sich entwickelt, hier fand alles sein Ende.

Das Leben ist wie der Berg, denkt er: jung steigen wir hinauf, den Gipfel im Auge. Vor uns die Wand, der Blick ist auf den Weg gerichtet, Stufe um Stufe gewinnen wir an Höhe. Dann neigt sich der Hang, der letzte Grat spannt sich schwindelerregend über den Abgrund. Und dann der Gipfel, das Glück und das herbe Erwachen. Ein Grat führt zur nächsten, noch höheren Spitze. Und dahinter weitet sich ein Meer von Bergen. Das Ziel ist erreicht, aber nur, um uns einen Blick in die Unendlichkeit zu gewähren, ein Geheimnis ist enträtselt, nur, um uns die Unergründlichkeit der Welt erneut vor Augen zu führen. Dann steigen wir ab, bedächtig und gedankenschwer und müde. Der Blick sucht nicht mehr den Weg, sondern die Weite. Schatten liegen im Tal, der Ort kommt in Sicht, wo unsere Wanderung begonnen hat. Es schliesst sich der Kreis. Was war der Sinn?

«Linthal», schnarrt eine Stimme, «Endstation. Alles aussteigen bitte.» Albert Heim schreckt auf, er war eingenickt. Der Zug überquert die Linth, das wenige Wasser ist mit Eis bedeckt. Jenseits raucht ein Fabrikschlot, die Bergwände sind im nebligen Grau versunken.

Auf dem Platz vor dem Bahnhof wartet ein gedrungener Mann mit Bart, der aussieht wie ein Bergbauer, ein Gesicht wie Leder, lebendige Augen, wacher Blick. Eine knorrige, eigenwillige Erscheinung, in der niemand einen Pfarrherren vermutet. Er winkt, eilt zum Wagen. «Herr Professor!»

Frey nimmt Heim die schwere Mappe ab, stützt seinen Arm, als er die letzte hohe Stufe hinabsteigt.

«Wir sind so froh, dass Sie kommen, Herr Professor.»

Heim nickt, der Schnee blendet ihn, benommen schaut er in die Runde.

«Was macht unser Berg?» ist seine erste Frage.

Der Pfarrer deutet hinüber, wo hinter dem Dorf der Hang abrupt ansteigt. «Er schweigt. Er schläft. Wir hatten kalte Tage.»

Heim wiegt den Kopf. Wie ein Feind, der sich zurückgezogen hat ins Niemandsland und dort im Verborgenen den nächsten Angriff vorbereitet, so kommt ihm der Kilchenstock vor. Die Stille ist unheimlicher, als wenn es bersten und krachen würde. Doch der Berg kann niemals Feind sein. Keine Seele, kein Gefühl bestimmt sein Verhalten. Nur der Mensch handelt nach Gefühl und Verstand. Der Berg ist von den Gesetzen der Natur bestimmt, die uns ewig verschlossen bleiben werden. Was wir wissen, ist nur Ahnung, der kurze Blick auf das ferne Gipfelmeer. Auch die moderne Deckenlehre des Rudolf Staub ist nicht die Wahrheit, ist nur die Oberfläche und nicht der Kern. Darnach suchen wir vergebens.

«Wir sind noch nicht ins Pfarrhaus zurückgekehrt», sagt Frey, während sie gegen das Dorf schreiten. «Alle andern Evakuierten sind inzwischen wieder daheim. Wir haben noch keine Zeit gefunden.»

Heim nickt gedankenverloren. Sein böses Bein schmerzt wieder, wie vor 65 Jahren nach dem Unfall.

Als erster wird Herr Prof. Dr. Albert Heim zu Worte kommen. Nicht um die üble Prophezeiung zu wiederholen, kommt er nach Linthal, obwohl sie nach seiner Auffassung nicht zu umgehen sein wird, sondern um die Gründe bekannt zu geben, die die Fachleute zu dieser Prognose führen, und um der Bevölkerung mit väterlichen Räten zur Seite zu stehen. Es ist auch durchaus gerechtfertigt, wenn den Prognostikern und den Gegnern Gelegenheit zu gegenseitiger Aussprache gegeben wird. Heim als europäische Grösse verfügt über ein grosses Erfahrungsmaterial, die Einheimischen kennen den Berg, eine Diskussion, wenn sie von beiden Seiten benützt wird, kann für beide Teile bereichernd wirken. (Friedrich Frey in der Neuen Glarner Zeitung, 16. Januar 1931)

Der Berg hat das Dorf gespalten, ein tiefer Graben klafft zwischen jenen, welche über die Gefahr spotten, und den andern, die vor Angst gelähmt sind. Pfarrer Frey kommt es manchmal vor wie früher, als noch keine Brücke über die Linth führte. Man sah täglich die Nachbarn drüben ihr Tagewerk tun, sie hirteten das Vieh, sie schnitten das Gras, sie steckten die Kartoffeln genau wie die Menschen hüben, aber sie kamen sich nie wirklich näher, jeder fühlte sich einer andern Welt zugehörig, obwohl alle dasselbe harte Leben führten und unter denselben Heimsuchungen litten. Die Halbwüchsigen schlugen sich die Köpfe blutig, wenn sie sich begegneten, die Alten machten die Faust im Sack. Statt Solidarität herrschte Feindschaft zwischen den Dörfern. Es gab richtige Bubenkriege, und wenn ein Haus brannte, dann hiess es: Einer von drüben hat es angezündet.

Heute ist Linthal zwar eine einzige Gemeinde mit Vereinen, Versammlungen, Kirchen und Schulhäusern. Der Berg hat jedoch die Menschen entzweit, die Solidarität bröckelt wie das Gestein, statt dass sie sich gemeinsam zur Wehr setzen. Wer etwas aufgeklärter ist, nimmt die wissenschaftlichen Prognosen ernst, was nicht Panik heissen muss, sondern Vorsicht und Umsicht. Die Unsicheren und Labilen verschliessen die Augen und rennen wie Schafe den Demagogen nach, welche die Stimmung nutzen, um möglichst viel Volk um sich zu scharen. Die Geologen sind die Prügelknaben geworden, auf sie entlädt sich der Zorn, im besten Fall überschüttet man die Wissenschaftler mit Spott, weil sich ihre Prognosen bisher niemals bewahrheitet haben. Die satirische Zeitschrift Nebelspalter hat den Kilchenstock als alten Mann dargestellt, an seinem Fuss stehen Geologen mit Messinstrumenten und Büchern, und der Berg sagt: «Euere Wissenschaft in Ehren – aber ich komme, wann ich will!» Die Grossmäuler am Biertisch haben bisher recht behalten. Der Berg ist nicht gekommen.

Friedrich Frey hat für seine Sorgen einen geduldigen Zuhörer gefunden. Sie haben zu Mittag gegessen, Albert Heim bloss eine Haferschleimsuppe und etwas Brot und Käse. Jetzt sitzen sie am Fenster, draussen fällt der Schnee in dichten Flocken. In der Stube ist es warm. Gertrud bringt Tee, Kaffee, Gebäck. Sie bewegt sich vorsichtig, in wenigen Tagen wird sie niederkommen.

Heim sagt: «Wissenschaft ist in der Geschichte stets angefeindet worden, denken Sie an Newton, an Kepler, Galileo Galilei oder an Kopernikus. Galilei musste wider besseres Wissen seiner Erkenntnis abschwören, die Wissenschaft beugte sich der Macht, dem Klerus damals.»

«Und er bewegt sich doch.» Frey lächelt. «Galileis berühmter Satz könnte auch für den Kilchenstock gelten. Auch wenn es die Linthaler nicht wahrhaben wollen, der Kilchenstock bewegt sich doch.»

«Die Menschen wünschen stets, dass alles so bleibe, wie es war. Sie ziehen den Stillstand vor, denn Bewegung heisst Veränderung. Veränderung verunsichert. Man weiss nicht, wohin die Reise geht, was kommt. Als wir Geologen die Deckenlehre ins Gespräch brachten und bewiesen, dass die Gebirge durch weiträumige Bewegungen entstanden sind, Falten, Überschiebungen und Brüche, und dass sie sich noch immer bewegen, da galten wir als Ketzer. Ein Berg war ein Symbol für das Feststehende, das Bleibende schlechthin. Der Berg ist ewig, glaubt das Volk. Aber schliesslich wenden wir Geologen nur die mechanischen Prinzipien Galileis und Newtons auf das Gebirge an.»

Heim trinkt einen Schluck Tee, lobt das Aroma der Pfefferminze, die Gertrud im Sommer gesammelt und getrocknet hat. Dann unterhalten sie sich über den Kilchenstock, die Hilfsaktion, über Weltpolitik und philosophische Fragen. Und schliesslich über ihre Hunde, Heim empfiehlt dem Pfarrer einen Zwinger im Toggenburg, von dem er weiss, dass er prachtvolle Neufundländer verkauft. «Wenn du Feinde hast, ist ein Hund dein bester Freund.»

Stundenlang hätte Frey mit dem alten Weisen weiterreden mögen, er ist ihm so nahe wie selten einem Menschen, obwohl sie sich erst vor wenigen Tagen zum ersten Mal gesehen haben, als er nach Zürich gefahren ist, um die Einzelheiten des Vortrags zu besprechen. In diesem bedeutenden Mann ist sein eigener Wunsch nach wissenschaftlicher Arbeit verkörpert, nach Forschen und Erkennen, nach Anerkennung auch. Trotz dem Ruhm ist Heim ein einfacher, liebenswerter Mann geblieben. Sie verstehen sich, obwohl ihm Heim schon nach dem ersten Händedruck anvertraut hat, dass er Atheist sei. «Christ sein und im christlichen Sinne handeln ist nicht dasselbe», hat Frey zur Antwort gegeben.

Nach dem Tee bittet Albert Heim um Ruhe, lehnt sich im Polsterstuhl zurück, schliesst die Augen und versinkt in seine Innenwelt. Seine Gesichtszüge entspannen sich, die Stirnfalten glätten sich. Das Licht der elektrischen Lampe spiegelt sich auf der blanken Stirn. Trotz Bart und weissem Haar bekommt sein Gesicht einen kindlichen Ausdruck. Doch es ist kein fröhliches Kind, ein melancholischer Zug bleibt um die Augen. Frey löscht das Licht und verlässt leise die Stube.

---

Anwesend waren etwa 400 Personen der männlichen und weiblichen Bevölkerung Linthals, ferner Prof. Dr. Albert Heim, der Landammann, einige weitere Mitglieder des Regierungsrates und sämtliche Gemeindebehörden. Besorgnis lastete auf den

> Gemütern aller; die Linthaler sassen da, lebhaft diskutierend die einen, schweigsam und gedrückt die andern, liegt doch jener Tag noch nicht so weit zurück, an dem sie panikartig bei Nacht und Regen ihre Heimstätten haben verlassen müssen. Und der Tag wird wieder kommen! (Zürichsee-Zeitung, 19. Januar 1931)

«So geht halt», hat der Vater gesagt. Babetta und ihre Schwestern haben die Sonntagsröcke angezogen, nun waten sie durch den tiefen Schnee gegen Linthal. Versammlungen sind sonst Männersache, doch sie möchten den berühmten Mann sehen, der wegen dem Kilchenstock nach Linthal kommt. Anni, Babetta und Margrit wechseln sich ab mit Spuren, bei der Brücke über den Durnagel zerrt die Bise an ihren Kopftüchern, der Schnee dringt zwischen den Schuhschäften und den Strümpfen ein und schmilzt, bald sind die Füsse nass.

Vor dem Adler warten Männer in bestickten Kutten, die Hände in den Hosentaschen, Pfeifen und Stumpen qualmen. Die Frauen stehen abseits im Windschatten. Die Uhr an der katholischen Kirche zeigt fünf vor drei, als zwei Männer von der Matt heraufkommen. Die Leute verstummen, treten zur Seite. Der Linthaler Pfarrer schreitet neben einem gebückten Mann, der am Stock geht und hinkt.

«Der sieht ja aus wie der Prophet Moses», murmelt jemand. Schweigend starren die Männer den beiden entgegen, feindselig fast.

Der Pfarrer nickt einigen zu, hebt die Hand. Der Alte bleibt stehen, stützt sich mit beiden Händen auf den Stock, richtet sich etwas auf und schaut rundum. «Grüssgott, meine lieben Linthaler», sagt er leise und lächelt.

«Grüssgott», murmeln die Vordersten. «Guten Abend, Herr Professor.» Es ist, als sei ein Bann gebrochen. Mit einem einzigen Satz hat Albert Heim die zurückhaltenden Hinterländer für sich eingenommen. Er ist anders, als man sich einen Professor aus der Stadt vorgestellt hat, er wirkt biblisch, würdig und doch wie einer von ihnen.

Einige strecken ihm die Hand hin, Gemeinderäte, Regierungsräte umringen ihn, das Volk drängt zum Eingang und die Treppe hinauf in den Saal. Babetta, Anni und Margrit finden nur noch am Rand des Saals einen Stehplatz. Rasch wird es heiss, die Feuchtigkeit in den Kleidern verdunstet, bald ist die Luft schwer wie im Fabriksaal, von den Fensterscheiben tropft Wasser.

Professor Heim setzt sich vorn an einen quergestellten Tisch, zwischen den Pfarrer und Landammann Hauser, er erhebt sich, grüsst nochmals freundlich, dann beginnt er zu reden. Seine Stimme ist leise und etwas heiser. «Wir sind zusammengekommen, um uns auszusprechen über die Gefahr, die Linthal bedroht. Wir können sie nicht beseitigen. Aber wir können ihr Wesen kennenlernen und ihr auf geeignete Art ausweichen. Bergstürze gab es von jeher und wird es immer geben. Allein in der Schweiz kennen wir etwa 1500. Sie haben im Gebirge ihr Heimatrecht.» Er redet frei, seine Stimme wird mächtiger; je länger er spricht, desto jünger wirkt er. Manchmal hält er inne, blättert im Manuskript, trinkt einen Schluck Wasser. Und während er von den Bergstürzen in Flims, in Goldau, Plurs und Elm erzählt, hat Babetta manchmal das Gefühl, er schaue sie an, obwohl sie am Rand steht und die wenigen Lampen den Saal nur schlecht beleuchten. Ihr scheint, seine Augen ruhten auf ihr, wenn er spricht, so, als halte er den Vortrag nur für sie allein. Das Blut steigt ihr in den Kopf vor Verlegenheit, sie schaut weg, doch der Blick des alten Mannes zieht sie immer wieder an. Gut, dass die Schwestern nichts bemerken. Anni hat ihren Verlobten gefunden, den Hans aus dem Tschingelgut, heimlich halten sie sich die Hand. Und neben Margrit steht ein Bursche aus Braunwald.

Der Pfarrer entrollt Schaubilder, hängt sie an die Wand. Mit einem Stock zeigt der Professor auf den Plänen, wo sich am Berg eine Spalte geöffnet hat, die sich ständig verbreitert, im letzten Herbst fast einen Zentimeter im Tag. Die Quarzit-Sandsteinkappe, die auf einer geneigten Schicht von Dachschiefer rutsche, drohe abzustürzen. Sie umfasse zwar nur den zehnten Teil der Bergsturzmasse von Elm, dafür sei die

Sturzhöhe fast das Doppelte, eine Energie, die genügen würde, um einen Eisenbahnzug von 150 Tonnen Gewicht anderthalbmal um die Erde zu ziehen. Was das bedeutet, kann sich Babetta zwar nicht vorstellen, sie hat das Tal noch nie verlassen, hat keine Ahnung, wie gross die Welt ist. Trotzdem versteht sie den Professor, er spricht in einfachen, eindringlichen Worten.

Er schildert anschaulich, wie sich der Schuttstrom ins Dorf ergiessen und sogar an der andern Talseite im Ennetlinth hinaufbranden würde. «Die geballte Energie wandelt sich im Tal in Zerstörungsarbeit um. Deshalb gibt es bei Bergstürzen nie Verwundete, nur Tote.» Vom Schutzdamm halte er wenig: «So wenig man eine Flintenkugel beim Austritt aus dem Gewehrlauf durch die Hand wird aufhalten können, so wenig wird ein Sturz am Fusse des Berges durch irgend etwas aufgehalten werden können.» Die Leute im Saal werden unruhig, doch der Professor hebt beschwichtigend seine Arme. Das Verhängnis werde nicht unerwartet eintreffen, wenn man weiterhin messe und beobachte. Auch auf die Tiere müsse man achten. In Elm seien die Kühe von der Weide geflohen vor dem Bergsturz. «In Plurs verliessen 1618 die Bienen fünf Tage vor der Katastrophe ihre Körbe, das Vieh wollte nicht mehr weiden. Die Plurser aber lachten und blieben. Ein einziger von ihnen blieb am Leben, über zweitausend starben.» Im März, so warnt er dann, werde die Bewegung erneut einsetzen, wenn der Winterschlaf des Bergs vorbei sei, und man müsse sich hüten, die Fehler, die man andernorts begangen habe, zu wiederholen. Eine verfrühte Räumung sei erträglicher als eine Katastrophe.

«Bis jetzt ist nichts angeordnet worden, das nicht gut und reiflich überlegt gewesen wäre. Wir Geologen haben ein gutes und reines Gewissen. Die Gefahr, die über Linthal droht, ist nicht abwendbar. Sie ist eine Folge der Schwerkraft, der gleichen Kraft, die unsern Erdball im Weltenraum schwebend erhält und um die Sonne kreisen lässt. Liebe Linthaler, ich bleibe im Geiste bei euch, Tag und Nacht.»

Heim setzt sich, sinkt förmlich in sich zusammen, der lange Vortrag hat ihn erschöpft. Die Leute klatschen, auch Babetta klatscht mit. Der alte Professor hat wohl die meisten davon überzeugt, dass die Geologen nicht auf den Berg steigen, um sich zu bereichern, sondern weil sie wirklich in Sorge sind und den Menschen helfen wollen.

«Hat jemand Fragen an Professor Heim?» Pfarrer Frey steht auf, schaut in die Runde. Wie in einer Schulstunde strecken ein paar zögernd den Finger in die Höhe. Alle, die sprechen, sind «im Prinzip» mit den Ausführungen des Professors einverstanden, stellen Fragen, ob man nicht doch einen Stollen bauen könnte, um das Gestein festzuklammern, oder sprengen, und ob man dem Winterschlaf des Bergs trauen könne. Nur der Coiffeur Fritz ruft in den Saal, ohne dass ihm der Pfarrer das Wort erteilt: «Nach der Räumung im Herbst sind die Katzen sofort wieder ins Dorf zurückgekehrt. So schlimm wie in Plurs kann es also doch nicht sein. Der Herr Professor hat ja selber gesagt, die Tiere spüren die Gefahr eher als wir Menschen.» Einige lachen, die Leute beginnen durcheinander zu reden, Rufe da und dort: «Wie steht es mit der Versicherung?» – «Es sollte etwas für das notleidende Gewerbe getan werden.»

Bis der Landammann aufsteht: «Ich bin auch der Meinung, wir müssten den Fachleuten vertrauen, nicht den Katzen!» Er erklärt die Massnahmen der Regierung. «Was Wissenschaft und Technik zur Milderung bieten, ist getan worden. Wir hoffen noch immer, dass die Felsmassen in Teilabstürzen niedergehen werden, sonst wird es eine schwere Katastrophe geben. Doch was der Kilchenstock uns auch immer bringen möge, wir tragen die Sorgen als eine gemeinsame Familie.» Wieder Applaus. Dann berichtet der Pfarrer über die Hilfsaktion und die Sammlung, die sehr erfolgreich verlaufen sei, 33 400 Franken seien eingegangen, aus dem Kanton und der übrigen Schweiz.

«Hat noch jemand eine Frage?»

Vorn im Saal erhebt sich eine breite Gestalt. «Der Bauerngeneral!» flüstert Anni. «Passt auf, was der sagt!»

Die Stimme des Mannes ist mächtig, alle Gespräche verstummen, es wird ganz still. «Man hat beim Bau des Schutzdamms die Liegenschaftsbesitzer nicht einmal angehört. Der Boden ist enteignet worden wie in Russland! Wir Bauern fordern volle Entschädigung für das Land!» Er rückt den Stuhl und setzt sich wieder hin.

«Bravo Heiri!» ruft hinten im Saal eine Stimme. Ein paar klatschen.

Die Männer vorn am Tisch schauen sich an, der Landammann schüttelt den Kopf: «Die Regierung nimmt Ihr Anliegen zur Kenntnis, Herr Schiesser.»

«Was heisst das?» ruft der Bauerngeneral. «Die Regierung soll endlich klaren Wein einschenken, was sie plant. Es kreist ein Gerücht, das ganze Dorf solle geräumt werden, und zwar für immer ...» Lärm brandet auf, seine Stimme geht unter. Der Landammann macht keinen Versuch mehr, einzugreifen. Albert Heim sitzt nach hinten gelehnt im Stuhl, seine Augen sind fast geschlossen.

Der Pfarrer steht auf, schliesst den Vortrag mit einem Dank an Professor Heim. Die Leute drängen zur Tür, es ist spät geworden. Draussen ist es dunkel, kalte Luft schlägt Babetta entgegen, als sie sich auf den Heimweg machen. Noch immer fällt Schnee.

---

> Lieber Herr Heim
> Als Sie Ihren Vortrag beendet hatten, war mir eines klar bewusst: Dass Sie unser Dorf sehr liebhaben müssen und dass Ihnen unser aller Wohl sehr am Herzen liegt. Als Sie dann den Saal durchschritten und Ihre Linthaler grüssten, sehen Sie, da hätte ich Ihnen so gern irgend etwas Liebes getan.
> Vielen Dank, Sie lieber Mensch!
> Ein Linthalermeitli
> (Brief an Albert Heim, 27. Januar 1931)

Hoch stapelt sich die Post auf dem Schreibtisch, Albert Heim freut sich, und gleichzeitig wird ihm jeder Brief zur Last. Er schreibt, schreibt, schreibt. Seit dem Vortrag in Linthal hat ihn neue Kraft beflügelt. Er muss sein Werk vollenden, so rasch es nur geht, Menschen schweben in Gefahr, nicht nur in Linthal. Wie besessen schreibt er, trägt Zahlen und Fakten zu Tabellen zusammen: prähistorische und historische Bergstürze, die verschiedenen Typen, die Sturzhöhen, die Gleitwinkel, die Volumina, die Toten. Geologie ist eine Wissenschaft des Lebens, nicht des toten Gesteins, das soll die Botschaft sein: «Bergsturz und Menschenleben». Die vierhundert Zuhörerinnen und Zuhörer in Linthal sind ihm vorgekommen wie ein trockener Schwamm, gierig haben sie seine Worte und sein Wissen aufgesaugt. Es muss jetzt endlich Schluss sein mit den Lügen, mit dem Vertuschen der Wahrheit, mit dem Verschweigen der Gefahr. Denn der Tag rückt unerbittlich heran, an dem die Katastrophe eintritt, nach wie vor ist er davon überzeugt. Die Messwerte sprechen eine klare Sprache. Erfahrung ist gut, Wissen ist besser. Die Synthese von beidem das Allerbeste. Beim Pfarrer hat er diese Verbindung gespürt, hier verzehrt sich ein grosser Geist im Schatten des Kilchenstocks, ein Geist, der über den kleinlichen Dingen des Alltags steht.

Wie ein Gespenst schleicht die Tochter durchs Haus, manchmal liegt Helene im Bett mit Grippe, dann wieder macht sie kleinere Arbeiten, glättet und flickt, ist weder richtig krank noch gesund. Vorwurf liegt in ihrem Blick, wenn sie in die Bibliothek tritt und gute Nacht wünscht. Dunkle Ränder hat sie um die Augen. «Du überarbeitest dich, Vater.»

«Trag du nur dir Sorge. Ich bin ein alter Mann. Pfarrer Frey hat sich übrigens nach deiner Gesundheit erkundigt in seinem letzten Brief.»

Ein Lächeln huscht über das weisse Gesicht. «Ich lasse ihm danken.»

«Seine Frau ist niedergekommen, in dem winzigen Häuschen, in dem sie jetzt leben. Noch sind sie nicht ins Pfarrhaus zurückgezogen.»

«Ist alles gut gegangen?»

«Eine gesunde Tochter, schreibt er. Anna Emma heisst sie. Das sechste Kind, das zweite seiner jetzigen Frau.»

«Ich werde ein Strampelhöschen stricken. Meinst du, das ist recht so?»

Heim nickt zerstreut, schon ist er wieder in seine Post vertieft. Wortlos verschwindet Helene, die Treppe knarrt leise. Er öffnet Briefe, einige aus Linthal, in einem ist ein Edelweiss eingeklebt. Menschen, die danken für seine klaren Worte, für seinen Mut, dort zu sprechen, wo man in letzter Zeit offene Drohungen gegen die Geologen ausgestossen hat.

Er überfliegt den Brief eines Kollegen, da trifft ihn eine Botschaft wie ein Hammerschlag: «... hast Du wohl erfahren, dass Schardt gestorben ist.» Sein Erzrivale, zehn Jahre jünger nur und trotzdem sein Nachfolger auf dem Lehrstuhl, der Welsche aus Basel, der Mann, dem die Wissenschaft neuerdings das Verdienst zuschreibt, der geistige Vater der Deckenlehre der Alpen zu sein, «Apotheker» hat ihn Heim manchmal abschätzig genannt, weil Schardt von Hause aus gar nicht Geologe war, sondern Pharmazie studiert hat, der erste Gutachter am Kilchenstock ist tot. Seit Schardts erster Arbeit, im Jahr 1884, über den Deckenaufbau bis zum Durchbruch dieser Auffassung am neunten internationalen Geologenkongress 1903 in Wien hat ihn Heim gemieden, bekämpft, sich gegen ihn gestellt. Und Schardt, ein notorischer Widerspruchsgeist, hat Heim das Wasser abgegraben, wo er nur konnte. Seit er sein Nachfolger am Institut geworden ist, ganz besonders. Und ein letztes Mal am Kilchenstock, wo Schardt beruhigt statt gewarnt hat. Er hat Menschenleben aufs Spiel gesetzt, damit ist er eindeutig zu weit gegangen.

Doch wenn Schardt schliesslich recht behalten wird? Trotz seinen dürftigen Skizzen, seinem schludrigen Gutachten? Schardt, ein Genie? Entdecker der wahren Theorie vom Bau der Alpen? Und er, Heim? Ein fleissiger, pingeliger Arbeiter, ein Sammler, aber kein wirklich grosser Denker? Ein Buchhalter, aber kein Visionär? Klammert er sich deshalb so an seine Katastrophentheorie, weil sie die letzte Gelegenheit ist, mit Schardt abzurechnen und damit mit der Vergangenheit?

Kaum ein Wort haben sie gewechselt bei ihrem letzten gemeinsamen Treffen an der Konferenz im November 1928 in Linthal. Er hat Schardt nicht einmal zu seinem siebzigsten Geburtstag gratuliert, den er kurz zuvor gefeiert hatte. Dabei wäre es der Augenblick gewesen, sich die Hand zu reichen. Der Welsche und der Freund der Deutschen. Nie wieder Krieg! Es hätte der Wissenschaft und der Sache gedient. Zu spät.

Heim steht am Fenster, sieht im schwarzen Viereck bloss sein eigenes Spiegelbild. Wie ein Fossil sieht er aus, flachgepresst im Schiefergestein. Wie einer der Glarnerfische, die Johann Jakob Scheuchzer vor mehr als zweihundert Jahren aus dem Schiefer des Plattenbergs bei Engi gegraben und damit die Geologie begründet hat. Die Sintflut habe die Fische verschüttet, hatte der Zürcher Gelehrte geglaubt. Heute weiss man, dass sie in den Trübeströmen eines Meers im Oligozän verendeten, dann zwischen Kalk- und Verrucanoschichten bei der Alpenfaltung von ungeheuren Kräften flachgepresst worden sind. Die Fische sind stumm und tragen doch Botschaften aus der Vergangenheit in die Zukunft, über dreissig Millionen Jahre. Der Tod stand am Anfang der geologischen Wissenschaft, im Gestein hat er Spuren hinterlassen, die wir heute entziffern. Ist das der Sinn von Leben und Tod? Spuren hinterlassen für die Nachwelt, Botschaften auschicken in eine ferne Lebenswelt, auch wenn wir selber verstummen? Oder ist der Sinn des Lebens bloss das Leben selbst?

Heim löscht das Licht. Viel zu alt bin ich geworden, denkt er. Er schlägt das schwarze Heft auf, taucht die Feder ins Tintenfass, schreibt.

Forschend hab' ich Gott gesucht, hab' Gewaltiges gefunden.
Wahrheit … Ahnung … Herrlich, schön waren der Erkenntnis Stunden.
Aber Rätsel türmten sich riesengross und ohne Ende,

und den Herrgott fand ich nicht, der mir böte Vaterhände.
Gott, du bist ja viel zu gross, dass wir können dich erschauen.
Unsrer schwachen Herzen Los bleibt, auf Ahnung aufzubauen …

Dann wickelt er das Heft in ein Tuch, schiebt es in die Schublade. Ein fahler Schimmer fällt durchs Fenster. «Vergib mir», murmelt Heim. «Vergib mir.»

---

> Die Kosten einer Umsiedelung von ungefähr gleichem Umfang wie die gefährdete werden rund 3 Millionen Franken betragen. Die Gemeinde Linthal gibt zur Finanzierung dieser Summe ein Prämienanleihen von 6 Millionen Franken heraus. Angesichts des Mitleids, das allenthalben mit der schwergeprüften Gemeinde besteht, sollte die Unterbringung dieser Stücke nicht auf Schwierigkeiten stossen. Diese Obligationen werden nicht verzinst, aber innert 60 Jahren mit dem doppelten Betrage zurückbezahlt. Von den durch Prämienobligationen erhaltenen Anleihen von 6 Millionen Franken müssen wir also nur 3 Millionen zum Zinsendienst verwenden. Die bestehenden Gebäulichkeiten bleiben, wo sie sind. Kommt ein Bergsturz und deckt sie zu, dann tritt die Versicherung in Kraft. Kommt der Sturz nicht, so können die Häuser abgetragen werden oder behalten immer einen gewissen Wert. (Vorschlag zur Finanzierung einer Umsiedelung in der Gemeinde Linthal von Regierungsrat J. Müller, Näfels, 19. Februar 1931)

Unablässig schlägt er mit dem Hammer auf den Meissel, der Verputz splittert weg, darunter treten Bruchsteine hervor, die Fugen mit sandigem Mörtel gefüllt. Jakob Vögeli spitzt einen Schlitz in die Mauer, Rohre kommen hinein, die elektrischen Leitungen werden unterputz eingezogen, modernste Technik. Im alten Badhaus im Stachelberg werden Wohnungen eingebaut. Einen Stock höher pflastern Gipser und Stukkateure, dort bauen die Besitzer eine luxuriöse Suite mit Biedermeierzimmer, Jugendstilzimmer, Studierstube und Salon. Der Familie Wolf aus Stuttgart gehörten der Stachelberg und die

Spinnerei Kunz. Sie wollen regelmässig zur Sommerfrische nach Linthal kommen, in die kühlen Berge.

«Die einen ziehen aus, die andern ein», schallt eine Stimme durch die leere Kammer. Vögeli lässt den Meissel sinken, dreht sich um. Im Türrahmen lehnt der Coiffeur Zweifel, schaut sich um, ein schiefes Grinsen im Gesicht.

«Wir jedenfalls sind nicht ausgezogen. Wir haben auch kein Hilfsgeld kassiert.» Vögeli dreht sich wieder zur Wand, spitzt weiter.

Zweifel klopft da und dort mit dem Finger auf den Verputz, dann tritt er ans Fenster, schaut hinüber zum Berg. «Der gescheite Professor Heim aus Zürich hat gesagt, wenn der Bergsturz komme, dann decke er auch das Ennetlinth zu und den Stachelberg.»

Vögeli stösst auf einen grossen Stein, meisselt ihn rundum frei, stemmt ihn mit dem Geissfuss aus der Wand. Krachend fällt er dem Coiffeur vor die Füsse.

«He, willst du das ganze Haus abreissen?» Zweifel springt zur Seite. «Es gibt scheint's Leute, die anderes mehr fürchten als den Berg. Drum kommen sie hierher.»

«Was meinst du?»

«Die Wolfs sind doch Juden», sagt Zweifel mit gedämpfter Stimme. «Die Nationalsozialisten wollen denen ans Fleisch, im deutschen Reichstag haben sie schon fast die Mehrheit. Juden, sagt der Hitler, seien Parasiten, eine Menschenrasse, die selber kein Land besitze und sich deshalb in die ganze Welt zerstreut habe, um sich an den andern Völkern zu bereichern.»

«Der Hitler ist ja ein Österreicher.»

«Die Deutschen haben ihn eingebürgert, zum Gendarmeriekommissar ernannt. Du wirst sehen, bald ist er Kanzler.»

«Und deshalb, meinst du, kommen die Wolfs nach Linthal?»

«Jedenfalls erzählt man das. Reich sind sie. Ihnen gehört die Fabrik, das alte Bad. Ihnen gehören Spinnereien und Webereien in Deutschland, in Südamerika, auf der ganzen Welt.

Und sie haben auch noch Anteile am grossen Kaufhaus Jelmoli in Zürich. Wenn man sieht, wie herrschaftlich hier ausgebaut wird ...»

«Kommst du zum Spionieren? Damit du dann beim Rasieren allen erzählen kannst, wie reich die Wolfs sind? Bist du etwa auch gegen die Juden?»

«Ich habe wohl das Recht, zu schauen, was hier geschieht. Schliesslich war ich einmal Badmeister im Stachelberg. Aber das war eine andere Zeit, da war Linthal noch ein Name. Graf Zeppelin hat hier logiert, der Erfinder der Luftschiffe. Ich habe ihn selber noch massieren dürfen. Du, da gab es nicht bloss fünf Rappen Trinkgeld.» Mit der Schuhspitze zeichnet Zweifel ein Kreuz in den Kalkstaub am Boden, dann hängt er an jedem Ende einen kurzen Strich an.

«Das Hakenkreuz, pfui Teufel», entfährt es Vögeli. Er spuckt drauf. «Spinnst du eigentlich? Wisch das sofort weg.»

Zweifel zuckt die Achseln. «Die Nationalsozialisten haben nicht unrecht. Schau doch mal, wie schlecht es bei uns den Arbeitern und Bauern geht. Auch beim Kunz gibt es Entlassungen.»

«Wenigstens macht er nicht ganz den Laden dicht wie der Bebié. Und das ist ein Schweizer.»

«Für eine Herrschaftsvilla haben die Wolfs jedenfalls Geld. Woher haben sie das?»

«Uns bringen sie Arbeit damit. Merkst du etwas? Sei doch froh, dass sie bauen. Vielleicht kommen sie dann auch zu dir zum Haarschneiden.»

«Juden? Mit so Locken an den Schläfen?» Zweifel macht mit beiden Händen eine Zwirbelbewegung. «Also Dauerwellen mache ich nicht.» Er lacht, spaziert mit den Händen in den Hosentaschen hinaus, steigt im Treppenhaus in den oberen Stock.

«Dummkopf», brummt Jakob Vögeli. Er geht in den Nebenraum, holt eine Steckdose aus einer Kiste und passt sie ins Loch, das er neben dem Türpfosten gespitzt hat. Dann nimmt er den Besen und wischt Steine und Kalkstaub zusammen.

Über die Zunahme der Bewegung wird behördlicherseits auffallend geschwiegen. Die Bevölkerung weiss scheint's noch nichts davon. Wo ich Derartiges antöne, treffe ich fragende Gesichter. Es erscheint mir geradezu als wünschenswert, dass der Kilchenstock im Laufe der Schneeschmelze einige aufrüttelnde Brüche liefern wird.

Ich selbst stehe zur Zeit mit meiner Auffassung der Lage ganz isoliert da. Dass Ruhe und «Ruhe» zwei verschiedene Dinge sind, will niemand begreifen. (Friedrich Frey an Albert Heim, 8. April 1931)

«Und nach sechs Tagen nimmt Jesus den Petrus und den Jakobus und dessen Bruder Johannes mit sich und führt sie abseits auf einen hohen Berg. Und er wurde vor ihnen verwandelt, und sein Angesicht leuchtete wie die Sonne, seine Kleider aber wurden weiss wie das Licht. Und siehe, es erschienen ihnen Mose und Elia, die mit ihm redeten. Petrus aber begann und sagte zu Jesus: Herr, es ist gut, dass wir hier sind. Wenn du willst, werde ich drei Hütten machen, dir eine und Mose eine und Elia eine ...» Friedrich Frey hat das Gefühl, gegen eine gläserne Wand zu sprechen, welche die Kanzel vom Kirchenschiff trennt. In der ersten Reihe sitzen der Gemeindepräsident und der Kirchenpräsident, schauen in ihre Gesangsbücher, hinter ihnen sind ein paar Frauen in den Bänken verstreut. Seit der Jahreswende und dem Vortrag von Heim hat sich die Wand zwischen ihn und die Einheimischen geschoben, man sieht sich, man grüsst sich, man spricht miteinander und arbeitet zusammen wie zuvor, aber man versteht sich nicht mehr. Man hört zwar die Worte, aber nicht ihren Sinn. Eigentlich habe ich die Predigt für mich geschrieben, geht ihm durch den Kopf, während er den Text abliest. Vielleicht muss ich mich selber überzeugen, bevor ich die andern überzeugen kann. Ich habe Stellung bezogen und bin doch nicht sicher, ob ich richtig gewählt habe. Jesus Christus, so predigt er zu den wenigen, die dem Gottesdienst beiwohnen, ist nicht auf dem Berg geblieben. Hat nicht die schöne Hütte gewählt und bewohnt, die ihm Petrus bauen wollte. Er ist hinabgestiegen in die Welt, hinab zu den Menschen, er hat sogleich einen Knaben geheilt von der Mondsucht, so erzählt uns Matthäus im Evangelium. Er hat die Nähe der Armen und Kranken, der Verstossenen und Verfolgten gesucht und nicht die Abgeschiedenheit auf dem Berg in Gesellschaft der Propheten. Er hat die Welt gewählt und ihre Not, die er lindern wollte, solange ihm sein Weg auf der Erde beschieden war. «Dies ist mein lieber Sohn, an dem ich Wohlgefallen gefunden habe. Höret auf ihn!» rief Gott den Jüngern zu, und sie folgten dem Gottessohn, sie stiegen mit ihm ins Tal.

Friedrich Frey hat zu sich selber gepredigt in der Nacht, in der er wie immer in letzter Minute am Text gesessen hat. Gott wollte nicht die Hütte, die Einsamkeit der Spiritualität, er wollte den Dienst an der Gemeinschaft. Dünn klingt das Schlusslied, kläglich sein Gebet auf der Kanzel, hohl die Orgel.

An der Kirchentür erwarten ihn Bernhard Stüssi, der Gemeindepräsident, und Heinrich Schiesser, der Kirchenpräsident, laden ihn in den Raben zum Kaffee. «Oder müssen Sie auf den Berg?» fragt Schiesser. Frey hört den zynischen Unterton, geht über die Frage hinweg, indem er sich gegen den Wind dreht und hinter vorgehaltener Hand einen Stumpen anzündet. Er hat zur Stockhütte hinaufsteigen wollen am Nachmittag. Bald werden die Bewegungen wieder einsetzen. Er muss Professor Heim rapportieren, jetzt darf man nicht einschlafen, die Wachsamkeit darf nicht nachlassen.

Breit hockt der Wirt am runden Tisch, vor sich ein Glas Wein. Aus seinem Mund ragt die Spitze eines Nussgipfels und bewegt sich beim Kauen auf und ab. Schwerfällig steht Heer auf, als die Männer eintreten, schnauft dabei wie ein Ross.

«Drei Kaffee, Fritz», wirft der Gemeindepräsident hin. Schaut dem Wirt nach, der zur Küche schwankt. Sie setzen sich wortlos, jeder denkt wohl dasselbe. So kann es nicht lange weitergehen.

«Bedenkenswerte Dinge haben Sie gepredigt, Herr Pfarrer», beginnt Schiesser. «Schad, dass so wenig Leute gekommen sind.» Wieder die Spitze in der Stimme, wieder lässt sie Frey ins Leere stechen.

Heer bringt den Kaffee auf einem Tablett in grossen Gläsern, lauwarm und fad wie immer.

«Wie geht's denn, Fritz?» fragt Stüssi.

Heer greift nach seinem Weinglas, stürzt den Rest im Stehen hinunter. «Danke der Nachfrage», stösst er hervor, dreht sich um und schlurft in die Küche.

Stüssi schüttelt den Kopf, zeigt mit dem Daumen dem Wirt nach. «Unser Gewerbe geht vor die Hunde, Herr Pfarrer. Es muss etwas geschehen.»

Frey nimmt einen Schluck Kaffee, schiebt dann das halbvolle Weinglas von sich weg. «Was erwarten Sie? Ich habe genug Ämter und Aufgaben.»

«Wir müssen den Menschen wieder Mut machen und Vertrauen schaffen. Linthal ist nicht am Ende, Linthal muss eine Zukunft haben, Herr Pfarrer. Wir wollen nicht umgesiedelt werden.»

«Die Augen schliessen also? Den Kopf in den Sand stekken?»

«Wenn Sie die Augen aufmachen, dann müssen Sie doch zugeben: Was ist denn bisher geschehen? Etwas Dreck und ein paar Steine sind vom Berg herabgekollert, wie schon eh und je. Früher hat man einfach kein Aufhebens davon gemacht. Heute wird eine Katastrophe herbeigeredet.»

«Tragen Sie die Verantwortung, Herr Regierungsrat? Wenn der Berg kommt, wie vor fünfzig Jahren in Elm? Die Geschichte kennen Sie ja!»

«Tragen Sie die Verantwortung für das Gewerbe, das kaputtgeht, für den Ruf von Linthal als Ferienort? Für die Industrie, die wegen dem Berg nicht mehr investiert? Und für den Schaden, wenn nächstes Jahr das Klausenrennen abgesagt werden muss?»

Frey schaut einer Fliege nach, die über den Tisch spaziert. Wofür trägt der Pfarrer Verantwortung? Er ist auch noch Schulpräsident, er ist Armenpräsident, er ist Präsident des

Hilfskomitees. Ist er auch noch für das wirtschaftliche Gedeihen des Dorfs zuständig?

«Ich bin nach Linthal gekommen, weil ich Verantwortung übernehmen wollte für eine bedrängte Gemeinde in meiner Heimat.» Frey beobachtet, wie sich die Fliege an einem klebrigen Fleck zu schaffen macht. «Ich bin trotz des Bergs gekommen. Und wegen dem Berg. Wenn Sie mich verstehen.»

«Sind Sie auch wegen den Menschen gekommen? Wegen uns Linthalern? Seit Jahrhunderten leben wir hier, und der Berg hat immer gedroht. Wir sind immer mit ihm fertig geworden.» Stüssi schlägt mit der flachen Hand nach der Fliege, verfehlt sie. Die Kaffeegläser klirren.

«Im Herbst haben Sie anders geredet, als der Regierungsrat Militär geschickt hat, und damit die Verantwortung abgeschoben. Jetzt wollen Sie die Gefahr herunterspielen. Eine neue Taktik, nächstes Jahr sind Wahlen, ich weiss. Die Evakuierung war nicht populär, hat Stimmen gekostet. Ihre Rechnung könnte aber nicht aufgehen.»

Stüssi läuft rot an, fährt mit einem Finger zwischen den Kragen und den Hals und lockert die Krawatte: «Das ist eine Unterschiebung, Herr Pfarrer! Wir wollen nur, dass das Volk endlich einmal beide Seiten hören kann, nicht nur die eine, die Panik verbreitet. Mit Politik hat das nichts, aber auch gar nichts zu tun.»

«Alles ist Politik», wirft Frey hin. «Auch der Vortrag von Oberst Steiger, darum geht es doch wohl.»

«Woher wissen Sie etwas vom Vortrag?» fragt Stüssi scharf.

«Wir wohnen in einem Dorf, Herr Präsident. Natürlich sind viele gegen den Pfarrer, aber nicht alle. Einige erinnern sich noch, dass ich es war, der einen klaren Kopf behalten hat während der Evakuierung. Sie haben mich ja damals genötigt, zu gehen.»

Stüssi lenkt ein. «Also, wir wollten Sie fragen, ob Sie beim geplanten Vortrag von Oberst Steiger wieder die Begrüssung machen könnten. Wie damals bei Professor Heim. Es würde der Sache dienen. Als Organisator wird der Gewerbeverein auftreten.»

Man will also eine Entscheidung, denkt Frey. Für Steiger sein heisst gegen Heim sein. Seit Jahren bagatellisiert der eidgenössische Oberbauinspektor die Gefahr, macht die Wissenschaftler öffentlich lächerlich, sogar in Zeitungsartikeln. Vielleicht weil Vorsichtsmassnahmen und wissenschaftliche Arbeit etwas kosten und dazu Bund und Kanton zur Kasse gebeten werden. Eine Katastrophe ist am Ende billiger als ihre Verhinderung, zumindest für den Staat, eine zynische Rechnung.

Frey schaut die beiden Präsidenten an: «Oberst von Steiger ist Ingenieur, die wissenschaftliche Kompetenz fehlt ihm, sich über den Kilchenstock öffentlich zu äussern, ebenso jede Kenntnis der Verhältnisse.»

«Der Kanton hat bei ihm aber ein Gutachten bestellt. Offenbar hält ihn die Glarner Regierung für kompetent genug», wirft Kirchenpräsident Schiesser ein.

«Ein Gegengutachten, aus Gefälligkeit? Um so schlimmer!»

«Dann kann man also nicht mit Ihnen rechnen, Herr Pfarrer?»

«Nein.» Frey steht auf. «Und jetzt muss ich. Meine Frau wartet mit dem Mittagessen.» Heer tritt aus der Küche in die Gaststube, wirft ihm einen bitterbösen Blick zu.

«Ich bezahle, Fritz», ruft Stüssi.

---

Sollten die Arbeiter sich sehr unzufrieden zeigen, droht Herr Schuler mit Geschäftsschluss, weil das für ihn weniger nachteilig sein würde als die Weiterführung des Betriebes. Es heisst, die Ware müsse unter dem Einkaufspreis des Materials geliefert werden.

Gottlob verlief alles in Ruhe, jedermann weiss, dass man heute froh sein muss, Arbeit zu haben und fügt sich darum still in die Lage der Zeit.

(Chronik Marienheim Rüti)

Die Glocke im Turm auf dem Fabrikdach tingelt. Vor dem Anschlagbrett beim Eingangstor drängen sich Frauen und Mädchen. Mariella liest laut: «Die unerhörte Krise, welche die Baumwollindustrie seit Jahren durchzumachen hat, haben die Verluste der Firma Schuler dermassen anwachsen lassen, dass sie mit der Zeit untragbar werden.»

Babetta ist zuletzt gekommen, ausser Atem. Sie stempelt ihre Karte an der Uhr neben dem Brett, sie hat Glück, der Stempel ist noch blau. Die Fabrikglocke schlägt zu früh.

«Es ist ein Ringen auf Leben und Tod», liest Mariella.

«Für wen?» ruft ein Mädchen aus dem Marienheim. «Für den feinen Herrn Schuler? Oder für uns?»

«Was ist denn?» fragt Babetta, noch nie hat sie die Arbeiterinnen so aufgeregt gesehen, jetzt ist sie schon zwei Jahre in der Fabrik.

«Schöne Worte macht der Herr Prinzipal. Man bekommt geradewegs Erbarmen mit ihm. Und dann ...»

«Dann kürzt er den Lohn. Zehn Prozent!»

«Es heisst, es würden auch einige entlassen.»

Babetta atmet schwer, sie ist gelaufen wie immer. Noch weniger Lohn? Dabei verdient sie so wenig, dass sie kaum sparen kann. Der Hochzeitsstrumpf ist noch leer, aber sie ist ja erst 17.

«Dafür dürfen wir länger arbeiten. Das komme dann wieder auf das gleiche heraus, steht da.» Mariella trommelt mit beiden Fäusten auf die Stempeluhr. «Neuneinhalb Stunden im Tag statt acht. Das dürfen wir nicht schlucken. Etwas muss geschehen.»

«Was? Was können wir tun? Wir müssen doch froh sein um Arbeit. Beim Kunz haben sie auch Leute entlassen.»

«Die kommen noch so gern für uns.»

Ein Meister geht vorbei, er trägt ein sauberes Überkleid, in der Brusttasche stecken Bleistifte und ein kleiner Rechenschieber. «Was ist hier los? Wollt ihr streiken?»

«Ja, streiken wollen wir!» ruft Mariella. «Hast du das da gelesen?»

Der Meister zuckt die Achseln, drückt sich der Wand entlang an den Frauen vorbei. Sagt dabei leise zu Babetta: «Passt auf, der Prinzipal ist im Betrieb.»

Die Schindler aus Rüti hält ihn am Ärmel fest. «Soll er doch kommen, wenn er sich getraut. Mehr Arbeit, weniger Lohn! Und was meint die Gewerkschaft dazu?»

Der Meister lacht. «Die Gewerkschaft hat überhaupt nichts zu sagen. Hier befiehlt der Schuler, sonst niemand. Seid froh, wenn er nicht die Fabrik schliesst wie der Bebié. Die Prinzipale machen kein Federlesen mehr heute.» Er reisst sich los, geht weiter.

«Du Wichtigtuer», keift ihm die Schindler hinterher.

Babetta schaut dem neuen Meister nach. Schon mehrmals ist sie ihm begegnet im Maschinensaal, aber er ist immer geschäftig vorbeigegangen.

«Er ist selber einmal entlassen worden beim Schuler, in ...», sagt sie, als ob sie ihn entschuldigen müsste.

«Was du nicht sagst. Wo ist der entlassen worden?»

Babetta läuft rot an. Sie hat den Namen der Stadt vergessen. «Saar heisst es dort, glaube ich ...»

Jetzt lachen die Frauen, treten in die Garderobe und beginnen sich umzuziehen. Die Mädchen aus dem Marienheim stehen unschlüssig bei der Stempeluhr, Italienerinnen und Innerschweizerinnen, die jüngsten 14 Jahre alt. Bleich und mager sind sie, nicht braun und rund wie die Bauerntöchter aus dem Tal. Fünfzig Mädchen hat der Schuler im Marienheim einquartiert, über hundert der Kunz in Linthal, billige und willige Arbeitskräfte.

«Habt ihr denn nicht verstanden, was da steht?» schreit Mariella zornig in die Garderobe: «Mehr Arbeit und weniger Lohn! Und das lasst ihr euch einfach so gefallen.»

Die Frauen streifen ihre Arbeitsschürzen über die rosaroten und hellblauen Unterröcke. Die Heimmädchen zögern noch immer. «Was können wir denn machen?»

«Vor zehn Jahren haben alle Arbeiterinnen und Arbeiter gestreikt», sagt Mariella laut. «Alle waren in der Gewerkschaft, die einen in der christlichsozialen, die andern in der sozialistischen. Da musste der Schuler nachgeben, er wollte damals schon den Lohn kürzen.»

«Woher weisst du das? Du warst ja gar nicht dabei», fährt ihr die Schindler über den Mund.

«Ich hab's gelesen. In einer Chronik.»

«Oh, du kannst sogar lesen? Bravo!»

«Stimmt gar nicht, dass der Schuler nachgegeben hat», sagt eine andere Arbeiterin. «Ich war damals schon im Betrieb. Zwei Monate haben sie gestreikt, aber sie haben nichts erreicht. Die Anführer hat man entlassen. Die andern haben dem Herrn Schuler die Füsse geleckt und gedankt, dass sie wieder arbeiten durften.»

«Und du? Hast du mitgemacht?»

«Wir waren doch uneins. Die Sozis haben gestreikt, die Christlichsozialen weitergearbeitet. Ich war in keiner Gewerkschaft, mein Alter hätte mich ja verprügelt.»

«Wäret ihr einig gewesen, hättet ihr etwas erreicht. Ohne Arbeiterinnen kann die Fabrik zumachen.»

«Genau das will er ja wohl, der Schuler. Wie der Bebié in Linthal.»

Die Frauen und Mädchen binden sich die Kopftücher ums Haar, verknoten sie hinten, die ersten verlassen die Garderobe. Eine Alte sagt: «Die Heimmädchen sind damals den Organisierten in den Rücken gefallen. Ihre Betschwestern stecken mit den Fabrikherren unter einer Decke.»

«Wie meinst du das?» Die Schindler lacht.

«Sie haben sich als Streikbrecher einsetzen lassen. Der Schuler hat sie dafür belohnt. Früher haben die aus dem Heim weniger Lohn bekommen als die Einheimischen. Seit dem Streik alle gleich viel.»

«Also hat der Streik doch etwas gebracht.»

«Ja, für die Verräterinnen. Dafür sind ihnen in einer Nacht ein paar Steine in die Schlafzimmer geflogen.»

«Das waren doch die Burschen aus dem Dorf, die bei denen unter die Decke kriechen wollten.»

Alle schauen Mariella an, die im Unterrock auf der Bank sitzt, ihr Bauch wölbt sich unter dem rosaroten Stoff.

«Was glotzt ihr mich so an?» Mariella reisst die Arbeitsschürze vom Haken, breitet sie über ihren Schoss.

«Nichts, gar nichts.» Lachend und tuschelnd drängen sich die Frauen und Mädchen hinaus, verteilen sich in die Maschinensäle. Nur ihr Schweissgeruch bleibt in der Garderobe zurück.

Babetta setzt sich neben sie auf die Bank. Mariella drückt ihren Kopf an Babettas Brust, umklammert sie.

«Was hast du?» Babetta fährt ihr über die Haare.

«Mir ist schlecht geworden.»

«Das ist die Aufregung. Trink etwas Wasser, und leg dich einen Moment auf die Bank.»

«Ich halte es nicht mehr aus», flüstert Mariella. «Ich muss fort.»

«Ist es wegen dem ...»

Mariella nickt. «Vielleicht bekomme ich ein Kind.» Dann streift sie die Arbeitsschürze über.

---

Sehr geehrter Herr Professor!

Nach der Evaquierung erwarteten die Linthaler den Bergsturz gleichsam auf Kommando hin. Als er nicht eintrat, wandelte sich der Angsteffekt der Volksmasse in Zorn- und Hasseffekte. Die Evaquierung wurde als Ihr persönlicher Racheakt angesehen, auf Strassen, Gassen, in Wirtshäusern und Stuben hagelte es Schimpf, Hass- und Spottreden über die Geologen und Sie besonders.

Nehmen Sie das bitte dem geängstigten Volk nicht übel – ich selbst habe als Unterstützer der geologischen Prognosen auch genug abbekommen.

Heute ist die Stimmung Ihnen gegenüber eine ruhigere, hinsichtlich geologischer Prognosen scheinen die Linthaler mit sich selbst im Zwiespalt zu sein: Im Oberbewusstsein und nach aussen glauben sie dem Ingenieur von Steiger. Im Unterbewusstsein haben sie vor dem Kilchenstock doch Angst. (Friedrich Frey an Rudolf Staub, 18. Juni 1931)

Der Bergführer stochert mit einem Schürhaken im Feuer, der Geruch von Suppe zieht durch die Hütte. «Erbs mit Brissago», scherzt Rudolf Staub. Er sitzt am Tisch, blättert im Hüttenbuch. «Da steht sogar der Morgenthaler drin. Am 13. März 1911 ist er mit drei andern vom Akademischen Alpenclub 33 Stunden am Tödi herumgeirrt, sie haben in einer Gletscherspalte biwakiert. Morgenthaler sind dabei beide Hände abgefroren.» Die drei Einheimischen, die am Fenster sitzen, hören zu. Der Bergführer stellt fünf Teller auf den Tisch. «Ihr nehmt doch auch Suppe? Es hat genug.»

Die Burschen nicken. Sie schnüren ihre Rucksäcke auf, holen Brot und Käse hervor.

Staub schreibt seinen Namen ins Hüttenbuch, klappt es zu und legt es auf das Brett vor den Pritschen. Der Bergführer stellt den Suppentopf in die Mitte des Tisches, der Stiel der Schöpfkelle zeigt gegen den Professor. Er setzt sich auf einen Hocker und wartet, bis Staub geschöpft und nach seiner Wurst gefischt hat. Eine Zeitlang hört man in der Hütte nur Löffel klappern und leises Schlürfen. Es beginnt zu dämmern, die Männer sind bald nur noch Schatten, die sich über den Tisch beugen, ins Essen und in ihre Gedanken versunken.

Rudolf Staub wird die Stille unangenehm, der stumme Führer, die verschüchterten Einheimischen. Er beginnt zu erzählen. «Hamo, so haben wir den Hans Morgenthaler im Akademischen Alpenclub genannt, ist ein hervorragender Bergsteiger gewesen. Wir hatten den gleichen Jahrgang, er hat Botanik studiert, später auf Geologie umgesattelt. Als Geologe hat er in Siam nach Gold, Zinn und Silber geschürft. Nach seiner Rückkehr hat er seine ganze Bergsteigerausrüstung in Chamonix in eine Gletscherspalte geworfen und begonnen, Bücher zu schreiben. Er ist krank geworden und vor drei Jahren an der Tuberkulose gestorben.»

Als die andern weiterhin schweigen, fügt er noch hinzu: «Stets hat er das Glück gesucht, gefunden hat er es nicht.»

Der Führer nickt, dann steht er auf, zündet eine Kerze an, stellt sie auf den Tisch.

«Wollt ihr Kaffee?» fragt Staub die Jungen.

«Ja, gern.»

«Vielen Dank.»

Einer zieht eine Flasche mit Klarem aus dem Rucksack, allmählich tauen sie auf. Selbst der Führer lässt ein paar Worte fallen, als Staub von seinen Berg- und Klettertouren im Bergell erzählt, zusammen mit dem berühmten Bergführer Christian Klucker aus dem Fextal.

«Aus Linthal also seid ihr?» fragt er dann die Burschen. «Man hört ja so einiges vom Kilchenstock. Was denken eigentlich die Einheimischen darüber?»

«Der Kilchenstock», lacht einer. «Alles spricht nur noch von dem Dreckhaufen. Dabei haben wir ja viel schönere Berge. Den Tödi, den Biferten, den Clariden ...»

«Ist doch alles erstunken und erlogen, was da erzählt wird», meint ein anderer.

«Was soll erlogen sein?» fragt Staub.

«Was die Geologen erzählen. Und unser Pfarrer. Seit Jahren wollen sie den Linthalern Angst einjagen, der Berg komme. Dabei geht es ihnen nur ums Geld.»

«Sie verdienen am Berg. Drum heisst es bei jedem Stein, der herabrollt, der Berg kommt, der Berg kommt. Niemand glaubt mehr daran. Steine sind schon immer gekommen.»

Der Älteste der drei sagt: «Es gibt auch bei uns Leute, die verdienen. Viele sind froh um die Arbeit am Schutzdamm. Ich kenne solche, die hätten auswandern müssen, wegen der Krise. Dank dem Berg können sie bleiben.»

«Und das Hilfsgeld nehmen alle gern, ob sie nun evakuiert sind oder nicht. Der da zum Beispiel ...» Der Junge zeigt auf einen andern, der schlägt ihm auf die Hand. Bald liegen sie auf den Matratzen und balgen sich, dass Staub aufwirbelt.

Der Älteste erklärt: «Viele haben nur dergleichen getan, als würden sie evakuieren, weil der Regierungsrat Militär geschickt hat. Am andern Tag waren sie schon wieder daheim.»

«Ich habe gehört, man habe sogar Drohungen ausgestossen», sagt Rudolf Staub langsam, «gegen die Geologen.»

«Am Wirtshaustisch wird immer das Maul aufgerissen. Aber wenn einmal ein Geologe nachts durchs Dorf gehen würde, und man wüsste es. Ich weiss nicht, was dann geschehen würde. Die Hinterländer sind nicht zimperlich.»

Staub findet keinen Schlaf. Der Führer neben ihm schnarcht, dass die Täferbretter zittern. Der Wind schlägt einen Laden zu, in den Eisbrüchen am Bifertenstock kracht es von Zeit zu Zeit. Im Kopf geht er die Geschichte des Kilchenstocks nochmals durch, seine ersten Gutachten, die Auseinandersetzung mit Schardt, die Zwängereien von Altmeister Heim. Immer ist er allein gewesen, einsam hat er einen Kampf gegen seine Fachkollegen geführt, gegen die Einheimischen, gegen die Politiker. Hätte er, wie der alte Heim, auf ein Honorar verzichten sollen? Gewiss nicht, man hätte ihn noch weniger ernst genommen. Was nichts kostet, ist nichts wert in diesem Land. Damit hätte er die Wissenschaft abgewertet. Nein, kommt er zum Schluss, ich habe nichts falsch gemacht. Ich würde wieder so handeln, zu jedem Bericht, zu jeder Zeile kann ich stehen. Wer die Wahrheit verteidigt, ist immer einsam. Wie der Bergsteiger, der eine Seilschaft durch eine Felswand führt.

Der Wecker rasselt um drei Uhr in der Nacht. Rudolf Staub steht auf, wie gerädert fühlt er sich, alle Glieder schmerzen. Er tritt vor die Hütte. Warm leuchten die Sterne über der schwarzen Wand des Bifertenstocks. Hoch über ihm, am Hängegletscher des Tödi, liegt schon ein rosaroter Schimmer.

---

Aber die Hoffnung mancher Linthaler, dass das Ganze ohne Katastrophe wieder Gleichgewicht und Stillstand finden könne, ist aufzugeben. Unsere Beobachtungen zeigen klar, dass wir in der konsequenten unaufhaltsamen Vorbereitung eines grossen Bergsturzes stehen. Das sicherste Zeichen für rasche Annäherung der Katastrophe wird eine mehrere Tage vorangehende starke Mehrung kleiner Abstürze sein.

Ich möchte Sie also, verehrte Herren Regierungsräte, bitten, zu prüfen, ob es nicht notwendig ist, der gefährdeten Bevölkerung zu empfehlen, möglichst bald an gesicherte Orte umzusiedeln. In gewissen Ländern würde man eine solche Umsiedlung militärisch zwangsweise vollziehen, und die neuen Wohnungen wären zunächst Militärbaracken oder Zelte. (Albert Heim an den Regierungsrat, 27. Juni 1931)

Die Nacht ist warm und dunkel. Mariella kauert hinter einer Trockenmauer nieder, schleicht gegen die Linth hinab. Ihre Sachen hat sie in ein grosses Tuch geknotet, gerade so, wie sie es in der Chronik des Jahres 1866 gelesen hat. Damals sind zwölf Mädchen ausgebrochen, gemeinsam sind sie fort, sie verschwanden, so steht in dem Heft, bei Nacht und Nebel auf Nimmerwiedersehen.

Mariella ist allein, und eine Heimat hat sie nicht. Die ganze Welt ist meine Heimat, denkt sie. Und allein bin ich doch nicht. Im Bauch trägt sie das Kind. Das Kind vom Jost, der selber noch eines ist. Er weiss es, aber er hat sich nicht getraut, es den Eltern zu sagen, er schämt sich, dass er ein Mädchen aus dem Heim geschwängert hat, als Schüler noch. Er fürchtet Hohn und Spott der andern. Immer brauchen sie jemanden, auf den sie einschlagen können.

Mariella biegt nach Süden, sie will über den Klausenpass ins Urnerland. Dort sind die Leute katholisch, sie werden ihr weiterhelfen, werden nicht fragen nach dem Woher und Wohin. Beichten und beten hat sie im Marienheim gelernt, arbeiten in der Fabrik. Das genügt zum Überleben.

Wie ein kantiges Ungeheuer steht die Fabrik in der Nacht. Mariellas Schritte hallen von der Fassade. Bleib! zischt es aus dem Dunkel. Sie fährt zusammen, horcht. Im Maschinenhaus ächzen Räder und Riemen, es klingt, als stöhne ein Mensch. Sonst ist alles still. Angst hat Mariella nicht, nichts hat sie zu verlieren. Es wird ein klarer Tag, wie geschaffen, um ein neues Leben zu beginnen.

«Sittlich nicht brav und ehrlich seid ihr», hat die Oberin gesagt, als sie sechs Mädchen nach der Arbeit ins Kontor zitiert hat. Und dabei hat sie Mariella mit ihren Blicken durchbohrt. Was weiss sie? «Der Herr Schuler hat euch entlassen müssen. Im Heim könnt ihr bleiben, wenn ihr euch anständig benehmt.»

Gross war die Aufregung am Abend: Wer ist entlassen, warum, wer geht wohin, wer bleibt im Marienheim? Wie bezahlt man das Kostgeld ohne Verdienst? Mariella, was hast du vor? Immer ist sie die Anführerin gewesen, hat mehr gesagt und gewagt als alle andern, aber nun hat sie geschwiegen. Hat immer wieder die Blicke gespürt auf ihrem Bauch. Wenn sie im Bett liegt, spürt sie schon, wie sich das Kind bewegt.

Als endlich Ruhe eingekehrt ist, weit nach Mitternacht, hat sie gepackt, den Sonntagsrock, den Pullover, Socken, Unterwäsche, den Lederbeutel mit dem Ersparten, etwas Brot und Käse. Dann hat sie die Schlüssel aus dem Stehpult genommen im Kontor und ist hinaus.

An der Böschung der Linth glimmt ein Punkt, ein glühendes Auge durchbohrt die Nacht. Sie schlägt sich ins Gebüsch, Weidenäste zerkratzen ihr das Gesicht. Das glühende Auge nähert sich, sie riecht den Stumpen, duckt sich auf feuchte Blätter. Da tappen Pfoten durchs Laub, ein Hund schnuppert am Boden, hebt den Kopf und bellt.

«Ist da jemand?»

Mariella macht sich steif, fast will sie sterben vor Angst. Der Hund umkreist sie, knurrt dicht neben ihrem Kopf.

«Lass das, Nero!» Ein Mann packt sie am Arm, Mariella will sich losreissen, doch die Faust des Mannes öffnet sich nicht. «Ich tu dir nichts. Ich bin der Pfarrer.»

Sie lässt sich aus dem Gebüsch auf den Weg ziehen, Nero springt an ihr hoch, bis ihm der Pfarrer befiehlt, zu sitzen. Winselnd gehorcht er.

«Woher kommst denn du, Kind?» Er zieht am Stumpen, dass er hell aufglimmt. Einen Augenblick sieht sie sein Gesicht, den Bart, die dunklen Augen. «Dich kenne ich doch. Bist du nicht aus dem Heim? Das Mädchen, das die Erscheinung hatte?» Er lacht leise.

Mariella erzählt. Dass man sie entlassen hat beim Schuler

in der Fabrik, dass sie fort will, ins Urnerland hinüber, über den Klausenpass. Die Schwestern hätten gesagt, sie könne bleiben oder gehen, sie sei frei.

«Und dann?» fragt der Pfarrer.

Sie schweigt, schaut auf den Boden.

«Du weisst also nicht, wohin? Läufst einfach aufs Geratewohl weg.»

«Was soll ich denn sonst?» fragt sie leise. Dann schweigt sie, und auch der Pfarrer sagt nichts mehr, nur sein Stumpen glimmt regelmässig auf. Hinter dem Horizont im Osten hellt der Morgen.

«Schau dort», sagt der Pfarrer, «über dem Kilchenstock.»

Sie hebt den Kopf, sieht einen Stern leuchten.

«Der Morgenstern geht auf.»

Es ist, als sehe man den Stern dem Grat entlangwandern, ruhig und einsam auf seiner Bahn.

«Die Venus.» Der Pfarrer hebt einen Feldstecher an die Augen. «Möchtest du auch schauen? Heute sieht man sie besonders schön.»

Ein Hoffnungsschimmer, denkt Mariella. Ist die Venus nicht der Stern der Liebe?

«Ich betrachte oft die Sterne», sagt der Pfarrer. «Deshalb bin ich so früh schon draussen. Ob der Weite des Himmels kommt mir unsere Welt mit ihren Sorgen dann wieder ganz klein vor. Jener kleine Punkt dort oben ist viele Male grösser als unsere Erde.»

«Ist es wahr, dass in den Sternen unser Schicksal steht?» fragt Mariella.

«Wer weiss», sagt der Pfarrer. «Vielleicht bringt dir der Morgenstern Glück. Gute Reise!» Er nimmt den Hund an die Leine und geht davon. In der Luft bleibt der Geruch des Stumpens zurück.

Als die Sonne aufgeht, liegt das Tal schon tief unter ihr, grau noch im Schatten. Es ist, als ob das Licht wie ein leuchtender Wasserfall über die Felsen fallen würde. Mariella setzt sich auf einen Stein am Strassenbord, isst etwas Brot und

Käse. Der Morgenstern verblasst allmählich am Himmel. Sie hört Motorengeräusch, ein Automobil kommt vom Tal herauf, sie steht auf und ergreift ihr Bündel. Sie sieht das schwarze Dach, die glitzernden Chromleisten auf der Seite. Das Automobil biegt um die Kurve, fährt langsamer und hält an.

Ein junger Mann beugt sich aus dem Fenster. «Wohin?»

«Irgendwohin», sagt Mariella.

Er lächelt. «Also, steig ein.»

---

> Sehr geehrter, lieber Herr Professor!
> Leider hat nun Herr Prof. Staub den Zuzug eines weiteren Geologen abgelehnt. Jetzt kann dann – auf der Oberfläche wenigstens – die Steiger-Prognose wieder Triumphe feiern. Ich will Herrn Prof. Staub damit keinen Vorwurf wegen seiner Ablehnung machen, aber ich hielte es im Interesse der Sache für gut, wenn er sich dazu herablassen wollte, auch meine Ansicht der Behandlung der Materie anzuhören, ich weiss, was hier hinter den Kulissen geht. Ich habe bestimmt den Eindruck, dass Prof. Dr. Staub ein sehr begabter Geologe ist, die Situation am Kilchenstock kennt, sich aber um die durch Menschen bedingten Umstände zu wenig kümmert. (Friedrich Frey an Albert Heim, 15. Juli 1931)

Im Gletscherbruch unter dem Piz Urlaun muss Jakob Vögeli Stufen hacken. Einen Tritt über dem andern pickelt er in die sanddurchsetzte Oberfläche des Eishangs, der zwischen Spalten und turmartigen Séracs in die Höhe zieht. Es kommt ihm vor wie das Spitzen auf dem Bau, anstrengend und monoton und kalt, und doch ist es anders als die Arbeit. Das Ziel, den Tödigipfel zu besteigen, hat er sich selber gesetzt, ein jahrelanger Traum, der in Erfüllung gehen soll. Man muss nur wollen, dann geht es, allem Widerwärtigen zum Trotz. Auch am Arbeitsplatz hat er mehr gewollt als Handlanger bleiben, und er hat es erreicht. Er ist jetzt Installateur.

Der Bergführer und sein Gast aus Zürich haben Steigeisen unter die Schuhe geschnallt und steigen den Hang ohne Stufen zu hacken hinauf. Sie überholen die jungen Linthaler. Der Zürcher, ein schwerer Mann, klettert mit verbissenem Gesicht und geübtem Tritt. Ein erfahrener Alpinist, den starker Wille treibt. Er heisst Rudolf Staub, stand im Hüttenbuch. Während Vögeli hackt und hackt, fährt ihm durch den Kopf: Das ist doch der Geologe, der Professor, den alle im Tal hassen, über den sie Schimpf und Schande ausschütten. Am Hüttentisch haben sie darüber geredet, der Professor hat nichts dazu gesagt, aber er hat kaum Gutenacht gesagt und ist wortlos unter die Decken gekrochen.

Auf einer Felsplatte über dem Eishang machen sie halt, Hegetschweilerplatte heisst sie, weil Johannes Hegetschweiler vor hundert Jahren als erster versucht hat, den Tödi von Linthal aus zu besteigen. Jakob Vögeli kennt die Geschichte des Bergs. Zwei Bündner Gemsjäger, Placi Curschellas und Augustin Bisquolm, schafften 1824 den leichteren Aufstieg von Süden, von Truns in der Surselva aus. Von Norden waren es drei Linthaler im Jahr 1837, der Gemsjäger Bernhard Vögeli, ein Vorfahre, sein Sohn Gabriel und Thomas Thut aus dem Auen. Die Kurgäste im Bad Stachelberg glaubten den Einheimischen aber nicht, dass sie wirklich den Gipfel erreicht hatten. Darum stiegen sie eine Woche später nochmals hinauf und nahmen den Junker Friedrich Dürler aus Zürich mit. So steht es auf einer Gedenktafel im Pfarrgarten in Linthtal, doch der Stein, an dem sie angebracht war, ist von den vielen Murgängen verschüttet. Schon immer war ein Kampf zwischen den Einheimischen und den Auswärtigen, denkt Vögeli. Auch 1861, als Rudolf Theodor Simler, der Gründer des Schweizer Alpenclub, von Stachelberg aus die höchste Tödispitze bestieg, behauptete er, die beiden Bündner seien nicht zuoberst gewesen, er sei wohl der erste. Die Herren aus dem Flachland mochten den Berglern den Erfolg nicht gönnen. Und so ist es auch heute noch, sie glauben uns nichts, sie wollen alles besser wissen.

Heiss brennt die Sonne in die Firnhänge, die sich gegen den Gipfelgrat aufsteilen. Der Schnee wird weich, bietet guten Tritt. Vögeli schlägt die Schuhe ein, prüft mit dem Pickel Schneebrücken über tiefe Schründe. Er steigt rasch, nun fliegt auch sein Atem, doch den Bergführer und seinen Gast haben sie bald eingeholt. Der Professor muss alle paar Schritte anhalten, dem Führer, der eine Pfeife angezündet hat, scheint es recht zu sein. Blau wölbt sich der Himmel über dem weissen Grat, der Blick fällt in die Tiefe, Wolken schweben unter ihnen, Dunst liegt über dem schmalen Tal. Jakob Vögeli bleibt überwältigt stehen. Seine Kollegen treten hinter ihm auf den fussbreiten Grat. Sie nehmen das Seil in Schlingen in die Hand, wenden sich vorsichtig nach Westen, überwinden einen letzten Aufschwung, links und rechts fällt der Hang steil ab, blau schimmert das Eis. Fast gleichzeitig mit der Führerpartie erreichen sie den Gipfel, ein abschüssiges Geröllfeld, das der Wind freigeblasen hat. Auf einem Steinmann steht ein Kreuz aus zwei Stecken, vom Wetter grau geworden. Jakob Vögeli ist am Ziel.

Sie drücken sich die Hand. Der Professor kommt zu ihnen, bietet einen Schluck Weisswein an aus einem Glas. «Ich heisse Ruedi.»

«Köbi», sagt Vögeli verlegen. «Sie sind doch …»

«Ja, ich bin der Leibhaftige persönlich.» Staub lacht. «Aber du darfst mir trotzdem du sagen. Unter Bergsteigern ist das so der Brauch auf dieser Höhe. Gratuliere übrigens. Du hast deine Kollegen hervorragend geführt. Du solltest Bergführer werden.»

Vögeli setzt sich auf die Steine, schaut in die Runde. Gipfel reiht sich an Gipfel, eine Unendlichkeit. Es kommt ihm vor wie der Blick in eine neue Welt jenseits der Enge des Tales. Sein Ziel hat er erreicht, schon stehen ein Dutzend neue vor ihm.

---

Ein auswärtiger Glarner schreibt uns: Mit Staunen lese ich in der Dienstagsnummer der Glarner Nachrichten die Kritik aus Ennetlinth am Entscheide der Baudirektion in der Angelegenheit Schutzdamm und «Veranlagung» der Grundeigentümer.

> Sollten Sie, Herr Einsender, vor dem Gesetze recht haben, so gibt es noch etwas, das über dem Paragraphen steht: Nächstenliebe. Sie scheinen manches zu besitzen, auch ein Haus, nur kein Solidaritätsgefühl. Es fällt dem Fernerstehenden schwer, die Enge der Gesinnung der Rekurrenten zu verstehen, wo doch letzten Winter auf den Ruf aus Linthal in der ganzen Schweiz und nachher von Bund und Kanton in einer weitherzigen Weise gegeben wurde. (Glarner Nachrichten, 3. September 1931)

Der Schuss reisst Albert Bebié den Hut vom Kopf, Schrotkugeln regnen ins Blätterwerk, das Echo hallt von den Felsköpfen. Er ist aus Gedanken aufgeschreckt, herumgefahren, klammert sich an eine Eibe. Er zittert. Im Gegenlicht kann er nur die Spitzen der Buchen und Fichten erkennen, die Schatten zwischen den Bäumen sind dunkel. Irgendwo dort steht der Mann mit der Flinte, bereit, auch den Schuss im zweiten Lauf abzufeuern. Bebié lauscht, doch er hört nichts, keinen Laut, eine bleierne Stille ist über den Abhang gefallen.

«Wer ist dort? Treten Sie hervor!» ruft er, als er sich gefasst hat, gegen die Krete, wo er den Schützen vermutet. Noch immer durchschauert ihn das Zittern in heftigen Wellen, obwohl er kein ängstlicher Mensch ist. Er bückt sich hinter den Buchenstamm neben der Eibe, setzt den Feldstecher an. Keine Antwort, keine Bewegung im Buschwerk, keine Zeichen von Leben. Der andere muss jedoch ganz nahe sein, Schrot trägt nicht allzuweit. Zwischen den Felsen oder im Dickicht versteckt er sich, wartet, bis sein Opfer ins Licht tritt. Wer ist es, was habe ich ihm getan?

Vielleicht habe ich mich getäuscht, denkt Bebié, habe den Mann mit einem Hirsch verwechselt, solche Dinge kommen vor. Oder der andere hat mich für ein Tier gehalten. Jedes Jahr gibt es Tote auf der Jagd. Er ruft nochmals, lauter, doch der Schütze bleibt vom Erdboden verschluckt. Bebié bückt sich, hebt den Hut auf, klopft den Schmutz ab. Löcher hat er keine.

Wer schiesst auf ihn? fragt er sich wieder. Er weiss, dass ihn viele im Tal hassen, seit die Fabrik geschlossen ist. Aus dem Verwaltungsrat der Braunwaldbahn ist er zurückgetreten, die Stimmung ist kalt geworden. Und seit die Firmen Bebié und Kunz Rekurs erhoben haben gegen die Pläne, eine Kilchenstock-Korporation zu bilden, auch die Industrie zur Kasse zu bitten wegen dem Berg, ist die Ablehnung noch gewachsen. Die lokalen Zeitungen sind voll mit Leserbriefen, eine eigentliche Kampagne ist im Gange. Wer sie führt, weiss man nicht, niemand zeichnet in dieser Presse mit seinem Namen, alle verstecken sich, niemand steht offen zu seiner Meinung. «Eingesandt», steht unter den beleidigenden Artikeln, oder «ein auswärtiger Glarner». Feiglinge, denkt Bebié, ein Feigling hat ihm auf der Jagd aufgelauert, hat den Schuss abgegeben. Vielleicht soll es eine Warnung sein.

Man hat den Rekurrenten mangelnde Solidarität vorgeworfen. Als ob die Industrie nicht schon genug Schaden erlitten hätte durch die Krise und durch den Berg. Bedeutende Investitionen sind vernichtet. Die Einheimischen bekommen Hilfsgeld, und für jeden Nachthafen, den das Militär bei der Evakuierung zerbrochen hat, gibt es Schadenersatz. Die Industriellen gehen leer aus. Es herrscht ohnehin die Meinung, sei seien zu reich, sie plünderten das Volk aus. Jetzt bedroht man sie schon mit der Waffe. Es ist Zeit, dass eine andere Ordnung kommt.

«Wenn Ihr mich mit einer Gemse verwechselt habt, so zeigt Euch, gebt Euch zu erkennen», ruft er in den Schatten des steilen Waldes. Setzt mit der linken Hand wieder den Feldstecher an die Augen, schaut zur Krete hinauf, hält mit der Rechten die Flinte im Anschlag. Nichts. Habe ich mir alles nur eingebildet, geht ihm durch den Kopf. Steinbrocken sind von den Felsköpfen herabgerollt, über die Krete gesprungen und im Gehölz zersplittert, dass es knallte wie ein Schuss und die Steinsplitter wie Schrot durch die Luft flogen. Der Schrecken hat seine Wahrnehmung verzerrt. Ich werde alt, denkt er.

Albert Bebié hängt die Flinte an und steigt vorsichtig den Abhang hinab ins Tal. Er hat die Freude an der Jagd verloren.

Den ganzen Samstag dauerte das Abrutschen und Abbröckeln unvermindert fort und die Intervalle der Ruhe wurden immer kleiner. Die gleiche Erscheinung wurde auch am Unglückstag selbst, Sonntag den 11. September 1881, wahrgenommen. Vormittags zwischen 9 und 11 Uhr fanden starke Abbrüche statt, sodass man das Krachen und Poltern während des Gottesdienstes in der Kirche sehr wohl vernehmen konnte. Nachmittags hörte man oftmals ein Tosen vom Berg, ohne dass sich Steine loslösten. Der Geisshirte soll als letzter, zwei Stunden vor der Katastrophe, das Gebiet passiert haben, um seine Herde unter Dach zu bringen.

Nachmittags 5.15 Uhr erfolgte nach den Aufzeichnungen von Lehrer Wyssel, der den Verlauf des unheilvollen Ereignisses mit der Uhr in der Hand beobachtete, der erste grössere Sturz. Die Felsmassen schossen blitzschnell zu Tal. Eine Viertelstunde später erfolgte der zweite Sturz, der ebenso schnell zu Tale schoss, und, über die Schuttmassen des ersten und über den Raminbach hinausfahrend, mehrere Gebäude vernichtete und die umliegenden Güter überflutete. Schon nach dem ersten Sturz war eine Anzahl Männer vom Dorfe Elm aus aufgebrochen, um den Gefährdeten im Untertal bei der Rettung ihres Hausrates zu helfen. Allein es dauerte nur vier bis fünf Minuten, bis der Hauptsturz erfolgte, der das schöne Untertal, das neue Bauquartier im Müsli und weite Teile gegen Äschen und Schwände mit einer 10 bis 40 Meter hohen Schuttmasse überdeckte. Was sich in seinem Bereich befand, wurde rettungslos haustief begraben. Eine schiefergraue Wolke lagerte längere Zeit über dem Unglückstal und erst allmählich wurden die Überlebenden der ungeheuren Verwüstungen gewahr, die die Katastrophe über ihrem Dorf angerichtet hatte.

22 Wohnhäuser, 50 Ställe, 12 Magazine und Werkstätten waren vom Erdboden verschwunden. 114 Personen, vom ungetauften Säugling bis zum 92jährigen Greis, fanden einen schrecklichen Tod. 32 Frauen wurden zu Witwen, 38 Kinder zu Waisen gemacht. Im ganzen beklagten 57 Familien den Tod eines oder mehrerer Angehöriger: einzelne Haushaltungen sind vollständig ausgestorben. (Neue Glarner Zeitung, Samstag, 5. September 1931)

Er wandert der Linth entlang nordwärts, schwarz ist die Nacht, sternenlos. Das Wasser gluckst und lockt, dunkel und kalt wellt und wirbelt es in seinem Bett, das bodenlose Nichts macht angst. Lange hat Jost ins Wasser gestarrt, da unten lauert der Hakenmann, er reisst dich in die Tiefe, hat die Mutter früher gewarnt. Meide das Wasser. Im Oberblegisee hat einmal ein Senn gebadet, man hat ihn nie mehr gesehen. Erst viel später ist seiner Mutter in Diesbach, als sie Wasser holte an der Quelle, sein Kopf ins Becken gefallen. Jost schaudert, er setzt Fuss vor Fuss, zuckt zusammen, wenn ihm die Zweige der Weiden übers Gesicht streichen. Erschrickt zu Tode, wenn es rumpelt am Berg, in der schwarzen Wand, wenn Funken springen. Der Berg kommt, das Wasser zieht dich hinab. Schwarz steht das Dorf, noch steht es. Bald wird es der Berg zudecken, mit Felsen und Schutt. Jost duckt sich. Hört Stimmen auf der Brücke, sieht die Zigaretten der Wache glühen.

«Gerade heut vor fünfzig Jahren war der Bergsturz in Elm, hast du gelesen in den Nachrichten?»

«Linthal ist nicht Elm. Die waren selber schuld, haben am Plattenberg gefrevelt, aus Habgier.»

«Man sieht nichts mehr. Ich war einmal dort hinten. Wo das Geröll lag, ist topfebenes, fruchtbares Land. Sie haben das Geröll zerschlagen, mit Hauen und Hacken, und bepflanzt.»

«Auch uns bringt der Berg Arbeit. Seit der Schutzdamm gebaut ist, gehe ich wieder stempeln.»

«Du meinst also, es wäre besser, wenn er käme. Dann hätten wir auch fünfzig Jahre zu schaffen, wie die Elmer.»

Die Schritte der Männer entfernen sich, die Nacht verschluckt die Gestalten. Jost geht zaghaft weiter. Wieder kracht es am Berg, wieder trifft es ihn wie ein Peitschenhieb. Seit Wochen, seit Monaten findet er keinen Schlaf mehr, wälzt sich auf dem Strohsack, das Kissen über dem Kopf, er zittert, kann mit niemandem reden. «Mariella», flüstert er manchmal und beisst in die Decke.

In der Wirtschaft hat ihn einer aufgezogen: «Du, die Mariella bekommt ein Junges. Hat schon so einen Bauch.»

Und ein anderer hat gebrüllt, mit Schaum am Schnauz: «Auf und davon ist sie. Mit einem Zürcher im Auto. Auf dem Urnerboden sind sie eingekehrt, er hat ihr einen Most bezahlt und ihr unter den Rock gegriffen.»

Jost hat auf den Tisch gestarrt, hat geschwiegen. Mariella ist fort, den Vater haben sie versorgt, die Mutter spuckt Blut. Er schreitet auf den Schienen der Eisenbahn weiter, gegen Rüti zu, die Schritte immer so lang wie der Abstand von Schwelle zu Schwelle. Er denkt: Wohin käme ich, wenn ich laufen würde, so weit wie die Schienen reichen? Nach Zürich, wo die Mariella vielleicht wohnt, mit dem dicken Bauch von mir. Nach Basel oder weiter, nach Deutschland hinaus, und dort bis ans Meer. Man erzählt von Burschen, die in Hamburg auf den grossen Schiffen angeheuert haben, um die Welt gefahren sind und reich geworden sind dabei, als Kapitän oder Steuermann. Das Wasser lockt, immer das Wasser. Nur weg vom Berg, der dich verschlingt, der alles zerstört. Rascher, immer rascher schreitet er auf den Schwellen, nimmt bald zwei zugleich, macht grosse Sprünge. Vielleicht kommt bald der erste Zug und zerquetscht mich, bevor ich das Meer erreiche, dann ist alles vorbei. Und überhaupt: Die Linth fliesst ja auch ins Meer. Sie würde mich tragen, noch weiter als die Schienen reichen, bis hinüber in die neue Welt, von der Mariella einmal erzählt hat.

Am andern Ufer liegt die Fabrik schwer und stumm in der Nacht. Mariella haben sie fortgejagt, ein freches Maul habe sie gehabt. Wegen dem Kind musste sie gehen, hat einer behauptet in der Wirtschaft. Wegen meinem Kind, denkt Jost, kommt zur Eisenbahnbrücke, tastet sich den Stahlträgern entlang, kalt ist das Metall, Rost blättert unter seinen Fingern. Ans Meer, denkt er, oder noch weiter weg. In der Mitte der Brücke klammert er sich mit beiden Händen an die Eisenprofile, lehnt weit übers Wasser, das flüstert und wispert und lockt. Dann lässt er sich fallen, warm umfängt ihn die Linth, sanft trägt sie ihn hinweg und wellt und wirbelt, weit fort in die neue Welt.

An die Regierung des Kantons Glarus.

Im Gehängeschnitt des Flysches kommen sehr oft Senkungen vor und selbst die als anstehenden Fels angesprochenen Wände dieser Gesteinsformationen zeigen bei genauer Beobachtung öfters stetige, manchmal ruckweise Veränderungen. Ein unvorhergesehener aussergewöhnlicher Felssturz kann allerdings auch am Kilchenstock vorkommen, erscheint uns aber in Würdigung aller Verhältnisse sehr wenig wahrscheinlich.

(Die Experten Oberst A. v. Steiger und Oberst Seiler an die Regierung des Kantons Glarus, 22. September 1931)

Geduckt prescht der Hund übers Feld auf die zwei Männer zu, die aus dem Wald treten, umkreist sie, springt an ihren Hosenbeinen hoch und bellt.

«Nero!» ruft Frey. «Er tut Ihnen nichts.»

Die beiden bleiben stehen, stützen sich auf ihre Bergstöcke. Nero trottet auf dem Weg zurück zum Pfarrer, lässt die Ohren hängen und schaut schuldbewusst zum Meister hinauf. Er hechelt, die Zunge hängt ihm aus dem Maul.

Die Männer klemmen ihre Stöcke unter den Arm, als wären es Karabiner, marschieren hintereinander auf dem schmalen Pfad auf Frey zu. Nero jault gequält, Frey klinkt ihn an die Leine. «Er ist noch jung», sagt er. «Noch ein bisschen unerzogen. Aber ein guter Hund.» Er krault ihn hinter den Ohren.

«Diese Bauernhunde sind unberechenbar», sagt der grössere der Männer, eine stämmige Gestalt mit vorspringendem Bauch und einem schmalen Schnurrbart.

«Ich bin der Pfarrer», sagt Frey.

«Pfarrer Frey? Wir haben von Ihnen gehört. Sie gestatten, Oberst von Steiger.» Der Dicke stellt die Absätze zusammen, zieht den Bauch ein, streckt die Hand aus. «Eidgenössischer Oberbauinspektor.»

«Ich habe Ihren Vortrag gehört im Frühling. Freut mich, Herr Oberst.»

«Oberst Seiler. Kantonsingenieur aus Nidwalden», stellt sich der andere vor, etwas weniger militärisch in der Haltung.

Sie hätten, berichtet er, eine Exkursion auf den Kilchenstock unternommen. Der Glarner Regierungsrat habe ein Gutachten bestellt.

«Und was wird darin stehen?» Das Wort Gefälligkeitsgutachten ist Frey auf der Zunge gelegen, aber er verbeisst es. Der Kanton will offenbar die Geologen demontieren, den Menschen Sand in die Augen streuen, die Gefahr herunterspielen.

Von Steiger zieht seine Uhr aus der Westentasche, dreht am Aufzug. «Wenn Sie meinem Vortrag gefolgt sind, Herr Pfarrer, dann kennen Sie ja meine Analyse in groben Zügen.»

«Sie waren damals der Ansicht, dass Lehm, der bei feuchtem Wetter aufquillt, die Bewegung verursacht.»

Von Steiger zupft mit zwei Fingern den schmalen Schnurrbart. «Richtig. Zudem haben wir festgestellt, dass die Gesteinsschichten bergwärts fallen. Es kann also unmöglich grosse Abrisse geben.»

«Das ist doch alles falsch!» ruft Frey aus. «Das widerspricht den Gutachten der Professoren Heim und Staub und meinen eigenen Beobachtungen. Wie können Sie so etwas behaupten?» Er spürt, wie sein Herz zusammengedrückt wird wie von einer Schraubzwinge. Sein Atem geht schneller, er greift mit der Hand an die Brust.

«Wie sagt der Volksmund? Geologen und Theologen logen», spottet von Steiger. «Studieren Sie unsern Bericht, Herr Pfarrer, dann sprechen wir uns wieder.» Er wendet sich zu seinem Begleiter. «Unser Zug fährt bald.»

Seiler zieht mit dem Bergschuh eine Linie in den Dreck. «Die Regierung hat uns den Auftrag für das Gutachten gegeben, weil sich die bisherigen Prognosen stets als falsch erwiesen haben. Es wurde schon zuviel Geld zum Fenster hinausgeworfen. Die Wissenschaftler sind mit einer eigenartigen Blindheit geschlagen. Wir Ingenieure dagegen haben einen Blick fürs Praktische.»

«Sie schreiben also ein reines Gefälligkeitsgutachen. Nicht mehr wert als das Papier, auf dem es steht!» Frey greift sich zum Hals. Auch da spürt er die Klammer, der Rauch, denkt er. Ich mache mich kaputt mit den Pfeifen, Stumpen, Brissago. Doch wie unter Zwang fährt seine Hand in die Westentasche, zieht eine Toscani heraus, das schärfste Kraut.

«Herr Pfarrer, passen Sie auf, was Sie sagen! Es ist jetzt dann genug Heu drunten!» Von Steigers Stimme dröhnt, als stehe er vor seinem Regiment. Hochrot ist sein Gesicht, mit dem Stock sticht er in der Luft.

Seiler hält ihn am Ellbogen fest. «Albert, beruhige dich ...»

Von Steiger reisst sich los, dreht sich auf den Absätzen und marschiert ohne Gruss davon. Nero springt auf, will ihm nachlaufen.

«Platz!» befiehlt Frey mit gepresster Stimme. Winselnd duckt sich der Hund.

Seiler zieht ein Feuerzeug aus seiner Tasche, schnippt die Flamme an, gibt Frey Feuer. Gierig saugt er den Rauch in die Lungen, es ist, als ob er ihm die Atemwege wieder öffne. Ich bin nikotinsüchtig, denkt er. Der Nidwaldner Kantonsingenieur erklärt, dass sie versucht hätten, neue Gesichtspunkte in die Diskussion zu bringen. Zum Beispiel sei ihnen beim Studium der Berichte von Ingenieur Härry aufgefallen, dass er zwar die Verschiebung auf den Millimeter genau messe, aber nur in der Abbruchzone, nicht am ganzen Berg. Das ergebe ein vollständig falsches Bild der Lage. Man wolle also nicht die bisherige Arbeit diffamieren, sondern ergänzen, allenfalls in einigen Punkten korrigieren. Man müsse das Problem Kilchenstock als Ganzes betrachten.

«Wie oft waren Sie auf dem Berg?» fragt Frey.

«Drei Mal. Mein Kollege aber öfter.» Seiler deutet mit dem Stock gegen das Dorf, wo von Steiger zwischen den ersten Häusern verschwindet. «Nehmen Sie es ihm nicht übel. Albert ist nicht so böse, wie es manchmal den Anschein hat. Er tut sein Bestes.»

«Ich war über fünfzig Mal auf dem Stock, Herr Oberst», sagt Frey. «Was Oberst von Steiger an seinem Vortrag im Frühling erzählt hat, war eine nette Plauderei ohne jeden Bezug zur Wirklichkeit.»

«Wissen Sie, was die Wirklichkeit wirklich ist, Herr Pfarrer? Auch Sie sehen nur die Erscheinungen an der Oberfläche, die Symptome der Krankheit.»

«Nein, das weiss ich auch nicht. Aber ich weiss, dass gewissen Kreisen die Wahrheit unbequem ist. Ein Kilchenstock zeigt doch, wie ohnmächtig die Mächtigen eigentlich sind. Er entlarvt sie. Und das passt ihnen nicht in den Kratten.»

Ein langgezogenes Pfeifen zieht durchs Tal. «Unser Zug», ruft Seiler aus und verabschiedet sich rasch.

«Komm Nero», ruft Frey. Der Hund springt auf, rennt in weiten Sätzen gegen den Berg, bedächtig folgt ihm der Pfarrer.

---

Nach Paragraph 198 EG/ZGB liegt die Pflicht zur Verbauung und Sicherstellung der Runsen auf den Tagwen und Gemeinden, in deren Huben solche Runsen, Erdrutschungen, Wild- und Waldbäche ihren Ursprung und Verlauf haben, und ferner auf denjenigen Liegenschaften, welche direkt angrenzen oder indirekt gefährdet sind. Diese Voraussetzungen fehlen durchaus für die Bewohner von Ennetlinth. Weder grenzen sie an Runsen des Kilchenstockes, noch sind sie indirekt gefährdet.

Gegen Bergstürze sind keine Korporationsbildungen möglich, das sind Vorgänge, gegen die menschliche Kunst nichts ausrichten kann. Antragsmässig werden die Rekurse gutgeheissen. (Bericht der regierungsrätlichen Kommission über die Bildung einer Vereinigten Kilchenstock- und Schutzdammkorporation, 13. November 1931)

«Ich durchschaue die Politik in diesem Lande noch nicht», sagt Alfred Wolf über den breiten Schreibtisch hinweg, auf dem sich Bücher, Aktenordner und Schriftstücke türmen. Auf seinem Kopf sitzt ein schwarzes Käpplein. Fast so eines wie wir zum Melken tragen, geht Heinrich Schiesser durch den Kopf. Verlegen steht er an der Wand, den Kopf gesenkt und die Hände verschränkt wie ein Rekrut vor dem Hauptmann. Seine ergebene Haltung macht dem Ruf als Bauerngeneral keine Ehre. Wolf redet schnell, erzählt von Deutschland, ein

Bürgerkrieg sei dort im Gange, Barrikadenkämpfe, Saalschlachten, Attentate an der Tagesordnung. Links gegen Rechts, Bolschewiken gegen Nationalsozialisten, das Bürgertum schwanke wie Schilf im Sturm, neige aber immer mehr nach rechts. Reichspräsident Hindenburg sei zwar gegen Hitler, aber von schlechten Beratern umgeben. Zwischendurch fordert er den Bauerngeneral immer wieder auf: «Aber so setzen Sie sich doch, Herr Schiesser. Wünschen Sie einen Tee oder eine Tasse Kaffee?»

«Danke, Herr Wolf», sagt Schiesser. «Ich komme gerade vom Znüni. Und ich stehe lieber.»

«Friedele!» ruft Wolf. «Friedele!»

Die Frau des Fabrikanten öffnet die Tür einen Spalt. «Lass doch dem Herrn Pächter einen Kaffee und Plätzchen bringen.»

Wolf kommt um den Schreibtisch herum, nötigt den widerstrebenden Bauern, Platz zu nehmen. Er setzt sich auf die Kante des gepolsterten Sessels, glücklicherweise hat ihm die Frau noch geraten, frische Hosen anzuziehen. Eine Bedienstete in weisser Schürze und einem Häubchen serviert auf einem Tablett eine Tasse, ein Kännchen Tee, Rahm in einem silbernen Krüglein, Würfelzucker in einer Porzellandose. Schiesser schenkt sich unbeholfen ein, greift nach dem Zucker und bemerkt erst, als er im Tee rührt, dass neben der Dose eine Art Zange liegt, wahrscheinlich um den Würfelzucker zu fassen. Fremd ist ihm diese Welt, fremd die Bilder an den Wänden, die nur aus Farbklecksen bestehen, als hätte ein Kind mit einem Pinsel gespielt.

Alfred Wolf schaut ihm lächelnd zu. «Vielleicht werden wir demnächst ganz nach Linthal ziehen», sagt er dann. «Wenn die politischen Verhältnisse in Deutschland noch schlechter werden. Wir sind ein internationales Unternehmen, das können wir heute so gut von Linthal aus leiten wie von Stuttgart.» Wolf tippt mit dem Finger auf den Telefonapparat. «Mit dem Ding da.»

Schiesser nickt. Was will er von mir? fragt er sich, während er versucht, den Tee aus dem winzigen Tässchen zu trinken, ohne zu schlürfen oder etwas zu verschütten.

«Gewiss haben Sie schon von Adolf Hitler gehört, dem Führer der Nationalsozialistischen Deutschen Arbeiterpartei?» Ein forschender Blick trifft ihn.

Schiesser zuckt leicht zusammen.

«Wie denkt man hierzulande über Hitler? Unter dem einfachen Volk, meine ich? Unter Bauern und Arbeitern?»

Er stellt die Tasse ab, lehnt sich zurück. «Soviel ich weiss, hoffen die deutschen Bauern, dass die Nationalsozialisten eine Machtübernahme durch die Bolschewiken verhindern. Die Roten nehmen den Bauern den Boden weg, die Braunen nicht.»

«Und das ist auch Ihre Meinung?»

«Ehrlich gesagt, Herr Wolf, wir sind hier hinten skeptisch eingestellt gegenüber allem, was von aussen kommt, sei es nun der Nationalsozialismus oder der Kommunismus. Wir sind eine alte Demokratie, wir haben unsere eigenen Gebräuche und Körperschaften, und daran halten wir fest.»

Wolf steht am Fenster, schaut hinaus und sagt mit leiser, aber bestimmter Stimme: «Ich würde es nicht dulden, wenn mein Pächter mit den Braunen sympathisierte, Herr Schiesser. Sie verstehen mich?»

Schiesser nickt, er fühlt sich wie ein Schulbub, der etwas Dummes gesagt hat und nun vom Lehrer gerügt wird. «Unsern Bauern geht es schlecht», murmelt er. «Es gibt solche, die sagen, auch bei uns brauche es einen Hitler.»

Wolfs Gesicht wird fahl, er geht zur Tür, schliesst sie und lehnt sich mit dem Rücken gegen sie. «Hitler will uns Juden vernichten», sagt er fast flüsternd. «Meine Angehörigen, meine Familie, meine Glaubensbrüder wollen es nicht wahrhaben. Aber ich weiss es. Ich höre Hitlers Reden, ich lese seine Schriften. Jetzt hat er angekündigt, er sei bereit, die Macht zu übernehmen. Derweil greifen seine Sturmstaffeln jüdische Studenten und Geschäftsleute auf offener Strasse an. Dieser Mann ist ein Verbrecher.»

Schiesser steht auf, es ist ihm unwohl in dem Büro, er beginnt zu schwitzen.

Wolf winkt mit der Hand. «Einen Augenblick, da ist noch etwas …»

Widerwillig setzt sich der Bauerngeneral, die beste Pacht in der Gemeinde verlangt ihm einen Gehorsam ab, den er sich nicht gewohnt ist. Doch als ihn Wolf um Rat fragt wegen dem Kilchenstock, wird er gesprächig, erklärt ihm das Wesen der alten Korporationen und warum einige Bürger, vor allem aus Ennetlinth, keine Vereinigung wollen, wie sie der Kanton diktiert.

Wolf schiebt ihm einen Brief hin. «Die Baudirektion hat den Rekurs gutgeheissen. Jetzt liege der Ball beim Regierungsrat, heisst es. Ich verstehe diese Vorgänge nicht, es ist hier offenbar alles etwas komplizierter als im Deutschen Reich.»

«Unsere Regierung ist schwach, der Baudirektor zieht auf die eine Seite, der Polizeidirektor auf die andere und der Landammann auf beide zugleich. Darum heisst es heute, die Vereinigung komme, und morgen steht in der Zeitung, sie komme nicht.»

«Fabrikant Bebié, der sich vehement gegen die Korporation wehrte, will den Rekurs nicht mehr unterstützen. Wissen Sie, warum?»

Schiesser verneint. Man erzähle sich so dies und das, Gerüchte, die er nicht weiter verbreiten wolle. Bebié habe sich Feinde geschaffen, weil er den Betrieb kurzerhand geschlossen und die Leute auf die Strasse gestellt habe.

«Was raten Sie uns? Den Rekurs weiterziehen?»

«Ja», sagt Schiesser.

«Ich danke Ihnen.» Der Fabrikant schüttelt dem Bauerngeneral ausgiebig die Hand. «Und grüssen Sie Ihre liebe Gattin von mir.»

Schiesser ist erleichtert, als er wieder draussen ist und frische Luft atmet. Auf der Wiese neben dem alten Badehaus im Stachelberg, wo die Wolfs wohnen, laden Arbeiter Balken und Bretter von Lastwagen, Hammerschläge ertönen. Sie stellen Militärbaracken auf. Falls der Berg wieder kommen sollte, können die Leute hier wohnen. Es sieht aus wie ein Gefangenenlager im Krieg, denkt Schiesser, während er mit schweren Schritten der Linth entlangschreitet zu seinem Pachthof neben der Fabrik.

---

> Sehr geehrter, lieber Herr Professor!
> Sonderbarerweise hat Geometer Wild seine Vermessungsarbeit am Kilchenstock aufgekündet, angeblich weil er dieser Arbeit wegen im ganzen Kanton verlacht werde. Es soll der glarnerische Kulturingenieur um die Übernahme angefragt werden. Da die Öffentlichkeit der Meinung ist, dass der Berg wieder schlafe, ist wieder alles mit der letzten Kiste eingezogen. Unsere Gegner triumphieren und haben die öffentliche Meinung wieder ganz auf ihrer Seite. Ich hoffe nur, dass ein grösserer Vorsturz dereinst die Menschen vom Berge wegjagt, sonst ist ein grösserer Menschenverlust möglich. (Friedrich Frey an Albert Heim, 23. November 1931)

Er schreckt aus dem Schlaf, fahl fällt das erste Morgenlicht durchs Fenster auf die Leinendecke. Einen Moment lang weiss er nicht, wo er ist. In Sax, im Rheintal? Oder in Glarus, bei den Eltern? In Deutschland? In Schiers, im Schlafsaal des Internates? Dann spürt er eine Hand, die ihm leicht über die Haare und die Achsel streicht. Er ergreift sie, Gertrud rückt dicht hinter ihn, ihre Wärme dringt durch seinen Körper wie eine sanfte Welle.

«Du hast geredet im Schlaf», sagt sie leise.

«Hoffentlich nichts Dummes.»

«Du redest doch nie etwas Dummes. Nicht einmal im Schlaf.» Sie lacht leise, schmiegt sich noch dichter an ihn.

«Irgendwann muss die Dummheit ja heraus. Lieber im Schlaf als auf der Kanzel.»

Dann versucht er sich an den Traum zu erinnern. Und erzählt. Auf den Kilchenstock ist er gestiegen, mit dem Förster Zweifel und seinem Vetter, der auch Rudolf heisst. Gabriel

Freuler ist dabeigewesen, der Geologe aus Ennenda und noch andere. Thomas Stüssi, der Härry aus Bern, der Oberholzer, Gemeindepräsident Stüssi.

«Der auch?»

«Ich weiss nicht mehr genau», sagt er. «Jedenfalls sind wir bis auf den Gipfel gestiegen, aber es war nicht der Kilchenstock, es war ein Hügel in einem braunen Wüstenland, die Sonne stand senkrecht im Himmel, der sich über dem trockenen Gebirge wölbte wie eine unendlich hohe Domkuppel. Der Pfarrer war auf einen Stein gestiegen, hatte gepredigt. «Hütet euch vor den falschen Propheten, die in Schafskleidern zu euch kommen, inwendig aber sind sie räuberische Wölfe.»

«Die Bergpredigt», sagt Gertrud.

Frey dreht sich um im Bett. «Im Unterricht habe ich die Bergpredigt durchgenommen. Ich dachte, es sei nötig, jetzt, wo das Volk immer mehr falschen Propheten nachläuft. Darum hatte ich wohl das Wort im Kopf.»

Er fährt mit den Fingern durch ihre Haare, dabei erzählt er weiter. Wie er gepredigt hat auf dem Berg, wie er dann allein auf der steinernen Kanzel stand, die andern waren verschwunden, Schatten fielen übers Hügelland. Er hat den Abstieg gesucht, sich verirrt, plötzlich war es wieder Nacht, wie damals auf dem Berg. Verzweiflung packte ihn, dann ist er aufgeschreckt.

«Der Traum ist gnädig», sagt er.

«Du hast geredet. Da habe ich dich leicht geschüttelt. Es ist auch Zeit zum Aufstehen.»

Frey sitzt auf dem Bettrand, stützt den Kopf in die Hände. «Hütet euch vor den falschen Propheten ... Wenn man nur wüsste, welches die falschen und welches die richtigen sind. Manchmal zweifle ich auch. Hat Heim wirklich recht? Oder haben wir uns in eine Sackgasse verrannt, alle zusammen, aus der wir nun nicht mehr hinausfinden? Und es ist kein Traum, es gibt kein gnädiges Erwachen, höchstens ein böses.»

Er schaut zu, wie sich Gertrud vor dem Waschtisch

kämmt, dann die Haare zu einem strengen Knoten bindet. «Meinst du, wir können bald wieder ins Pfarrhaus zurückkehren? Diesen Herbst war der Berg ruhig, der Damm hat standgehalten.»

Gertrud hebt die kleine Anna aus der Zaine, schaukelt sie auf ihren Armen, summt ein Lied dazu. Frey steht auf, er fühlt sich müde und zerschlagen.

«Warten wir noch etwas ab», sagt er. «Aber lange halte ich diese Ungewissheit nicht mehr aus.»

Als sie beim Frühstück sitzen, lässt ein gewaltiges Krachen die Scheiben erzittern. Über der Ätschrunse steigen Staubwolken auf, eine Viertelstunde dauert der Felssturz, so gewaltig wie noch nie zuvor. Sie stehen am Fenster, schauen hinaus. Dann beruhigt sich der Berg, als habe er sich nur wieder einmal in Erinnerung rufen wollen.

«An ihren Früchten sollt ihr sie erkennen, die falschen Propheten», sagt Frey. «So steht es in der Bergpredigt. Schade, sind die sogenannten Experten jetzt nicht auf dem Kilchenstock.»

# Schweigen

1932

Sehr geehrter, lieber Herr Professor!
Die Regierung hat den Glarner Tagesblättern verboten, übelprognostische Berichte über den Kilchenstock zu veröffentlichen. Die Gewerbler haben sogar in Glarus einen Advokaten als «Cerberum» gedungen, der auf solche Meldungen lauern und Verfasser und Drucker wegen Schädigung des Gewerbes einklagen soll. Hingegen dürfen Lügen, die die Gefahr in Linthal leugnen, nach Belieben gedruckt werden. Es scheint sogar eine geradezu systematische Lügenverbreitung und Verhetzung vorhanden zu sein, unter der auch ich zu leiden habe.
(Friedrich Frey an Albert Heim, 20. April 1932)

Seit über einem Jahr sind sie evakuiert, eingepfercht in eine winzige Wohnung, die Familie auseinandergerissen, ein Teil der Kinder bei den Grosseltern in Glarus und in St. Gallen. Manchmal kommt es Gertrud vor, als seien sie schon verschüttet, nicht von Felsentrümmern, sondern von den Bergen von Papier, von Akten, Zeitungsausschnitten, Briefen, Berichten, Gutachten, Fotos und Plänen, die sich anhäufen und sich alle um den Kilchenstock drehen, die Hilfsaktion, die Verlegung der Schulen, die Krise der Industrie und die Armut. Auch wenn sie die Arbeit fast erdrückt, sie packt jeden Morgen neu an. «Du bist so rastlos tätig wie Martha von Bethanien, die Schwester des Lazarus», bemerkt Friedrich manchmal im Scherz.

Sie öffnet einen Fensterflügel, wenn die Sonne scheint, denn das bisschen Luft, das noch Platz hat in der Wohnung, riecht nach Papierstaub, nach Druckerschwärze, nach Farbband. Und nach Friedrichs Stumpen, auch wenn er nur im Freien raucht, in seinen Kleidern hängt der Tabakgeruch, und selbst seine Haut riecht nach Nikotin. Alle paar Tage kommt er schwitzend und schmutzig vom Berg herab, in den er sich verbissen hat wie der Hund in den Hasen. Er kann nicht mehr loslassen, kann kaum mehr etwas anderes denken: der Berg, der Berg, der Berg! Jeden Stein, der sich löst, protokolliert er in seine schwarzen Büchlein, dazu das Wetter, die Planetenbahnen, die Sonnen- und Mondringe. Wie das Wetter empfinden die Menschen auch den Steinhagel, der fast unaufhörlich durch die Runsen prasselt, und die Murgänge, die sich bei Regenwetter ins Tal wälzen wie braune Riesenschlangen. Im Frühling spriessen Erlen und Anemonen aus dem Schlamm, das Gelände hinter dem Schutzdamm sieht aus wie ein frisch angelegter Garten, es wächst wieder Hoffnung.

Die Menschen sind fatalistisch geworden, nehmen alles hin, wie es kommt, es ist unabänderlich, das Rutschen und Rumpeln wird andauern, so hat man das Gefühl, bis der Berg ganz abgetragen ist, wie der Sandhaufen vor einer Baustelle. Niemand glaubt mehr an die Katastrophe, nur die Geologen mahnen von Zeit zu Zeit, man solle nicht nachlassen mit der Wachsamkeit. Es nimmt sie niemand mehr ernst ausser Friedrich. Er korrespondiert so oft mit Albert Heim wie nie zuvor. Nun ist auch Heims Sohn aus China zurückgekehrt, ist sogleich mit Friedrich auf den Berg gestiegen, hat den Abbruch besichtigt, fotografiert und die finsteren Prognosen seines alten Vaters noch bekräftigt. Und dann kommt der Friedrich unvermittelt heim, verkündet: «Am Montag kehren wir heim.»

«Wohin?» fragt Gertrud.

«Ins Pfarrhaus. Wohin denn sonst?»

«Und im Herbst, wenn die Gefahr wieder steigt?»

«Jetzt ist Frühling, warten wir ab.»

Gertrud fragt nicht weiter. Als er weggegangen ist zu einer Schulratssitzung, holt sie Harassen aus dem Estrich und beginnt zu packen.

---

Sehr geehrter, lieber Herr Professor!

Entschuldigen Sie bitte mein langes Schweigen. Wir sind ins Stachelbergquartier übersiedelt. Diese Zügleten und Wiedereinrichtungen nehmen viel Zeit weg. Im gleichen Quartier sind nun einige Militärbaracken als Notunterkunft aufgestellt. (Friedrich Frey an Albert Heim, 30. Juli 1932)

Er führt den Hund an der Linth spazieren, als die Sirene aufheult. Der Berg! zuckt es durch seinen Kopf, lässt ihn erstarren. Er erwartet das Beben des Bodens, die Druckwelle und die Staubwalze, die dem Sturz vorauseilen, dann das Donnerrollen des Weltuntergangs, riesige Felsblöcke, die sich überschlagend auf dem Schuttstrom schwimmen, der alles zermalmt und zerquetscht und begräbt. Und dann die Nacht. Tausend Mal hat er sich das vorgestellt, wenn er keinen Schlaf gefunden hat, doch die Bergwand, grau und glatt in der Dämmerung, bleibt ruhig. Ins auf- und abschwebende Wimmern der Sirene johlt das Feuerhorn, dann läuten die Kirchglocken Sturm. Rufe schallen über die Matt. Nero drückt winselnd den Kopf an Freys Bein, das Fell sträubt sich im Nacken. «Komm!» Er reisst den Hund an der Leine mit, läuft quer über das Feld gegen das Dorf, stolpert über einen Draht und fällt auf beide Hände. In der Gegend der reformierten Kirche steigt Feuerschein über die Dächer, flackert auf, sackt wieder ein.

«Das Pfarrhaus brennt!» Von der Scheidgasse her gellt eine Frauenstimme. «Herrjessesmaria!»

Beim Raben rasselt der Schlauchwagen vorbei, fünf Feuerwehrmänner stossen die Deichsel, laut brüllen sie vor Anstrengung, als die Strasse ansteigt gegen die Kirche. Breitspurig steht Heer vor der Wirtschaft, die Finger in die Träger der Metzgerschürze geschlauft, ein Hemdzipfel hängt ihm aus den Hosen. «Der Schang hat das Pfarrhaus angezündet!» ruft er Frey entgegen. «Er ist aus der Anstalt abgehauen, ich hab ihn gesehen.»

Frey eilt vorbei, findet keinen Atem für eine Antwort. Nero folgt ihm bellend, schnappt wie wild nach seinen Absätzen.

Vor dem Pfarrhaus drängen sich die Gaffer in der Dunkelheit, zuvorderst hüpfen Kinder aufgeregt von einem Bein aufs andere, in ihren Augen spiegelt sich flackernd das Feuer.

«Platz gemacht! Obacht! Passt doch auf!» Feuerwehrleute fluchen, stossen, zwängen sich durch die Gaffer. Hastig rollen sie den Schlauch vom Haspel des Hydrantenwagens, eine Leiter kracht auf den Boden, wird wieder aufgerichtet, schwebt gegen die Fassade des Pfarrhauses. «Hoooo... Ruck!» Die Leiter fährt knarrend in die Höhe, neigt sich zum Fenster des Studierzimmers.

Aus dem Dach auf der Nordseite qualmt Rauch, das Fenster zerspringt, Scherben klirren auf den Boden, Flammen schlagen unter den Kreuzstöcken heraus. Herrgott, meine Bücher! fällt Frey ein, keuchend lässt er sich gegen eine Hausmauer sinken, greift an den Hals. Die Bücher, die Fotos, die Aufzeichnungen. Alles dahin!

«Herr Pfarrer, Sie bluten ja.» Eine Frau zeigt auf seine Hände.

Er schüttelt nur den Kopf, die Kehle ist zugeschnürt.

Wasser zischt aus dem Wendrohr, das der Feuerwehrmann zuoberst auf der Leiter in die Studierstube richtet. Durch die offene Tür ist ein zweiter Schlauch ins Innere des Hauses gezogen, dick bläht er sich, als das Wasser einschiesst. Wo er Löcher hat, spritzt es in feinen Bogen nach allen Seiten. Bald mischt sich Dampf in den Rauch, der Feuerschein sackt zusammen.

«Sie haben Glück gehabt, Herr Pfarrer», sagt die Frau neben ihm.

«Glück sagen Sie dem?»

«Sie wohnen doch noch auf der Matt?»

Erst jetzt fällt ihm wieder ein: Die Bücher sind gerettet. Morgen wollten sie zügeln, einen Tag später, und alles wäre verbrannt oder vom Wasser zerstört. Seine Bibliothek, seine Leidenschaft. Lieber Gott, sagt er zu sich selber, du hast mir meine Bücher gelassen, meine astronomischen Notizen, meine Fotografien und Dokumente. War das ein Zeichen? Oder eine Warnung?

«Man sagt, es sei die Mariella gewesen, die Zigeunerin, die im Herbst aus dem Marienheim entlaufen ist.»

«So, wer sagt das?»

«Jemand hat sie gesehen letzthin. Sie hat ihren Schatz rächen wollen, der in die Linth gegangen ist.»

«Gerüchte!» Frey drängt sich durch die Leute zum Hauseingang.

«Halt!» Ein Feuerwehrmann versperrt ihm mit erhobener Hand den Weg.

«Lassen Sie mich durch. Ich muss hinein.»

«Zu Befehl, Herr Pfarrer!» Der Mann knallt die Absätze zusammen.

Das Feuer ist erloschen, der Platz in Dunkelheit gehüllt. Die Neugierigen zerstreuen sich. Auf der Treppe kommt ihm Gemeindepräsident Stüssi entgegen. «Glück gehabt, Herr Pfarrer. Unsere Feuerwehr hat gute Arbeit geleistet. Ihre Wohnung ist fast unversehrt. Nur der Dachstock ausgebrannt.»

«Und mein Studierzimmer?»

«Das sieht bös aus, viel Wasserschaden.»

Feuerwehrmänner tragen verkohlte Bretter und Balken die Treppe herab, werfen sie draussen auf einen Haufen. Einige glühen noch, Funken wirbeln durch die Nacht.

Es handle sich fast sicher um Brandstiftung, meint Stüssi. Jemand habe im Estrich Gerümpel angezündet. Es könne sich aber auch um einen elektrischen Kurzschluss handeln.

«Die Gerüchteküche läuft ja schon heiss», sagt Frey. «Die Mariella, behaupten die einen. Der Schang, die andern.»

«Der Pfarrer hat sich halt Feinde geschaffen. Unter den Armen und unter den Reichen …»

«Das wäre ein schlechter Pfarrer, der keine Feinde hat», lässt Frey fallen. «Mein Problem ist jetzt nur, wo ziehen wir morgen hin? Alles ist gepackt, das Häuslein in der Matt gekündigt.»

Sie steigen die Treppe hinauf, es stinkt nach verbranntem Gummi und angesengtem Tuch. Stüssi knipst eine Taschenlampe an. Das Studierzimmer sieht weniger schlimm aus, als Frey befürchtet hat, die Scheiben sind zertrümmert, die Decke schwarz, die Vorhänge angekohlt, die Tapeten durchweicht vom Löschwasser. Stumm schaut er sich um, wagt kaum, sich vorzustellen, wie es aussehen würde, wenn seine Bibliothek da wäre.

«Fragen Sie doch einmal im Stachelberg», sagt Stüssi. «Die Besitzer haben das alte Badhaus umgebaut, dort steht noch eine Wohnung leer.»

---

> Die Kommission verhehlt nicht, dass weitere Massnahmen ergriffen würden, wenn nicht das Klausenrennen vor der Tür stünde. Sobald diese für Linthal und weitere Umgebung sehr einträgliche, sportliche Veranstaltung vorüber ist, wird die Kommission erneut die Massnahmen prüfen müssen.
> Die Lage ist neuerdings sehr ernst geworden. Es ist ein Glück, dass man dies auch in Linthal einsieht. Tagwenspräsident Zweifel teilte mit, dass jetzt schon Leute vor Aufregung kaum mehr Schlaf finden. (Massnahmen Kilchenstock, Regierungsrätliche Kommission, 13. Juli 1932)

«Wissen Sie eigentlich, an was für einem Platz Sie sitzen?» fragt Alfred Wolf den Pfarrer, der sich behaglich im Sessel zurücklehnt und die kubanische Zigarre geniesst, die ihm der Fabrikant angeboten hat. Endlich darf er sich einmal sitzend und in Ruhe einem der feinsten Tabakgenüsse hingeben, die die Welt kennt. Alles, so scheint es, hat sich zum Besseren gewendet. Die Familie ist in eine Wohnung weit vom bösen Kilchenstock gezogen, in den sonnigen, sicheren Stachelberg. Leutselig hat ihn Alfred Wolf empfangen, er ist glücklich über den Gesprächspartner, mit dem er über mehr als das Wetter, den Stundenlohn oder den Börsenkurs sprechen kann.

«Es heisst, in diesem Haus habe einst Graf Zeppelin gewohnt», sagt Frey.

«Richtig! Im Bad Stachelberg hat unser General Ferdinand Graf von Zeppelin die Pläne für sein erstes Luftschiff entworfen. Für uns Deutsche ist dies ein historischer Ort, und jetzt …», Wolf lächelt, «… jetzt ist er auch wieder in deutscher Hand. Die deutsche Presse nimmt wegen Zeppelin auch lebhaft Anteil am Schicksal Linthals. Letzthin meldete eine Berliner Zeitung bereits den Untergang des Dorfes.»

«Druckerschwärze ist geduldig.» Frey klopft die Asche von der Zigarre in den Aschenbecher. «Unsere Behörden haben eine regelrechte Pressezensur eingeführt. Aber nicht aus Liebe zur Wahrheit, sondern weil der Berg das Geschäft verdirbt.»

«Man sagt, Sie seien ein Prophet des Untergangs geworden, Herr Pfarrer. Nachdem Sie früher optimistisch waren.»

«Auch aus Saulus ist ein Paulus geworden. Aber nicht die Stimme des Herrn, sondern die Wissenschaft hat mich bekehrt.»

Wolf lächelt, steht dann auf, öffnet die Tür und ruft ins Treppenhaus: «Friedele! Friedele!»

Eine Frauenstimme antwortet.

«Lass doch dem Herrn Pfarrer und mir Kaffee bringen. Und die Plätzchen nicht vergessen, bitte.» Er wendet sich um. «Sie trinken doch Kaffee, oder?»

«Noch so gerne.»

«Ich wusste es ja. Alle protestantischen Pfarrherren, die ich kenne, lieben den Kaffee.»

Frey erzählt, er habe vor zehn Jahren sogar eine kleine Geschichte des Kaffees verfasst, für das Schweizer-Familien-Wochenblatt. «Dort erzähle ich die Anekdote eines Pfarrers, dem ein altes Fraueli in der Aufregung Soda statt Zucker in den Kaffee schüttete. Der hat ihn aber trotzdem rühmen müssen und das bittere Getränk mit Todesverachtung geschluckt.»

Wolf setzt sich wieder an den Rauchertisch. «Bei uns können Sie offen sprechen, Herr Pfarrer, wir haben zwar nicht den gleichen Glauben, aber wir sind tolerant. Deshalb haben wir Sie auch gerne aufgenommen in unserem Haus. Das Volk Gottes war in seiner Geschichte stets auf Obdach angewiesen, auch bei Andersgläubigen.»

Beim Kaffee kommt er auf den Grund der Einladung zu sprechen. Die Familie möchte sich, «im Vertrauen, Herr Pfarrer, ganz im Vertrauen», in Linthal niederlassen. Die Nationalsozialisten sind seit den Reichstagswahlen im Juli stärkste Partei. Es sei vorauszusehen, dass Hitler über kurz oder lang Reichskanzler werde. «Und das bedeutet dann nur eines: Juden raus! Schon heute ziehen die braunen Banden durch die Strassen der Städte, grölen im Biertaumel diese Parole, schmieren Davidsterne auf Fassaden, schänden jüdische Friedhöfe und schleudern Pflastersteine in die Schaufenster der jüdischen Geschäfte.»

«In Deutschland herrscht Bürgerkrieg, schreiben die Zeitungen.»

«Es ist traurig, aber es ist so», sagt Wolf. Er erkundigt sich, ob es möglich sei, zwei seiner Kinder in die hiesige Schule zu schicken. Die beiden Ältesten kämen ins Internat im Bündnerland.

«Solange ich Schulpräsident bin, können Sie Ihre Kinder jederzeit in die öffentliche Schule schicken», sagt Frey. «Niemand wird ihnen ein Haar krümmen, dafür stehe ich gerade.»

«Es soll aber auch hier Hitleranhänger geben.»

«Die Bergler haben ihre eigene Weltanschauung», sagt Frey. «Sie sind weder kommunistisch noch faschistisch. Bloss manchmal etwas langsam von Begriff.»

«Und der Brand des Pfarrhauses? War das ein Anschlag?»

Frey wehrt ab. Man habe nichts Genaues herausfinden können, er selber vermute einen Kurzschluss.

«Dann bin ich beruhigt», sagt Wolf.

Der Kaffee duftet vorzüglich, er ist stark geröstet. In Südamerika besitzen die Wolfs eigene Industrien, Geschäftsfreunde schicken ihnen den Kaffee direkt aus Brasilien. Die gewürzten Plätzchen dagegen sind deutsch, Frey kaut langsam: «Spekulatius heisst das Gebäck, ich erinnere mich.»

Er erzählt von seiner Zeit in Deutschland. «Heute kann ich nicht mehr über so heitere Dinge wie den Kaffee schreiben», sagt er. «Ein Krebsübel habe den ganzen Menschheitskörper befallen, so lautete meine Neujahrsbotschaft. Was Sie von Deutschland berichten, bestätigt meine Analyse. Wo die Selbstsucht regiert, führt das letztlich zur Verfolgung Andersdenkender.»

Wolf nickt. «Trotz dem bösen Berg fühlen wir uns hier sicherer als in Stuttgart. Hat nicht schon Schiller geschrieben: Lieber die Schneegebirge im Rücken als die bösen Menschen?»

---

Sind Klausenrennen eine Notwendigkeit, besonders in Krisenzeiten? Ohne jede Überhebung dürfen wir sagen, dass den Klausenrennen ausser der sportlichen auch eine volkswirtschaftliche Bedeutung zukommt; durch den Zustrom der Zuschauer, durch Hilfsarbeiten usw. fliessen tausende von Franken in die Kantone Glarus und Uri. Und darüber hinaus ist das Rennen das beste Propagandamittel für die Schönheiten unseres Heimatlandes. (Glarner Nachrichten, 8. August 1932)

Eine eigentümliche Hektik ergreift Anfang August das Tal, der böse Berg ist vergessen. Es ist, als breche eine Lawine aus dem Norden in die Stille, und sie ist nicht aus Stein und Dreck, sondern aus Chrom, Stahl, Gummi und Leder. Auspuffgase, mit Rizinus geschwängert, schweben in der Luft. Wer ein Automobil besitzt, drückt stärker aufs Gaspedal als sonst, Motorenlärm brandet von den Berghängen. Die Glarner Hinterländer sind rennverrückt, jeder fühlt sich als Rennfahrer, die Buben beugen sich tief über die Lenker ihrer rostigen Velos. Schwere Maschinen mit kantigen Kühlerhauben und glitzernden Zierleisten röhren durch die Dörfer, stoppen brüsk, Staub wirbelt, Daimler, Mercedes, Alfa Romeo, Fiat, Bugatti, dazwischen Motorräder von NSU und Motosacoche. Die ganze Familie des legendären Konstrukteurs Bugatti trifft ein, Papa Ettore mit einem 15-Liter Royale, Mama fährt einen zwölflitrigen, die Töchter und der Sohn Cabrios, fünfundzwanzig Maschinen schickt der Dottore ins Rennen. Chiron, der Starpilot aus dem Stall, steuert eine Bugatti mit Vierradantrieb vom Typ 53, 300 Pferde leistet der Motor, er jagt das Gefährt auf zweihundert Stundenkilometer. Die Italiener und die Deutschen treten stark auf, ihre Kompressoren bringen jedes Jahr mehr Leistung auf die Strasse, die Technik entwickelt sich rasend schnell. Kein Vergleich mehr mit dem ersten Rennen von 1922, Seifenkisten standen damals am Start, Italien und Deutschland lagen am Boden, vom Krieg ruiniert. Heute hat sich das Spektakel vervielfacht, Lederkappen, Sonnenbrillen, Pelzjacken, Spitzenblusen, Parfümwolken, Benzindampf und Schweiss, Lippenstift, Goldketten, Glanz und Glitzer, das Dröhnen der Motoren, das Heulen der Boschhörner, die vielen Sprachen, die Kommandos der Feuerwehr, die Schreie der Begeisterung, das Klatschen vermischen sich zu der Kakophonie, die für zwei Tage die Illusion der grossen Welt in das verlorene Tal trägt. Über der Strasse in Ennetlinth blähen sich die Reklametransparente der grossen Automobil-, Reifen- und Benzinkonzerne: Mercedes, Daimler Benz, Sunbeam, Pirelli, Shell, Standard Motor Oil Co., Esso, dazwischen flattert ein Band von Elmer Citro, und nebst dem holländischen Elektroriesen Philipps zeigt die Therma aus Schwanden Präsenz. Das Dorf hat der Regierungsrat aus Sicherheitsgründen sperren lassen, doch das Krachen der Steinschläge am Kilchenstock versinkt im Motorenlärm, jetzt regiert nicht mehr die Natur, sondern die Technik. Alles ist machbar, heisst die Botschaft. Vielleicht ist es wahr, dass bald eine neue Zeit anbricht, wie ein deutscher Rennfahrer am Wirtshaustisch verkündet.

Als am Samstag die Startfahne für den ersten Tourenwagen fällt, stehen die Menschen dicht gedrängt an der Strasse, strahlend wölbt sich der Himmel über dem Tal. Am Start leuchtet der weisse Overall von Hans Stuck, «König der Berge» nennt man den Deutschen, den Meister am Berg und auf Rundstrecken. Der jüngere neben ihm ist Rudi Caracciola, der Star der Rennkategorie, er trägt eine lockere Lumberjacke, Knickerbocker und weisse Socken. Ständig bedrängen ihn die Buben, halten Zettel hin. «Caratsch, Caratsch, bitte ein Autogramm.»

Er lacht, setzt seinen Namen hin. «Sagt doch Rudi zu mir.» Man bewundert ihn, man hat ihn gern. Nicht alle zwar. Landrat Jacques Stüssi vom Konsum habe ihn angezeigt, weil er mit seinem Mercedes Sportwagen viel zu schnell durchs Dorf raste, erzählt man sich. Fünfzig Franken habe der Polizist verlangt, da habe ihm Caracciola eine Hunderternote in die Hand gedrückt. «Das reicht dann auch noch fürs nächste Mal, gell.» So ist er, der Caratsch. Im Rennen fährt er erstmals einen serienmässig hergestellten Einplätzer von Alfa Romeo, den 2,6-Liter Monoposto P3 mit zwei Kompressoren unter der Haube.

Die beiden fachsimpeln über die Rennstrecke, die Haarnadelkurven in den Fruttbergen, die beiden Tunnel, die Schnurgerade auf dem Urnerboden, auf 1200 Metern, dann die Kurven vor der Passhöhe, dem Ziel, zwölfhundert Meter Höhendifferenz auf zwanzig Kilometer Distanz. Chiron, der schärfste Konkurrent, habe die Strecke zu Fuss abgeschritten, magische Zeichen an die Felswände gemalt. Caracciola grinst siegessicher, kratzt sich im krausen Haar. Vor zwei Jahren hat ihn der Monegasse noch in der Rennklasse geschlagen, diesmal wird ihm sein Zauber nichts mehr nützen.

Das Klausenrennen, verkündet Stuck lautstark, sei ihm das liebste, eines der interessantesten und schwierigsten der Welt. «Machst du auf der Rundstrecke einen Fehler, kannst du ihn in der nächsten Runde noch korrigieren. Wenn du am Berg in einer Kurve eine Sekunde verlierst, kann sie dir kein Gott mehr wieder holen.»

Stolz marschieren sie davon, gefolgt von einem Schwarm Buben. Die Deutschen und die Italiener treten von Jahr zu Jahr selbstbewusster auf, ihre Technik ist unschlagbar geworden, ihre Motoren sind die stärksten. Der nächste Krieg, sagt jemand im Hotel Bahnhof, werde ein Krieg der Maschinen sein.

Tag und Nacht knattert und rattert es am Hause vorbei, zuerst Linthal zu und am Schluss talauswärts. An ein Schlafen ist nicht mehr zu denken. Vom Kilchenstock rumpelt es herunter, ein Schauspiel für die neugierigen Fremden. Man verschweigt die Gefahr, um den armen Leuten den Verdienst dieser Tage nicht zu schmälern. (Chronik Marienheim Rüti)

Es ist noch Nacht, als Babetta auf der Passstrasse Schritte hört und Stimmen, Lichter tanzen vorbei, Taschenlampen, Kerzenlaternen, ein Strom von Menschen wandert Kurve um Kurve höher. Strahlendes Wetter ist angekündigt, nach langem Regen, dreissigtausend Zuschauer werden zum Klausenrennen kommen, heisst es. Babetta hilft den Grosseltern in der Wirtschaft auf dem Bergli. Leise steht sie auf, zieht sich an, tritt vor das Haus in den dämmernden Morgen. Die Stimmen der Leute dringen von der Strasse herauf, sie schwatzen, lachen und singen. «Ist die Wirtschaft noch nicht offen?» ruft jemand. Babetta gibt keine Antwort.

Dann schwankt eine Taschenlampe den Hang herauf. Ein Mann nähert sich, Knickerbocker trägt er, Bergschuhe, einen Stock in der Hand, einen Filzhut auf dem Kopf. Emil aus Schwanden.

«Bist du es, Babetta?»

Sie drückt sich an die Hauswand.

«Bist du schon auf? Ich habe Licht gesehen.»

Emil war schon am Samstag da, stundenlang hockte er in der Gartenwirtschaft, bestellte ab und zu ein Bier. Und schaute zu, wie sie servierte, Kaffee und Kuchen, Rotwein und Bratwurst mit Zwiebeln. Sie spürte seine Blicke, wenn sie die Tische putzte oder kassierte.

«Hilf doch, statt einfach zu glotzen», stichelte sie im Vorbeigehen. «In der Küche könnten wir noch einen brauchen zum Abwaschen.»

«Das ist Frauenarbeit», spottete er.

Eingebildet ist er, hat sie gedacht. «Professor» nennen sie ihn in der Fabrik, weil er so gescheit daherkommt mit dem

Rechenschieber in der Brusttasche und einem Büchlein mit mathematischen Formeln, die Haare hat er nach hinten gekämmt und mit Pomade angeklebt. Manchmal wartet er nach Feierabend beim Magazin, wenn sie die gleiche Schicht haben, dann spazieren sie dem Durnagel entlang, er sucht ihre Hand, zieht sie an sich. Und einmal hat er sie geküsst, ganz schnell auf beide Wangen, dann ist sie davongelaufen, übers Feld und nach Hause.

Nun lehnt er neben ihr an der Mauer, stellt den Rucksack auf den Boden. «Hast nicht geglaubt, dass ich so früh wieder komme.»

«Du läufst mir nach», sagt sie.

«Ist das etwa verboten?» Er lacht, zieht Zigaretten aus der Jackentasche. Ein Zündholz flammt auf. «Du rauchst ja noch nicht, oder?»

«Ich rauche nie!» gibt sie trotzig zurück. «Und jetzt muss ich in die Küche. Es wird ein strenger Tag.»

«Der Extrazug war gesteckt voll. Zehntausend Leute sind gekommen», sagt er. «Heute will ich auf die Passhöhe, ans Ziel. Was meinst du, wird Caracciola das Rennen machen oder der Chiron?»

«Keine Ahnung, ist mir auch egal. Ich muss arbeiten.»

Auf der Strasse wird es ruhiger, nur noch ein paar Langsame keuchen bergauf, Schemen in der Dämmerung, ihre Schritte knirschen im Kies. Über dem Grat im Osten schwimmt eine schwarze Fischwolke in den phosphoreszierenden Himmel.

Emil wirft die Zigarette auf den Boden, sie zieht einen Schweif stiebender Funken. «Eine Frau wie dich könnte ich brauchen.» Er tritt einen Schritt näher. «So tüchtig. Und so schön.»

Sie schweigt, weiss nicht, ob sie wieder davonlaufen soll. Im Haus hört sie Schritte, Stimmen in der Küche.

«Ich habe gedacht, wir könnten doch heiraten», sagt er leise, greift nach ihrer Hand. Verblüfft lässt sie es geschehen. «Wir könnten heiraten. Und dann ins Ausland. Was meinst du?»

Ein Auto fährt um die Kurve, die Scheinwerfer streifen über die Wiese. «Warum ins Ausland?» fragt Babetta, sonst fällt ihr nichts ein.

«Ich habe ein Bewerbungsschreiben nach Alexandria in Ägypten geschickt. Und eines nach Budapest in Ungarn.»

«Ägypten? Meinst du, ich wolle in ein Negerland?»

«Wir würden viel Geld verdienen. Dort ist immer Sonne. Und die einzigen Berge sind die Pyramiden. Die stehen seit tausend Jahren und fallen dir nicht auf den Kopf.»

«Ich habe die Berge gern, ich will nicht fort.»

«Nur ein paar Jahre. Bis wir genug Geld gespart haben. Dann kaufen wir ein Haus.»

«Denkst du eigentlich nur ans Geld?»

Holzschuhe schlurfen über die Steintreppe. Der Grossvater tappt zum Stall. Er bückt sich, hebt eine leere Flasche auf, flucht leise vor sich hin.

«Alles ist voller Abfall», sagt sie. «Die Wiesen zertrampelt, das Gras voller Scherben.»

«Dafür verdient ihr gut am Rennen, oder nicht?»

«Ich muss jetzt.» Sie will sich loswinden, doch er umfängt sie, drückt sie an sich und küsst sie auf den Mund. Er riecht nach Zigarettenrauch. «Wenn das Rennen vorbei ist, komme ich ins Bergli. Dann gibst du mir Antwort. Ja oder nein.»

Er hebt den Rucksack auf. Sie schaut ihm nach, wie er zur Strasse hinüberschreitet. Ein Rennwagen hupt, pfeift um die Kurve und rast bergauf. Staub wirbelt dem Meister ins Gesicht, er dreht sich um und winkt mit dem Bergstock.

---

Zum erstenmal in 10 Jahren hat der Berg ein Opfer gefordert, ein junger Motorradfahrer, Mazzapicchi R., soll tot sein. Die Ausfahrt aus der untersten Galerie, wo ihm ein verantwortungsloser Fussgänger im letzten Moment die Fahrbahn übersprang und zum Ausweichen zwang, wurde ihm zum Verhängnis.

Aber die Lebenden triumphieren. Die Rennwagenklasse ist losgelassen, die wildeste, verwegenste Jagd. (Kaspar Freuler in den Glarner Nachrichten, 8. August 1932)

Während die Glocken noch läuten, knattert auf der Klausenstrasse der erste Sportwagen los, auf den Fruttbergen heulen die Boschhörner. Die Gottesdienstbesucher, darunter auch Auswärtige, beschleunigen ihre Schritte, sobald sie die Kirchentreppe hinter sich gelassen haben. Die Hektik ergreift nach der Ruhe des Gottesdienstes unvermittelt auch den Pfarrer, doch er zwingt sich, einigermassen würdevoll dahinzuschreiten. Linthal ist für zwei Tage der Nabel der Welt! Die Sehnsucht, die einen manchmal packt, der Wunsch, in den atemberaubenden Wirbel einer fremden Stadt zu tauchen, Berlin, Wien, Paris, London, Rom, wird für die kurze Zeit des Klausenrennens übermächtig. Die Welt kommt ins Tal und bringt den Fortschritt mit, den man hier entbehrt. Für einmal sind die Zeitungsleute nicht wegen dem Kilchenstock da, für einmal dürfen sie optimistische Berichte und Reportagen über das Glarner Hinterland verbreiten: Die Organisation des sportlichen Anlasses ist perfekt, die Begeisterung der Bevölkerung gewaltig. Das Rennen wird direkt am Radio übertragen. Alle Zukunftsangst, alles Bedrückende und Belastende ist für zwei Tage vergessen.

Dicht hinter Frey bremst ein Rennwagen und hupt. Neben dem Fahrer sitzt ein Bub und winkt, sein Kopf schaut knapp über die Kühlerhaube hinweg. Es ist Fritz!

«Was fällt Ihnen ein!» fährt Frey den Rennfahrer an, der hinter der Schutzbrille grinst. Er packt den Buben an der Hand, zieht ihn vom Sitz. «Wo seid ihr gewesen?»

«Nur schnell im Tierfehd hinten», sagt Fritz kleinlaut, schaut auf den Boden.

«Schnell ist gut! Du hättest ja herausfallen können. Und zudem ist die Strasse gesperrt.»

«Wollte dem Bubeli Freude machen», entschuldigt sich der Rennfahrer in gebrochenem Deutsch. Es ist Chiron, der Monegasse. «Musste Motor anwärmen, ganz langsam.» Er lacht.

Frey antwortet französisch. «Aber mir haben Sie gar keine Freude gemacht.»

«Dann kommen Sie doch auch eine Runde!» Chiron zieht seine Lederkappe fest, schiebt die Rennbrille ins Gesicht.

«Nein danke. Für meinen Bauch wäre neben Ihnen wohl zu wenig Platz.»

Chiron hupt, die Leute, die die Maschine umringen, treten zur Seite. Langsam rollt er über die Brücke zum Start. Frey nimmt seinen Sohn an der Hand und schreitet hinterher.

---

> Sehr geehrter Herr Landammann! Sehr geehrte Herren Regierungsräte!
> Der Unterzeichnete erlaubt sich, Ihnen eine Zusammenstellung des durch die Kilchenstockgefahr verursachten Schadens in meinem Betriebe in den Monaten Juli, August und September 1932 zu unterbreiten.
> Ich glaube, dass ich Ihnen über den schweren ruinösen Schaden und über die andauernden seelischen Nöte, unter denen ich und meine Familie seit langer Zeit schon leiden, keine näheren Einzelheiten schildern muss. Wer von Tag zu Tag Gelegenheit hat, die unhaltbaren Zustände aus der Nähe zu sehen und zu erleben, weiss, dass hier nicht nur von Schaden gesprochen werden kann, sondern von einer Not, die nur durch eine gründliche Hilfe gemildert werden kann. (Fritz Heer, Hotel und Metzgerei Raben, Auto-Garage, 21. Oktober 1932)

Missmutig sitzt Konsumverwalter Jacques Stüssi am runden Tisch, der Wirt kritzelt Zahlen auf eine Jasstafel, redet dazu vor sich hin, leckt den Finger ab, wischt eine Zahl durch, schreibt eine andere. «21 Holländer waren angemeldet, die mussten wieder ausziehen. Das allein sind schon über tausend Franken Verlust. Die Rennleitung hat den Rennfahrern verboten, hier zu wohnen.» Er wirft die Kreide auf die Tafel, greift nach dem halbvollen Becher Bier, stürzt ihn hinunter. «Stell dir vor, Jacques. Im Raben war früher das Hauptquartier der Rennleitung. Was habe ich nicht alles für die Herren gemacht, habe manche Runde spendiert, das beste Fleisch gekocht, habe ihnen die besten Zimmer gegeben, Parkplatz für ihre Automobile. Und nun! Das ist der Dank für alles.»

Stüssi fischt mit dem Finger eine Wespe aus dem Most, schnippt sie auf den Boden. «Man hätte das Rennen absagen müssen. Entweder droht Gefahr oder es droht keine. Aber das Dorf sperren, damit die im Ennetlinth drüben ein um so grösseres Geschäft machen, das ist ungerecht. Was meinst du, wieviel Verlust der Konsum macht?»

«Du bist doch im Landrat. Warum hast du nicht das Maul aufgemacht?» Wütend wischt Heer mit dem Schwamm über die Jasstafel. «Hat ja alles keinen Sinn mehr.»

«Das Rennen sei wichtig für die Wirtschaft in diesen Krisenzeiten, meint die Regierung. Was soll man da noch sagen? Ich habe natürlich nicht gewusst, dass sie das Dorf sperren.»

«Welche Wirtschaft?» brüllt Heer durch die Gaststube. «Meine Wirtschaft ist ruiniert!»

«Mit den Klausenrennen ist ohnehin Schluss», sagt Stüssi, «Berg hin oder her. Die Flurschäden in den Fruttbergen sind enorm, alles vertrampelt, voller Unrat, selbst ins Heu haben die Zuschauer geschissen. Jetzt wollen die Fruttbergbauern der nächsten Landsgemeinde einen Memorialsantrag stellen, dass die Rennen verboten werden. Zu allem Überfluss hat es auch noch einen Toten gegeben.»

Stüssi steht auf. «Ich muss dann wohl.»

«Du machst dich aus dem Staub?»

«Ich habe genug eigene Sorgen, was soll ich mir dein Gejammer anhören.»

«Ihr Politiker seid doch alle Schlappschwänze! Warum schicken wir euch überhaupt nach Glarus? Damit ihr im Rathaus palavert und in der Sonne Kalberwürste esst und Veltliner trinkt.»

«Nicht nur der Berg und die Regierung sind schuld an deiner Misere.» Stüssi hält die Türfalle schon in der Hand.

«Wer denn sonst?»

«Du trinkst zuviel, Fritz», sagt Stüssi trocken, wendet sich um.

Die Jasskreide fliegt durch die Luft, prallt an seinem Rükken ab. Die Tür fällt ins Schloss. «Hau ab du!» brüllt Heer.

Dann steht er schwerfällig auf, bückt sich nach der Kreide, fährt fort, Zahlen aufzuschreiben, Prozente auszurechnen, zusammenzuzählen. 5760 Franken und 60 Rappen hat er im Juli weniger verdient als vor zwei Jahren. Im August sieht es noch schlimmer aus. Die Kreide kreischt, es klingt wie ein Notschrei. Ein Schauer fährt über seine Haut. Hastig greift er nach der Bierflasche, schenkt ein.

Eine deutsche Rennmannschaft habe auf der Klausenpasshöhe die Hakenkreuzfahne aufgezogen, hat jemand erzählt. Die deutschen Motoren sind im Vormarsch, stand in der Zeitung. Als ob das Rennen eine Schlacht sei, ein Krieg gegen den Berg. Er geht zum Radioapparat, der neben dem Büffet auf einem Brett an der Wand steht, dreht an den Knöpfen, bis er durch das Rauschen eine heisere Stimme hört, eine wütende Krähe krächzt aus dem Lautsprecher. Er versteht nicht viel, begreift nur, dass da einer gegen die Regierung und das Parlament anschreit. So einen könnten wir auch brauchen, denkt Heer, einen, der den Politikern Feuer macht unter dem Arsch.

---

> Heute hat der Kilchenstock eine bewegte Nacht verschuldet. Der Scheinwerfer trat in Aktion, die Sirene zeigte die Gefahr an. Im nahen Wäldchen sammelten sich die Leute, die sich im Schrecken geflüchtet hatten, ohne sich recht zu kleiden, während viele nach Rüti kamen, eine Unterkunft zu suchen, besonders für kleine Kinder … Nach zwei Uhr tritt wieder Ruhe ein … Morgens halb sechs Uhr wiederholte sich der Steinfall und damit das Getöse und hier die Unruhe. Der Berg war in eine Staubwolke gehüllt. (Chronik Marienheim Rüti)

Es ist, als hätte der Berg den Menschen die Freude am Autorennen nicht vergällen wollen und darum nur gelegentlich einen Stein hinuntergerollt, zur Erinnerung, dass auch er noch da ist. Wie ein brummiger Vater, der seinen Kindern beim Spielen zuschaut. Die haben sich im Taumel des Festes kaum um ihn gekümmert, obwohl an trockenen Tagen eine Staubfahne von den Runsen und Brüchen aufsteigt, als sei der

Kilchenstock ein Vulkan, der Stein und Dreck speit statt Lava und Asche.

Leise klopft es ans Fenster im Sand, eine klare Nacht ist draussen, das Tal erfüllt von Rieseln und Grollen und gelegentlichem Krachen. Babetta kniet im Bett, öffnet einen Fensterflügel. Auf der Scheiterbeige an der Hauswand kauert Emil, im weissen Mondlicht sieht er aus wie ein schwarzer Kater, der auf Beute lauert.

Sie legt den Zeigefinger an die Lippen.

Er winkt. «Komm!»

Babetta lauscht auf den regelmässigen Atem der Schwestern. Manchmal ist auch eine von ihnen durchs Fenster in die Nacht geklettert, ausgeschwärmt mit ihrem Liebsten. Sie hat es gehört, die Augen geschlossen, geschwiegen.

Mitternacht schlägt es von der Kirche, hoch schwebt der Mond im Samtblau, sein kühles Licht fliesst ins Tal, lässt die Bergflanke im Finstern.

Babetta klettert hinab auf die Holzbeige, Emil wartet an der Hausecke im Schatten. Eine Katze streicht um Babettas Beine und schnurrt. Emil ergreift ihre Hand, zieht sie im Schatten ums Haus, sie rennen über die gemähte Wiese gegen den Durnagel, kriechen durchs Gebüsch zum Bach. Die Katze folgt ihnen wie ein Schatten, Babetta hat ihre Jungen ertränkt in einem Papiersack, den sie mit Steinen beschwert hat. Sie erzählt es Emil. «Gerade wie ein Kater hast du ausgesehen, als du da auf der Holzbeige gehockt bist.»

«Willst du mich auch ersäufen?»

«Für dich ist der Durnagel nicht tief genug.»

«Da habe ich aber Glück gehabt.» Er küsst sie auf den Mund, und sie lässt es geschehen. In der Fabrik beneiden sie die andern, Babetta hat Glück, sagen sie, den Professor nähme manche Ledige mit Handkuss. Ja hat sie nicht gesagt, nach dem Klausenrennen, aber auch nicht nein. Es ist wohl das Schicksal, das sie zusammengeführt hat in der Fabrik, da braucht es keine Worte mehr.

Warm ist die Nacht, sie liegen auf einem Moospolster,

schauen in den Himmel. Ägypten habe abgesagt, erzählt er, aber aus Ungarn erwarte er jeden Tag Bescheid. Nach Österreich habe er auch noch eine Bewerbung geschickt, ins Vorarlbergische. Man bezahle dort halt nicht so gut. «Geld ist doch nicht das wichtigste», sagt sie. «In Österreich hat es wenigstens Berge wie bei uns, oder nicht?»

«Ja, gewiss», sagt er.

«Wir könnten ja auch hier bleiben, im Sööli wohnen, dem kleinen Haus oben am Waldrand. Das Häuslein gehört dem Vater.»

«Und deine Schwestern?»

«Die sind versorgt, sie heiraten Bauern.»

«Ich bin halt nur ein Fabrikler.»

«Aber doch ein Meister.»

Ein gleissender Lichtstrahl flammt auf, tastet über die Bergwand, Sirenen heulen.

«Alarm!» Er springt auf, packt ihre Hand. Hoch am Berg dröhnt es dumpf, dann ist es, als ob ein Erdbeben den Boden erzittern liesse.

«Der Bergsturz. Jetzt kommt er.» Er zieht sie durchs Gebüsch, sie rennen über die Wiese zum Haus, weg vom Berg, sie rennen um ihr Leben. Lichter gehen an, Fenster springen auf. Stimmen, Rufe schallen.

«Was ist los? Wo brennt es?»

Der Kilchenstock leuchtet taghell, im Scheinwerferlicht qualmt der Staub über dem fallenden Gestein wie schwerer Rauch.

Die Menschen stehen vor ihren Häusern, starren hinauf, zitternd vor Angst die einen, gelassen die andern. Das Wimmern der Sirenen, das Krachen und Qualmen am Berg dauern an, bis der Morgen graut. Dann kommt ein Mann auf einem Velo vom Dorf herauf, berichtet: «Alle Linthaler sind geflohen. Er komme, haben sie gemeint. Ein Stück ist abgebrochen, aber kein Stein hat das Tal erreicht. Alle Blöcke sind im Fallen zersplittert und in den Runsen liegengeblieben.»

«Der Berg hat wieder einmal alle zum Narren gehalten»,

sagt der Sandbalz, «der alte Löl.» Dann geht er in den Stall, wo die Kühe unruhig an den Ketten zerren.

«Ich mache Kaffee», sagt die Mutter, wendet sich zu Emil: «Willst du auch eine Kachel? Du bist doch der Meister aus Schwanden, gell?»

Er nickt. Babetta nimmt ihn am Arm, schiebt ihn ins Haus.

«Willkommen», sagt die Mutter.

Emil setzt sich an den Küchentisch, als gehöre er schon zur Familie.

---

In diesem und im verflossenen Jahre sind in der schweizerischen und glarnerischen Presse eine grössere Anzahl von Berichterstattungen über die Lage am Kilchenstock erschienen, die zu Unrecht mir zur Last gelegt werden. Es liegt mir daran festzustellen: Ausser etwelchen orientierenden und korrigierenden Aufsätzen im Spätherbst 1930 in zwei glarnerischen Blättern, die ich mit vollem Namen unterzeichnet habe, habe ich keine Berichterstattungen verfasst oder veranlasst. F. Frey, Pfarrer. (Glarner Nachrichten, 15. September 1932)

Mit einem Knall zerreisst die Tannenwurzel, Steine und Erde spritzen Frey ins Gesicht. Er legt die Säge weg, mit der er die Wurzel des Baums angeschnitten hat, zupft sich den Dreck aus dem Bart. Dann misst er mit gespreiztem Daumen und Zeigefinger den Abstand der Wurzelstümpfe: «Zwölf Zentimeter», ruft er seinem Sohn zu, der am Steilhang hinter einem Baum sitzt. «Schreib auf!»

Fritz beugt sich über das Büchlein, notiert die Zahl.

«Ohne die Bäume wäre der Berg längst ins Tal geritten», sagt Frey. Er klopft Erde und Sand von der Jacke, steckt die Baumsäge ins Futteral. «Es scheint fast, als werde der Hang nur noch vom Wurzelgeflecht zusammengehalten. Hörst du?»

Ein dumpfes Knacken dringt aus der Tiefe, ein Knarren, wie wenn sich Stein auf Stein reibt, dann läuft ein leises Zittern durch den Abhang, gefolgt von einem Geräusch, als ob unter dem Waldboden Kies und Sand herabrieselten. Es ist, als habe das Durchschneiden der Wurzel eine Spannung im Innern des Bergs gelöst, als sei er aus dem Gleichgewicht geraten. Frey klettert zu seinem Sohn hinauf, notiert ein paar Stichworte ins Büchlein. «Jedes Detail ist jetzt wichtig. Professor Heim hat das Experiment mit den Tannenwurzeln vorgeschlagen.»

«Wann kommt denn der Bergsturz endlich?» fragt der Zehnjährige, als sie zur Hütte hinabsteigen.

«Wenn ich das wüsste», sagt Frey, «manchmal scheint es, als ob der Fels nur abbröckle. Doch Professor Heim ist noch immer fest überzeugt, dass ein grosser Sturz bevorsteht.»

«Unser Lehrer glaubt es nicht. Die andern lachen mich schon aus.»

«Glauben!» ruft Frey aus. «Jeder glaubt etwas anderes. Wissen müssen wir. Und deshalb beobachten, messen, denken.» Dann wird ihm bewusst, was er gesagt hat. Er bleibt stehen. «Gott hat uns Verstand und Vernunft gegeben, damit wir sie anwenden. Genau wie er uns Hände gegeben hat, um zu arbeiten, so hat er uns den Kopf gegeben, um zu denken. Glaube kann kein Vorwand sein, um uns vor dem Wissen zu drücken, das unserer Vernunft zugänglich ist. Sonst wird der Glaube zum Aberglauben.»

«Der Lehrer hat eine Sage erzählt, da stürzte der Berg herab, weil die Menschen gesündigt haben. Ist das Aberglaube?»

«In den alten Geschichten haben die Menschen ihre Moral und ihre Gesetze gestaltet, ihr Weltbild war magisch. Sie stellten sich vor, ausserhalb ihres Lebenskreises herrsche das Chaos. Deshalb markierten sie ihre Fluren und Alpen mit Zeichen, welche die Mächte des Chaos bannten. Der Berg war eine solche Macht, er strafte, wenn sich die Menschen gegen moralische Gesetze vergingen, wenn sie frevelten.»

Aus der Hütte steigt Rauch, Förster Zweifel hat Suppe gekocht. Er schöpft zwei Teller, schneidet Brot.

«Was glauben denn Sie, Zweifel», fragt der Pfarrer, «will uns der Berg strafen?»

Der Förster schaut ihn überrascht an. «Das muss doch

der Herr Pfarrer besser wissen als ein dummer Bauer wie ich.»

«Warum? Sie leben das ganze Jahr auf dem Berg, Sie sind ihm am nächsten, Sie kennen ihn am besten.»

Zweifel schöpft aus dem Herdschiff heisses Wasser in den Teekrug, Dampf hüllt ihn ein. Ohne sich umzudrehen, sagt er: «Wissen Sie, Herr Pfarrer. Wenn ich so allein da in der Hütte bin, wenn es schneit und wettert und stürmt, dann spreche ich sogar manchmal mit dem Berg.» Zweifel stellt den Krug auf den Tisch, greift aus einem Leinensack getrocknete Lindenblüten, gibt sie ins Wasser, schöpft ein paar Löffel Zucker dazu und rührt bedächtig um.

Dann sagt er: «Wir Bauern sprechen ja auch mit dem Vieh. Dümmer als eine Kuh ist der Berg gewiss nicht. Auch Tiere, so denke ich, haben eine Seele und sogar Verstand. Und der Berg vielleicht auch.» Sein rundes Gesicht verzieht sich zu einem Lächeln, die Fältchen in den Augenwinkeln knittern sich zusammen, geben ihm ein verschmitztes Aussehen.

«Was reden Sie denn mit dem Berg?» fragt Fritz.

«Ich beruhige ihn, wie eine wild gewordene Kuh eben. Manchmal, wenn ich so den Laun habe, sage ich auch: Lass doch mal wieder ein paar Brocken hinabfahren.»

«Und dann? Macht er es?»

Der Förster zuckt die Achseln. «Manchmal schon. Manchmal nicht. Du wirst ja deinem Vater auch nicht immer gehorchen, oder?»

«Sie gehen mit dem Berg gerade wie mit Menschen um», stellt Frey fest, «also hat er für Sie wirklich eine Seele!»

Zweifel holt eine kleine Flasche vom Gestell, würzt seinen Lindenblütentee mit Schnaps. «Ja, so wird es wohl sein, wenn Sie das sagen, Herr Pfarrer. Hoffentlich ist das keine Sünde.»

«Das da ist eine Sünde.» Frey zeigt auf die Flasche. «Haben Sie den Berg auch schon gefragt, warum er uns eigentlich so plage?»

«Gewiss», sagt Zweifel und nimmt wie aus Trotz einen Schluck aus der Flasche, bevor er sie wieder zum Gestell trägt.

Dann haucht er den Schnapsduft durch den Mund, schliesst geniesserisch die Augen.

«Und, was hat er gesagt?»

«Es ist ein Geheimnis.» Zweifels Fältchen zucken, er unterdrückt ein Lachen. «Ich habe ihm versprechen müssen, es für mich zu behalten.»

Als sie vor die Türe treten, hören sie eine Steinlawine durch den Hochätsch hinabfahren. Ein Luftzug fegt Staubwolken durch den Waldstreifen, der die Hütte von der Runse trennt, Bäume und Büsche biegen sich.

Fritz erschrickt, doch Zweifel sagt ruhig: «Was unten ist, ist unten.»

«Böser Berg!»

«En Schwiichaib, hat schon mein Vater gesagt», sagt Zweifel. «Aber weisst du, ich bin schon so lange da oben, und ich kenne ihn so gut, dass ich ihm nicht mehr böse sein kann. Ich darf es fast nicht sagen, ich habe ihn gern bekommen.»

---

Die Naturmacht, welche eine Felsmasse von etwa 1 bis 2 Millionen Tonnen Gewicht an einem Bergstock jahrelang, lautlos, fast täglich bis mehrere Millimeter schief abwärts bewegt, weiss was sie will – was sie muss. Sie ist gewaltiger als wir Menschen, und wird der treibenden Schwerkraft gehorchen bis zu ihrem Ziele, auch wo es uns schädigt. Es scheint mir nicht denkbar, dass diese Bewegung wieder aufhöre, dagegen wird sie sich beschleunigen bis zur Katastrophe. Beschleunigung bedeutet Warnung! Am Kilchenstock bereitet sich ein Bergsturz mit eiserner Konsequenz vor. (Albert Heim, Bergsturz und Menschenleben, Herbst 1932)

«Darf ich Ihnen gratulieren, Herr Kollega?» Hans Schinz hebt das Weinglas.

«Wozu?» fragt Rudolf Staub zerstreut. Die Gläser klicken dumpf, der Hallauer treibt etwas Gas.

«Für Ihre Tochter natürlich! Wie heisst sie denn?»

«Annetta.» Staub kostet den Wein, verzieht das Gesicht.

«Welch schöner Name!» ruft Schinz aus. «Selbstverständlich lasse ich auch Ihre Gattin herzlich grüssen. Ist alles gut gegangen?»

«Wenn alles so gut gehen würde, wären wir zufrieden.» Staub nimmt einen zweiten Schluck. Der Wein hat Zapfen. Doch Schinz, der ihn offeriert, macht keine Anstalten, dem Kellner zu rufen und den Wein zu beanstanden. Also schluckt man halt das Saure. Wie so vieles, denkt Staub, es kommt auch nicht mehr darauf an. Die Tochter, das ist gewiss der Sonnenstrahl des Jahres. Doch sonst ... Ungeduldig hört er sich, mit dem Finger auf die Tischplatte trommelnd, den akademischen Klatsch des professoralen Kollegen an, der Redaktor der Vierteljahresschrift der Naturforschenden Gesellschaft Zürich ist. Was er erzählt, tröpfelt so belanglos dahin wie die Klaviermusik im Café Terrasse. Schinz übt sich in der Disziplin, welche die Engländer Small talk nennen. Irgendwann flicht er den Satz: «Wie geht es eigentlich dem Papa Heim?» in den Redestrom. «Haben Sie den Alten nicht letzthin besucht?»

«Deshalb habe ich Sie angerufen», sagt Staub.

«Ach wirklich?» Schinz spielt den Ahnungslosen.

«Haben Sie das Manuskript mitgebracht?»

«Selbstverständlich.» Schinz gräbt in seiner Aktenmappe, zieht ein Bündel zerlesener Druckfahnen heraus, die Ränder sind mit Korrekturzeichen gespickt. «Bergsturz und Menschenleben» steht fett auf dem Deckblatt. Er schiebt die Fahnen über den Tisch, Staub blättert. «Ich habe Heim mit Professor Ampferer zusammen besucht, er hat uns den Text gezeigt. Ein Schock war das, was ich da über den Kilchenstock lesen musste.»

«Warum haben Sie denn Heim nicht darauf angesprochen?»

«Er hört einem ja gar nicht mehr zu, der alte Starrkopf! Er hat jeden Bezug zur Wirklichkeit verloren, hockt in seiner Bibliothek, vergraben unter verstaubten Büchern, und wähnt sich noch immer als Papst der Geologie. Es ist einfach lächerlich ...» Staub greift nach dem Wein, seine Hand zittert vor Erregung. Er nippt am Glas, stellt es wieder ab.

«Hier, lesen Sie. Dieser Satz darf nicht stehenbleiben!» Mit dem Finger fährt er auf einer Stelle im Manuskript hin und her, als wolle er sie ausradieren: «Ist Ihnen als Redaktor denn nicht aufgefallen, dass Heim meine Arbeit am Kilchenstock vollständig verzerrt darstellt? Sie brauchen doch nur einen Blick in die Neue Zürcher Zeitung zu werfen, sie hat über meine Begehungen, meine Beobachtungen, meine Berichte und Expertisen ausführlich berichtet. Und hier steht nun, sage und schreibe ...» Er beugt sich über den Tisch, während sich Schinz im Sessel verkriecht. «... hier steht: ‹Als vortreffliche Beobachter am Kilchenstock haben sich schon seit längerer Zeit die Herren Pfarrer Fr. Frey in Linthal und Dr. G. Freuler in Ennenda betätigt. Sie besuchen sehr oft, manchmal gemeinsam, den Kilchenstock und kontrollieren das Rutschgebiet eingehend, während Prof. Staub nur selten hingehen kann und mir leider eine solche Begehung nicht mehr möglich ist.›» Mit einem Knall fliegen die Druckfahnen auf den Tisch.

«Herr Kollega, beruhigen Sie sich ...» Schinz legt seine Hand auf Staubs Arm, doch er rückt weg. «Ich war der erste, der 1926 die Gefahr überhaupt erkannt hat. Ich habe die Konferenz im Jahr 1928 veranlasst und geleitet. Ich bin der offizielle Gutachter der Glarner Regierung. Unzählige Male bin ich auf den Berg gestiegen. Papa Heim dagegen war seit 40 Jahren nie mehr oben, das schreibt er ja selber. Wie soll er sich ein Bild machen von der Situation? Der Pfarrer Frey, sein Vertrauter, ist doch ein absoluter Laie, Freuler in Ennenda als Geologe eine Provinznummer ...»

«Herr Kollega, hören Sie mir doch bitte zu ...»

An den Nebentischen drehen Damen, die sich zum Teekränzchen getroffen haben, ihre Köpfe mit den neuesten Hutkreationen, hören interessiert zu, wie Staub den armen Schinz abkanzelt. «Ich verlange, dass Heim diesen Satz streicht und durch eine angemessene Würdigung meiner wissenschaftlichen Arbeit am Berg ersetzt.»

Schinz hebt beide Hände. «Sie kennen ihn doch besser als ich, Herr Professor, Sie sind ja sogar per du mit ihm», versucht er sich aus der Affäre zu ziehen. Doch Staub ist unerbittlich, er ist verletzt und gekränkt. «Sie sind der verantwortliche Redaktor! Sie haben diesen Unsinn stehenlassen. Wenn dieser Satz gedruckt erscheint, wird das ein Nachspiel haben, darauf können Sie Gift nehmen.»

«Leider ist das Werk bereits in der Produktion», sagt Schinz, «es wird auch als Buch erscheinen, im Sonderdruck. Bedaure.» Er winkt dem Kellner. «Die Rechnung bitte ...»

«Dann stampft es ein!» ruft Staub, auf seiner Stirn schwillt eine Ader.

«Zu spät, und zudem ...» Schinz nimmt den Teller mit der Rechnung entgegen, zieht die Brieftasche hervor. Der Kellner verbeugt sich, entschwindet mit der Hunderternote.

«Zudem wäre das ja eine Art Zensur, oder nicht ... Sie können gerne eine Entgegnung schreiben in der nächsten Nummer.»

Rudolf Staub steht auf, den Wein rührt er nicht mehr an. «Sie wissen jetzt, was ich verlange. Mit Zensur hat das nichts zu tun, sondern mit wissenschaftlicher Kompetenz, Herr Kollega.» Staub grüsst kurz, dreht sich um, stürmt am Kellner vorbei.

«Wir könnten ja ... vielleicht im Nachtrag ...», ruft ihm Schinz nach.

Die Tür klirrt, die Damen an den Tischen stecken ihre Hüte zusammen und tuscheln.

Draussen kommt Rudolf Staub ein Zeitungsjunge vom Bellevue her entgegen. «Zürichzeitung, Abendblatt», ruft er. «Schreckensnacht in Linthal! Regierung prüft Umsiedelung!»

---

Zwei Tage vorher brechen in der Regel einzelne, ganz grosse Blöcke nieder. Nun hört man, besonders in stiller Nacht, ein Knirschen und Knarren im Innern des Berges und spürt ein Zittern des Bodens, auf dem man steht.

Das ist das Stadium der Vorboten, in welchem die Tiere weit sicherer als wir empfindsam sind. Bienen, Hühner, Katzen, Hunde, Rinder, Pferde werden unruhig und fliehen. Sie retten sich oft dadurch, während die Menschen warten, bis sie getroffen werden.

Nun nähert sich die Katastrophe. Am Tage des Absturzes nimmt der Steinfall zu. Dann folgen meistens einige Steinlawinen, ausbrechend aus dem Rand des bewegten Felskörpers, einige Stunden, oder auch nur Bruchteile einer Stunde vor dem Hauptsturz! Plötzlich wird es zu spät zur Flucht, denn die Hauptmasse schiesst mit der Geschwindigkeit eines Geschosses unter furchtbarem Donnern den Berg hinab und über den Talboden weit hinaus. Der Hauptsturz ab Kilchenstock wird ins Dorf keine halbe Minute gebrauchen. (Albert Heim, Bergsturz und Menschenleben, Herbst 1932)

«Lieber ein Ende mit Schrecken als ein Schrecken ohne Ende», lässt Landammann Melchior Hefti fallen, Regierungsrat Stüssi fügt bei: «So jedenfalls kann es nicht mehr weitergehen. Tag und Nacht rumpelt es am Berg, die Menschen können kaum noch schlafen. Linthal ist ein Irrenhaus.»

Die hohen Herren schreiten vom Bahnhof gegen das Dorf. Sie haben den Agenten der Schweizer Vereinigung für Innenkolonisation und industrielle Landwirtschaft abgeholt, im Adler ist ein Mittagessen bestellt. Der Zürcher kommt elegant daher, er trägt Melone, Gehrock und Schlips, dazu hochgeschnittene Lederschuhe.

«Sehen Sie hier, die Industrie, der Lebensnerv der Gemeinde, geschlossen, tot», erklärt Stüssi, als sie an der Spinnerei Bebié vorbeischreiten. «Hier drin stehen Maschinen still für Millionen von Franken. Und das nicht in erster Linie wegen der Industriekrise, sondern wegen dem Berg.»

Der Mann aus Zürich haucht in die Hände, zieht den Schal enger. Kalt fegt der Wind durch die Scheidgasse, treibt einen leeren Papiersack vor sich her.

«Wir befinden uns jetzt inmitten der Gefahrenzone», erklärt Stüssi mit dramatischem Klang in der Stimme. «Die meisten Leute verbringen die Nacht auswärts, bei Verwandten oder im Barackenlager. Tagsüber kehren sie in ihre Wohnungen oder in ihre Handwerksbetriebe zurück. Es ist kein normales Leben mehr.»

«Tatsächlich eine traurige Angelegenheit», sagt der Agent. «Aber ich glaube, unsere Organisation könnte Ihnen helfen. Wir sind die einzige Fachstelle der Schweiz für Umsiedlungen.»

An der Strassengabelung beim Raben bleiben sie stehen. Stüssi macht eine Kopfbewegung gegen die Wirtschaft. «Der macht es auch nicht mehr lang. Einst ein blühendes Hotel mit Metzgerei, heute am Boden.»

Hinter dem Schutzdamm knattert ein Bagger, ein Lastwagen voll Schutt biegt auf die Auenstrasse. Hefti bohrt sich mit dem kleinen Finger im Ohr. Hoch am Berg kracht es dumpf. Der Agent zuckt zusammen, schaut sich unruhig um.

«Das ist harmlos», sagt Stüssi. «Ich hoffe, wir können Ihnen auch noch einen richtigen Abbruch vorführen.»

«Tatsächlich schrecklich.» Der Agent streift an einem Graspolster den Dreck von den Schuhen.

Erst beim Aperitif im Adler entspannt er sich, reicht Fotos von der Umsiedlung im Wägital herum, nach dem Bau der Staumauer für das Kraftwerk. Männer beladen Lastwagen mit Hausrat, Frauen und Kinder stehen mit leeren Gesichtern herum, entwurzelt von ihren angestammten Höfen, aus dem alten Dorf, das nun am Grund des Stausees liegt. «184 Personen haben wir dort umgesiedelt, nahezu 100 Gebäude abgebrochen. Und jetzt organisieren wir die Umsiedlung für das Etzelwerk bei Einsiedeln, 55 Höfe insgesamt.» Der Agent wirft mit Zahlen um sich, Bau- und Transportkosten, Realersatz und Entschädigung. Die Vereinigung werde sich auch um Bundessubventionen bemühen, ihre eigenen Aufwendungen bescheiden in Rechnung stellen.

«Und die Menschen?» fragt Stüssi. «Haben sich die Wägitaler nicht gewehrt gegen die Umsiedlung? Hier gibt es solche, die sich lieber vom Berg zudecken lassen, als wegziehen.»

«Natürlich haben wir auch darin beste Erfahrungen. Eine Umsiedlung wird nie reibungslos vor sich gehen, das muss man wissen. Aber wir haben es im Wägital geschafft, haben die Leute überzeugt, dass sie keine andere Wahl haben, und wir werden es auch beim Sihlsee schaffen. Der Fortschritt fordert halt seine Opfer, das muss allen klargemacht werden. Jeder hat gerne elektrisches Licht, und das ist nur zu haben, wenn man etwas aufgibt.»

«In Linthal geht es aber nicht um den Fortschritt.»

«Um so einfacher!» sagt der Agent. «Hier müssen die Menschen sozusagen höherer Macht weichen. Das begreift auch der härteste Holzkopf.»

Die Wirtstochter, die mit der Weissweinflasche die Runde macht, wendet sich an Stüssi: «Wollt ihr etwa den Adler auch abbrechen, Bernhard?»

Die Herren machen unwillige Gesichter, Stüssi weist die junge Frau zurecht. «Was fällt dir ein, dich einzumischen?»

«Es geht ja schliesslich um unser Schicksal, oder nicht? Da darf man doch fragen.» Dann huscht sie zur Tür hinaus. Die Herren sehen sich betreten an.

«Wenn es Ihnen recht ist, wird unsere Vereinigung ein Projekt ausarbeiten», schlägt der Agent nach einer Pause vor. «Kostenlos und unverbindlich.»

Landammann Heftis Stimme klingt nicht überzeugt, als er sagt: «Machen Sie das. Aber ohne Widerstand wird es in Linthal keine Umsiedelung geben, wie Sie sehen.»

---

Der Druck, der über dem Dorf liegt, der viele fast erwürgt, der Alte von Haus und Grund vertreibt und die Jungen mürrisch und müde macht vor der Zeit, muss mit allen Mitteln von ihnen genommen werden. – Man spricht von einer Umsiedelung. Man will den gefährdeten Dorfteil völlig aufgeben. Ein neuer Dorfteil soll entstehen. Die Linthaler wollen ihn in der grünen Ebene an der Linth beim Bahnhof. Die Geologen schlagen das vordere Auen vor, das mehr Sicherheit gewährt. Wer zahlt, ist die weitere Frage. (Kaspar Freuler in der Neuen Zürcher Zeitung, 9. November 1932)

Der Schrank steht noch immer mitten in der Kammer, zugedeckt mit Tüchern. Auf dem Riemenboden stossen Holzwürmer Sägemehl zu winzigen Pyramiden auf, eine wächst neben der andern. Lauter kleine Kilchenstöcke, denkt Heinrich Sigrist, wischt mit dem Fuss über das Holz, Staub wirbelt auf. Düster ist es, kalt.

Nun ist er also wieder heimgekehrt, arbeitslos und geschlagen. Braschlers Bank hat Konkurs gemacht, hat die Weberei in den Bankrott gerissen. Was bleibt anderes übrig, als wieder zurück in die alte Wohnung zu ziehen, hier reicht das Stempelgeld weiter als im Unterland, man kann Kartoffeln pflanzen, Kaninchen halten. Der Kilchenstock? Kommt er, kommt er nicht? Es ist einerlei, wir haben nichts mehr zu verlieren, denkt Sigrist. Hier gibt es wenigstens Milch für das Kind.

Er tritt ans Fenster, eine Strassenlampe wirft fahles Licht herein. Aus der Jackentasche zieht er einen abgegriffenen Notizblock, blättert durch die fleckigen Seiten. Zahlen, Zahlen, Zahlen. Er zermartert sich das Hirn. Er weiss, es gibt einen Artikel, der noch gefragt ist am Markt, eine wirtschaftliche Nische, vermutet er. Zwirnpopeline für kräftige Hemden. Diese Nische könnten vier Hände ausfüllen, wenn sie von morgens fünf bis nachts zehn Uhr werken, müssten sie es schaffen. Seine Frau ist schon fast überzeugt vor lauter Not. «Du bisch ja nüd gschiid», hat sie immer gesagt. Dann haben sie zusammen geweint, dann wieder sich aufgerafft. Vogel friss oder stirb. Er hat ein Billett gelöst, ist nach Linthal gefahren. Es muss einen Ausweg geben.

Heinrich Sigrist vergräbt sich in seine Kalkulation, die ihn vor dem Verzweifeln bewahrt, er klammert sich an die Franken und Rappen, Laufmeter und Kilogramm in seinem Büchlein, spürt weder die Kälte noch hört er das Krachen am Berg, direkt über dem Haus.

Erst das Knarren der Treppe schreckt ihn auf. «Heiri, wo steckst du?» hallt es durchs leere Haus.

Er geht zur Tür, dreht den Schalter. Licht, tatsächlich, es

funktioniert noch. Er schaut ins Treppenhaus, Jean Zweifel steigt die knarrenden Stufen empor, eine Dächlikappe auf dem Kopf, die Hände in den Jackentaschen. «Du habest mich gesucht, hat Coiffeur Fritz gesagt.»

«Ich wollte dich fragen, ob du mir zügeln könntest. Du hast doch einen Lastwagen.»

«Jetzt seid ihr doch erst weggezogen. Den Lastwagen brauchen wir für den Dreck, der vom Berg kommt.»

«Wir kommen zurück. Entlassen.»

Zweifel kratzt sich am Kopf, breit steht er in der Kammer. «Wir könnten es ja richten», sagt er dann. Er habe auch gehört, Sigrist wolle selber anfangen. Eine kleine Bude bauen, er suche Land.

«Wer sagt so etwas?»

Zweifel schaut auf den Boden, während er nach Worten sucht, als ob er stottere. «Es wird halt viel erzählt, da und dort. Du habest auch schon beim Tagwen nachgefragt. Da dachte ich, ich hätte ja ein Stück Boden. Ich gäbe es dir für drei Franken den Meter.»

«Drei Franken?» Sigrist greift nach seinem Notizblock, sein Herz macht einen Sprung. Wenn er so billig Land bekäme, würde die Rechnung aufgehen, schwarz unter dem Strich. Man könnte bauen, man könnte Maschinen aufstellen, man hätte wieder Arbeit und ein Auskommen und eine Hoffnung. «Wo ist denn das Land?»

Zweifel zieht ein Sacktuch hervor, schüttelt es aus, schneuzt sich umständlich. «Es liegt halt am Berg.»

«In der Gefahrenzone etwa?»

«Ja, das ist es eben.» Er erklärt Lage, Grösse der Parzelle.

Der Saukerl, geht Sigrist dabei durch den Kopf. Er will noch schnell ein Geschäft machen, bevor der Berg kommt. Er starrt auf seinen Block. Drei Franken der Meter, das klingt, wie wenn jemand sagen würde: Du hast das grosse Los gezogen. Ein Risiko ist es, doch ohne Risiko ist er kein Unternehmer. Kommt der Berg nicht, hat er gewonnen, kommt er, hat er verloren. Zögernd streckt er die Hand aus. «Abgemacht?»

Zweifel schlägt mit einem lahmen Druck ein. «Wollen wir das Geschäft begiessen?»

Als sie draussen sind, heult die Sirene los, Scheinwerfer stochern auf der Bergflanke, in der es hoch oben grollt und kracht. «Ich muss Sandsäcke führen, die Palisade verstärken», stösst Zweifel hervor. Er schaut hinauf zum Berg, schüttelt den Kopf.

«Soll ich helfen?» fragt Sigrist.

«Wenn du willst. Du bist ja wieder einer von uns.» Er zeigt keine Eile, obwohl das Krachen immer lauter wird.

Habe ich einen Fehler gemacht? fragt sich Sigrist. Er sieht im Licht der Scheinwerfer Felsblöcke in grossen Sätzen die Ätschrunse herab auf das Dorf zustürzen, schwarze Schatten, die von Wand zu Wand prallen und beim Einschlag Staubwolken aufwirbeln. Wenn er meint, sie setzten zum letzten Sprung an, in weitem Bogen mitten ins Dorf, dann sind sie plötzlich verschwunden, als habe der Berg sie verschluckt. Nur einer, so scheint es, fällt über den letzten Felsriegel herab bis auf den Schuttkegel hinter dem Damm.

Die ganze Nacht fährt er mit Zweifel im Camion, holt Sandsäcke an der Linth, buckelt sie zum Schutzdamm, der mit Holzpalisaden erhöht ist. Der Schutt reicht dahinter schon bis zur Krone. Er ist eine kleine Ameise in dem Heer, das aufgeregt am Fuss eines Haufens umherkrabbelt und versucht, sich gegen den herabbrechenden Fels und Schutt zu wehren. Doch er ist froh, dass er etwas tun kann, dass er nicht unablässig denken und rechnen muss.

---

In der Nacht zum Donnerstag ist unsere Stadt der Schauplatz blutiger Ereignisse geworden. Die erschreckend hohe Zahl der Opfer übertrifft bei weitem alles, was ähnliche Unruhen in der Schweiz bisher an Menschenleben gefordert haben: 11 Tote und 64 Verwundete, das ist die traurige Bilanz. Selbst die trüben Tage des Generalstreiks von 1918 haben – wenn man von den Grippefällen mit tödlichem Ausgang absieht – nicht derartige Ziffern aufgewiesen. (Genfer Korrespondent der Glarner Nachrichten, 12. November 1932)

«Das sieht ja aus wie eine Generalstabskarte aus dem Weltkrieg», sagt Kaspar Freuler, als Pfarrer Frey die Karte vom Kilchenstock auf dem Schreibtisch ausbreitet. Der Schriftsteller tippt mit einem nikotingelben Zeigefinger auf die farbigen Pfeile und Kurven, welche die Verschiebung des Terrains zeigen, die Messpunkte, Anrisse, Spalten. Er hat ohne Voranmeldung an die Tür geklopft im Stachelberg, der Pfarrer ist ausnahmsweise im Haus, hat Freuler hereingebeten, den er bisher noch nicht persönlich kennengelernt hat. Er sei unterwegs, erklärt er, um eine Reportage über den Kilchenstock zu schreiben für die Neue Zürcher Zeitung, man wolle im Land draussen wissen, wie Lage und Stimmung sei nach der Schreckensnacht vom Sonntag.

«Das wird den Glarner Behörden aber nicht in den Kram passen», meint Frey. «Sie haben so etwas wie Zensur eingeführt. Mich haben sie verdächtigt, unter falschem Namen Berichte zu schreiben.»

«Die hohen Herren glauben, wenn man das Problem verschweige, löse es sich von selber.» Freuler schreibt auf, was ihm der Pfarrer erklärt: «In der Sonntagnacht ist Punkt M abgestürzt, 20 000 Kubikmeter Gestein. Die gefürchtete Bruchwand zwischen M und E ist verschwunden. Die weitere Entwicklung jedoch ungewiss, vielleicht setzt jetzt Abbröckeln ein. Murgänge drohen, wenn Regen einsetzt.»

Sie treten ans Fenster, schauen übers Tal, golden leuchtet der Herbstwald am Kilchenstock, dunkel die Schuttströme der Runsen und die Schneisen, die der Steinschlag gerissen hat. Der Berg steht harmlos und freundlich in der Sonne des Altweibersommers.

«Trinken Sie einen Kaffee oder einen Tee?» fragt Frey. «Ein Glas Wein kann ich dem Dichter leider nicht anbieten, wir sind Abstinenten.»

«Und ich Mitglied im internationalen Alkoholgegnerbund», sagt Freuler. «Am evangelischen Lehrerseminar im Zürich habe ich einst den Abstinentenverein gegründet. Einen Kaffee nehme ich aber gerne.»

Sie verstehen sich sofort, der Pfarrer und der Schriftsteller, Freuler ist fünf Jahre älter, die Kräuselhaare und das glatte Gesicht lassen ihn jünger erscheinen. Privat habe er bewegte Monate hinter sich, eine Scheidung, er hoffe auch in dieser Hinsicht auf ruhigere Zeiten. Frey hört geduldig zu, wie der Schriftsteller sein Leben ausbreitet.

Das mit dem Krieg, sagt Freuler beim Kaffee, habe er natürlich nicht ernst gemeint, er gelte als radikaler Kriegsgegner. «Der Berg kann doch nicht Feind des Menschen sein, obwohl das viele glauben, weil sie ihn fürchten.» Er erzählt, wie er Lehrer im Thurgau war, in Hagenbuch bei Frauenfeld, die Berge hätten ihn zurückgezogen. «Ich brauche die Bergwände und die Schutthalden, hier fühle ich mich geborgen. Wenn ich nur Apfelbäume sehe und im Winter Nebel, werde ich schwermütig. Das Heimweh hat mich fast verzehrt.» Nur die Freundschaft mit dem Dichter Alfred Huggenberger habe ihm die Zeit in der Fremde erträglich gemacht.

«Krieg haben wir beinahe wieder, Krieg im eigenen Land. Unsere Soldaten schiessen auf Arbeiter.»

«Was glauben Sie, Herr Pfarrer, wird es einen Bürgerkrieg geben? In Genf ist Generalstreik, der Bundesrat hat Truppen mobilisiert.» Sie diskutieren das schreckliche Ereignis, das alle Menschen bewegt, der Kilchenstock ist vergessen. Faschisten der Unione nazionale haben am Mittwoch in Genf eine Versammlung abgehalten, Sozialdemokraten und Kommunisten eine Kundgebung gegen die Rechtsradikalen organisiert. Der Genfer Staatsrat hat Truppen angefordert, um die Demonstration aufzulösen, eine Rekrutenschule wurde zum Ordnungsdienst kommandiert. Pfeifend und johlend haben die Demonstranten die Rekruten empfangen, einigen die Gewehre und Stahlhelme weggerissen, die Offiziere entwaffnet und sie umringt. Steine flogen. Da krachten Schüsse, ein Maschinengewehr knatterte. «Arbeitermord» schreiben die sozialistischen Zeitungen. «Provokation» die bürgerlichen Blätter. Die Fronten sind schon fast so hart wie in Deutschland.

Freuler redet sich ins Feuer. «Der Sozialistenführer Nationalrat Nicole ist verhaftet, die Faschisten bleiben ungeschoren, obwohl sie schuld sind an der Katastrophe. Das ist ein Skandal!» Er wiederholt seine Frage: «Wird es einen Bürgerkrieg geben? Treiben wir in eine Revolution von links oder eine faschistische Diktatur von rechts?»

Pfarrer Frey faltet die Karten und Pläne vom Kilchenstock zusammen. Er habe sich leider kaum mehr mit Politik befasst, entschuldigt er sich, der Berg habe seine ganze Energie beansprucht. «Vielleicht ist der Kilchenstock doch das kleinste aller Übel unserer Zeit. Und wir meinen, es sei das grösste, weil wir an seinem Fuss leben. Irgendwie hat er uns den Blick aufs Ganze genommen, unsere Optik verzerrt. Wir starren auf den Berg wie die Maus auf die Schlange und merken nicht mehr, was in der Welt draussen vor sich geht.»

Freuler steht auf, stülpt ein Béret auf seinen Kopf, der in der Mitte schon kahl ist. Er bedankt sich für die Gastfreundschaft. «Und nun klettere ich trotzdem noch hinauf. Auch wenn der grosse Bergsturz an einem andern Ort losbricht.»

---

> Die Bergsturzgefahr am Kilchenstock weicht langsam aber stetig einem richtigen Abbröckelungsprozess. Diese Enwicklung wurde erst diesen Spätherbst so recht deutlich. Im Interesse der Bewohner am Fusse des Berges ist sie zu begrüssen, denn Teilabbrüche bis zu 20 000 und mehr Kubikmetern wie in der Nacht zum letzten Montag vermindern die Verschüttungsgefahr durch einen Bergsturz. (Glarner Nachrichten, 10. November 1932)

> Sehr geehrter, lieber Herr Professor!
> Trotzdem die Allgemeinheit der Behörde und der Bevölkerung nun völlig beruhigt und ausser mir wieder alles zurückgezogen ist, halte ich das Kilchenstockproblem noch nicht für gelöst. Ich bin sogar der Meinung, dass nun die ganze Lage wieder sorgfältig neu studiert werden muss. Die Messungen aufzugeben wäre verfrüht. (Friedrich Frey an Abert Heim, 24. November 1932)

Die Baracken im Stachelberg sind verlassen, Gertrud räumt die Zimmer auf, sammelt Wolldecken ein, trägt sie ins Freie, schüttelt sie aus und hängt sie über die rohen Bretter, aus denen die Geländer der Eingangstreppen gezimmert sind. In den Baracken riecht es nach Schweiss und ranzigem Fett, sie öffnet die Fenster und lüftet. Tief steht die Sonne im Süden über dem Grat, die Tannen am Bach werfen Schatten. Eine Lokomotive pfeift. Gertrud hält inne, schaut dem Zug nach, der davondampft. Glarus, Näfels, Wädenswil, Zürich, denkt sie. Jugendjahre ziehen vor ihrem inneren Auge vorüber, eine Sekunde nur, die Spiele am Abend auf der Quartierstrasse, wenn es einnachtete, mit Tonscherben haben sei jeweils das Muster für das Hüpfspiel Himmel und Hölle auf den Asphalt gezogen. Da ist sie gehüpft, leicht und unbeschwert, bis in den Himmel.

Vom Bahnhof her schleppen Touristen schwere Koffer zur Station der Braunwaldbahn. Bei den Baracken bleiben sie stehen, drehen sich zum Kilchenstock, ein Mann zeigt mit dem gerollten Schirm hinauf. Der Wald hat eine Farbe, als lodere Feuer. Doch es knistert und knackt und kracht nicht mehr, es fallen nur noch wenige Steine, der Berg ist verstummt. Der Gipfel, sagt Friedrich, ist schon eingefroren. Im kommenden Jahr wird er wieder erwachen. Und dann?

Niemand rechnet mehr mit dem Bergsturz, sagt er. Es ist gut so. In der Welt draussen bereitet sich ein Unheil vor, Verwirrung, Gewalt, ein neuer Krieg. Ein Bergsturz in den Köpfen, nennt Friedrich die politischen Umwälzungen. Jahrelang haben wir auf den Berg gestarrt und dabei die Welt vergessen. Er ist still geworden in den letzten Tagen, liest wieder mehr Zeitung.

Gertrud faltet die Wolldecken mit dem Schweizerkreuz der Länge nach, klemmt sie unters Kinn, um sie zusammenzulegen.

Vom Dorf her sieht sie Frieda Wolf kommen, die Köchin folgt ihr mit der Einkaufstasche. «Ich helfe Ihnen, Frau Pfarrer. Das müssen Sie doch nicht alleine machen», ruft sie vom

Weg herauf. Die Fabrikantenfrau eilt ihr zu Hilfe, klein und lebhaft ist sie und gesprächig.

«Es geht doch ganz gut», wehrt Gertrud ab.

«Zusammen noch viel besser.»

Sie schütteln die Wolldecken, Staub wirbelt auf. Kräftig ziehen sie übers Kreuz und in die Länge, Frieda Wolf erzählt dabei von den Kindern. «Unser Ernst ist schon in Zuoz im Internat, die Rosel in Ftan, der Wölfle und die Ellen sollen in Linthal in die Sekundarschule, wir sind so froh, dass es der Herr Pfarrer erlaubt hat.» Im Frühling spätestens werde man ganz nach Linthal ziehen, nach den Reichstagswahlen. Alle ihre Bekannten rechneten jetzt, dass die Nationalsozialisten an die Macht kämen und Hitler Reichskanzler werde. Viele schauten sich um nach einem Wohnsitz in einem andern Land.

«Das ist schlimm», sagt Gertrud.

«Das ist das Schicksal unseres Volkes», sagt Frieda Wolf gelassen, «der Herr hat uns über die ganze Welt verstreut, in die Diaspora. Wir sind glücklich, dass wir nach Linthal ziehen können.»

Später trinken sie Tee im Biedermeierzimmer der Wolfschen Wohnung. Etwas steif sitzt Gertrud auf dem Sessel, greift schüchtern nach einem Plätzchen. Frieda Wolf erzählt, sie habe einen schrecklichen Traum gehabt. «Stellen Sie sich vor, Frau Pfarrer. Ich habe geträumt, wir wohnten in den Baracken da drüben. Zusammen mit all den armen Leuten, die vor dem Berg fliehen mussten, zusammen mit dem einfachen Volk.»

Gertrud nickt, sie weiss nicht, was sie dazu sagen soll, rasch trinkt sie den Tee aus. Die Sonne taucht hinter den Grat. Düster fallen die Schatten der Berge ins Tal.

---

Herrn Fritz Heer, Metzgerei und Hotel zum Raben, Linthal
Wir teilen Ihnen mit, dass die Kommission die Entschädigung für den Netto-Ausfall, den Sie wegen der Massnahmen des Regierungsrates für das Klausenrennen vom 6./7. August erlitten

haben, auf Fr. 2 500.– festgesetzt hat. (Verfügung der Kommission für Vergütungen des Kantons an die Gewerbetreibenden in der Gefahrenzone des Kilchenstockes in Linthal, 18. November 1932)

Der Wirt lässt sich in den Coiffeurstuhl sinken, das Leder ächzt, der schwere Körper breitet sich aus wie ein Mehlsack, klemmt sich zwischen die lottrigen Lehnen, dass sie fast bersten.

«Pass doch auf», sagt Zweifel. «Der Sessel ist alles, was mir noch geblieben ist.»

«Rasieren!» stösst Heer hervor, geht nicht auf den Coiffeur ein. Eine Schnapsfahne schlägt Zweifel entgegen, er dreht sich weg, schaut zum Fenstersims. Die Katze ist fort, ihr Platz leer.

Er beginnt Heer einzuseifen, die Augen mit den dicken Tränensäcken blicken leer aus dem Spiegel.

«Du habest Schadenersatz bekommen von der Regierung, heisst es», versucht Zweifel den Gesprächsfaden zu knüpfen. Heer grunzt, ein Rülpser fährt Zweifel ins Gesicht.

«Sauhund», murmelt der Coiffeur, bewegt fast nur die Lippen.

«Hast du etwas gesagt?»

Lauernd starren die Augen aus dem Schaum. Wie die Schweine schaut er, die er gestochen hat, als der Raben noch eine stolze Metzgerei und ein Hotel war, denkt Zweifel. Er wetzt das Messer, spürt ein Zittern in der Hand.

«Hast du etwas gesagt?» wiederholt Heer.

«Mein Tigerli ist fort. Seit der schrecklichen Nacht vor zwei Wochen ist es verschwunden.»

«Da hat sich wohl einer einen guten Braten gemacht.»

«Mein Tigerli ...» Unsicher setzt der Coiffeur das Messer an den fetten Hals des Wirtes, hält nochmals inne. «Wenn ich den unter die Finger bekommen, dann ...» Er zieht das Rasiermesser durch die Luft. Heers Augenlider zucken.

«Katzenfleisch ist eine Delikatesse», sagt er dann. «Noch

besser als Kaninchen.» Wieder rülpst er dem Coiffeur ins Gesicht.

Zweifel klappt das Messer zu, wirft es auf den Tisch zu den Pomadedosen, Kämmen und Scheren, geht zur Tür, tritt hinaus, zieht die frische Luft ein. Ruft: «Tigerli ...» Seine Stimme klingt verzweifelt. Irgendwo glaubt er, etwas zu sehen, das sich bewegt.

«Rasieren!» brüllt Heer, fährt sich mit den Fingern an die Wange, schüttelt den Schaum auf den Boden.

«Rasier dich selber», gibt Zweifel zurück. «Ich muss meine Katze suchen.» Er holt seine Jacke vom Haken, lässt den Wirt sitzen, eingeseift und im Coiffeurstuhl eingeklemmt, tritt ins Freie und schlägt die Tür hinter sich zu.

Nach ein paar Schritten bleibt er stehen. Etwas hat sich verändert. Er horcht, schaut nach allen Seiten. Die Ruhe ist es. Kein Stein fällt mehr am Berg, das Rumpeln und Poltern hat aufgehört. Ein Hund bellt, weit weg auf der Matt. Auf der Strasse fährt ein Lastwagen, ein Knall aus dem Auspuff peitscht durch die Stille wie ein Schuss.

Zweifel geht ein paar Schritte gegen das Dorf zu. Es ist kalt geworden, eine Pfütze auf der Strasse ist mit Eis überzogen. Er tritt mit dem Absatz hinein. Die Stille kommt ihm unheimlicher vor als der ständige Lärm, der seit Wochen das Dorf in Aufregung versetzt hat.

«Tigerli», ruft er, bildet mit den Händen einen Trichter. Seine Stimme hallt zurück, als hätte der Berg Antwort gegeben.

Dann sieht er in der Dämmerung einen Schatten übers Feld flitzen. Leicht springt die Katze auf einen Zaun, trippelt wie ein Seiltänzer auf ihn zu, reibt ihren Kopf an seinem Handrücken. «Mein Tigerli ...» Zweifel rinnen die Tränen übers Gesicht, sammeln sich an seinem Kinn zu einem grossen Tropfen.

---

In der Schweiz versteht man die Bauern von Linthal. Man begreift, dass sie nicht um ihren Erwerb, sondern um die Heiligkeit der angestammten Heimaterde kämpfen, die unersetzlich ist. Und deshalb heisst dort das grauenvolle Ringen der Bauern vom Kilchenstock «Der heilige Krieg von Linthal». Es ist ein Bild des Krieges, das sich dem Betrachter bietet. Wen der Zufall nach Linthal führt, der muss sich verzaubert, behext in das Niemandsland Flandern, in die Kraterlandschaften der Kriegsfront versetzt glauben. Hügel von Zementsäcken, Balken, Erdaufschüttungen, Betonklötze am Eingang des Dorfes, dann eine Biegung und dann ein – Schlachtfeld.

Das Drama von Linthal ist nicht aufzuhalten. Diese, auch für uns Deutsche durch Graf Zeppelin historische Stätte ist dem Untergang geweiht. Was aus den Menschen von Linthal werden soll, weiss nur das Schicksal. (Frankfurter Nachrichten, 27. Dezember 1932)

Am Morgen liegt Schnee im Tal, die Berge haben sich einen Schleier übergeworfen. Im Weg liegt ein Buchenast, der noch dürres Laub trägt. Zweifel zieht ihn zur Seite. Glitzernde Eiskristalle schweben im Sonnenlicht, das durch die Baumstämme dringt. Unentwegt spurt der Förster durch den frischen Schnee, schuhtief zuerst, höher am Berg sinkt er ein bis zu den Waden. Sein Atem gefriert in weissen Wolken, kräftig und stumm stapft er bergan. Der Dackel folgt ihm auf den Fersen. Der Pfarrer versucht verbissen, das Tempo zu halten, die kalte Luft fährt ihm bei jedem Atemzug wie Nadelstiche in die Lunge. Nero reisst an der Leine, bellt manchmal, schnappt nach dem Dackel, doch der ist flink, winselt und weicht aus. Dann klingt sein Gebell, als ob er den grossen Neufundländer auslache.

Unendlich lange kommt Frey der Weg vor, eine Ewigkeit scheint es ihm, ist vergangen, seit er zum ersten Mal mit dem Förster auf den Berg gestiegen ist. Müde ist er geworden, die Pflicht macht ihm zu schaffen. Und der Rauch, die heimliche Sucht, nimmt ihm Kraft. Fast beneidet er den Berg, der sich zum Winterschlaf legen kann, der ruht, nachdem er die Menschen in Angst und Schrecken versetzt, vertrieben und geschunden hat. Frey kommt sich vor wie Sisyphos, der immer wieder auf den Berg steigen muss, den Stein auf der Schulter, und immer wieder fällt er ihm zu Boden und rollt hinab. Am Kilchenstock rollt nicht bloss ein einziger Stein, sondern eine halbe Million Tonnen, Milliarden von Steinen sind das. Er bleibt stehen, schöpft Atem. Der Förster verschwindet hoch oben zwischen den Baumstämmen, Nero zerrt an der Leine. Weiter!

Als Frey die Hütte erreicht, hat Zweifel schon den Tisch an die Sonne getragen, eine Bank an die Wand gerückt, zwei Kacheln stehen bereit und die Thermosflasche mit dem Kaffee. Frey lässt den Hund von der Leine, er jagt auf den Dackel los, die beiden kugeln durch den Pulverschnee, schnappen sich, bellen und spielen.

Er legt das Notizbuch auf den Tisch, schlägt es auf. Es ist der 16. Dezember 1932. «Heute bin ich zum 62. Mal hier oben», sagt er zu Zweifel.

«Ja, was Sie nicht sagen, Herr Pfarrer. Und ich? Ich habe es nie gezählt. Ist das wichtig?»

«Wahrscheinlich nicht», meint Frey, «ich zähle halt alles, ich schreibe alles auf, das ist so eine Gewohnheit. Wind und Wetter, Sonne, Mond und Sterne halte ich in meinem Notizbuch fest. Ob das jemals zu etwas taugt, weiss ich nicht.»

«Der Ingenieur Härry ist auch so ein Zahlenmensch. Er hat mir einmal erklärt, durch das Beobachten der Natur ergründe man schliesslich ihr wahres Wesen.»

«Was ist schon das wahre Wesen der Natur? Die Wissenschaft macht sich auf Grund der Messungen eine Vorstellung, wie es zum Beispiel da im Innern des Kilchenstocks aussehen könnte. An einem solchen Modell kann man dann gewisse Vorgänge berechnen. Aber die Wahrheit ist das nicht. Sie haben ja erlebt, wie sich die gelehrten Herren streiten. Keiner hat schliesslich recht behalten.»

«Was ist denn die Wahrheit? Was in der Bibel steht?»

«Für die einen. Für die andern ist es die wissenschaftliche Erkenntnis, trotz allen Mängeln. Für die dritten eine philosophische Schule. Und wenn Sie mit dem Berg sprechen, Zweifel, dann ist das, was er antwortet, für Sie wahr.»

Dann erklärt Frey, er habe nach dem ersten Schneefall beobachtet, dass der Neuschnee in den Abbrüchen rascher schmelze als in andern Gebieten.

Das kann der Förster bestätigen.

«Jetzt vermute ich, dass das Schmelzen durch die Reibungswärme der gleitenden Masse verursacht wird, es könnte ein Indiz für das Fortdauern der Bewegung sein. Mit Messungen könnte man die Vermutung nun bestätigen, schliesslich könnte das zu einer noch präziseren Vorstellung von dem führen, was sich im Innern des Berges abspielt. Aber wie es wirklich aussieht, wird nie ein Mensch wissen.»

«An Ihnen ist doch ein Gelehrter verlorengegangen, Herr Pfarrer, das jedenfalls weiss ich.» Zweifel lacht.

«Und was ist an Ihnen verlorengegangen? Ein Abenteurer? Ein Polarforscher wie der Fridtjof Nansen? Oder ein berühmter Bergführer?»

«Ach was, ich bin halt, was ich bin.» Zweifel greift nach der Thermosflasche. «Trinken wir einen Schluck Kaffee.»

Frey nickt. «Sie haben recht. Auch ich bleibe wohl am besten, was ich bin. Der Pfarrer halt.»

Zweifel riecht an der Thermosflasche. «Jetzt hat mir meine Frau doch den Schnaps schon hineingeleert. Das ist jetzt dumm ...»

«Schenken Sie ein, Zweifel. Zur Feier des Tages.» Frey lächelt.

«Er ist ja nicht stark», sagt der Förster, schenkt ein. «Was gibt es denn zu feiern?»

Der Pfarrer hebt die Kachel hoch, die Sonne spiegelt sich im Kaffee. «Jetzt sind wir doch schon so oft miteinander auf den Kilchenstock gestiegen. Wir könnten uns doch eigentlich du sagen.»

Überrascht schaut ihn Zweifel an, kneift die Augen zusammen, die Sonne blendet ihn. Dann hebt auch er die Kachel, ihre Ränder stossen gegeneinander. «Wenn Sie meinen, Herr Pfarrer ... »

«Also, ich bin jetzt der Friedrich», sagt Frey.

Die Folgen dieser Rutschungen: der Gipfel ist zerstört, ein graues Durcheinander. Er war früher ein schöner Aussichtspunkt, und ein malerischer Weg führte hinüber ins Bodmen und auf den aussichtsreichen Bächikamm. Der Weg ist heute zerstört, eine Begehung so gut wie unmöglich.
Die Wälder am Berghang, die früher geschlossen den Berg einhüllten, sind zum grössten Teil verschwunden, der Berg ragt heute kahl über den Grundwald hinaus.
Am Fusse des Berges sind die saftigsten Wiesen von einst überführt, ebenso der frühere katholische Friedhof. Es ist also viel wertvolles Land verloren gegangen.
Ein Schutzdamm von 600 Meter Länge und 7 Meter Höhe umschliesst dieses verlorene Land, in dem heute Erlen und Weiden gedeihen. (Erinnerungen von Friedrich Frey)

# Abstieg

Heinrich Stüssi und ich waren weitergestiegen, von der Stockhütte ein Stück dem Grat gefolgt, dann unter einem Felsriegel in die Ätschruns gequert, ins einstige Rutschgebiet. Der zerbröckelnde Schiefer war mit Moos und Grasbüscheln durchwachsen, die Wegspur verlor sich. Leise klirrend fielen Steine in den atemberaubenden Schlund, der sich unter uns öffnete, haltlos glitt der Blick in die Tiefe. Am Ausgang der Runse sahen wir das alte Pfarrhaus und die Kirche hinter dem Schutzwall, spielzeughaft klein wirkten das Dorf, die Fabriken, die Traktoren in der Wiese, die Autos auf den Strassen. Wir kletterten vorsichtig über den Schutt zum Grat auf der Nordseite der Runse, wo Gebüsch wuchs und Bäume standen, einige schief, die Zweige wie vom Sturm zerzaust. An der Kante lag lockeres Geröll, eine Felsnase war am Zerfallen, ein Block hing dem Absturz nahe über dem Abgrund.

Wir waren dem Grat gefolgt, über umgestürzte Bäume und Felsköpfe aus brüchigem Gestein geklettert. Kein Weg und kein Steg fand sich mehr in dem urwaldähnlichen Dickicht. An den Tannen wuchsen dicke Bärte aus grauen Flechten, Wurzeln spannten sich wie Seile über zerberstende Felspfeiler, als wollten sie den Zerfall aufhalten. Irgendwann würde der Berg wieder erwachen, wieder ins Rutschen geraten. Dann würde wieder gestritten über die Ursachen und die Folgen. Ist es die Natur des Berges oder ist es die Natur des Menschen, welche die Katastrophen verursacht? Rächt sich die Natur am Menschen oder ist er ein Teil von ihr, eingebettet in die ewigen Zyklen von Werden und Vergehen? Ist die Naturkatastrophe eine Botschaft und hat sie einen Sinn?

Unvermittelt lichteten sich der Wald und das Gesträuch, wir traten auf eine Wiese, ein Zaun trennte eine Alpweide von der Wildnis, höher oben türmte sich ein Grat. Der Kilchenstock hat keinen Gipfel mehr. Wir setzten uns, rasteten nochmals. Stiegen dann über steile Alpweiden gegen Osten in den Kessel von Hintersulz im hintersten Durnachtal hinab. Dann wanderten wir nach Linthal zurück, dem Durnagelbach entlang, der mit mächtigen Betonsperren verbaut war. Tief hatte sich der Bach ins weiche Gestein an der Nordflanke des Kilchenstocks gefressen, der Pfad führte durch rutschige Schieferhänge. Bei den Sperren am Bach lasen wir die Informationstafeln, die von der Katastrophe berichteten, die hier vor fünfzig Jahren begonnen hatte.

Am Abend des 24. August 1944, einem heissen Donnerstag, quellen Haufenwolken an den Bergen im Glarner Hinterland, gewaltig türmen sie sich über dem Tödi und dem Ortstock. Schwarz steht gegen neun Uhr eine Gewitterwand im Durnachtal, Nebelfetzen treiben am Kilchenstock. Im Gewölk wetterleuchtet es heftig. Dann rollt Donner heran, es beginnt zu hageln, Regen prasselt wie ein Sturzbach in den Kessel von Hintersulz. Gegen Mitternacht hören die Einwohner von Linthal und Rüti ein dumpfes Grollen, gefolgt von einem donnernden Krachen. Das elektrische Licht erlischt, das Feuerhorn erklingt, die Kirchen läuten Sturm. Menschen rufen um Hilfe, viele meinen, jetzt komme der Bergsturz vom Kilchenstock, den man schon fast vergessen hat. Sie eilen ins Freie, in die Nacht hinaus, mit Pickeln, Schaufeln, Seilen und Laternen. Meterhoch kommt das Wasser des Durnagel, die Flutwelle reisst ganze Berghänge mit. Sie überschwemmt am Nordfuss des Kilchenstocks zwischen Rüti und Linthal die Felder und Wiesen, verwüstet den Wald, vernichtet die Ernte, fetzt Ställe und Holzbeigen hinweg. Eine halbe Million Kubikmeter Schutt bedeckt das Tal, gerade soviel, wie die Geologen einst für den Bergsturz berechnet hatten. In den Fabriken stehen die Maschinensäle unter Wasser, Geschiebe und Baumstämme füllen Wohnstuben und Küchen, die Schienen der Eisenbahn hängen verdreht in der Luft.

Fünfzig Jahre dauerte es, bis der Durnagel mit 82 Sperren

verbaut und gezähmt war, sechzigtausend Tonnen Beton stützen heute den Berg. Ich dachte während der Wanderung an meinen Grossvater, er hatte einen Teil seines Landes verloren und war ausgewandert. «Es war wie der Weltuntergang», erinnerte er sich.

Der Berg war gekommen, zu einer Zeit und an einem Ort, wo ihn niemand erwartet hatte, weder die Einheimischen noch die Geologen noch Friedrich Frey, der noch immer im Amt war. Nur eine Wahrsagerin hatte einst prophezeit, es werde eine Überschwemmung geben, nicht einen Bergsturz.

Friedrich Frey blieb 31 Jahre lang Pfarrer in Linthal und die meiste Zeit auch Armen- und Schulpräsident. Nachdem sich der Berg beruhigt hatte, baute er im Garten hinter dem Pfarrhaus eine kleine Sternwarte, «für ihn gleichsam ein Fenster in die Ewigkeit», heisst es in einem Nachruf.

Die Wanderung war zu Ende, wir sassen im Garten vor Heinrich Stüssis Haus, tranken Kaffee. Wir waren müde und sprachen wenig. Auf dem Boden standen Archivschachteln, gefüllt mit Akten, Fotos, Berichten, Briefen und Zeitungsausschnitten: Bruchstücke einer Geschichte. Die Geschichte des Bergs war ein Berg Papier geworden, er kam mir vor wie die Schutthalden, über die wir gewandert waren: ein Chaos von Splittern, Findlingen, versteckten Fossilien. Ich wollte es ordnen, Bruchstücke auswählen und zu einem Mosaik fügen. Ich nahm Abschied. Still und heiter lag der Kilchenstock im Licht der Nachmittagssonne.

# Nachwort

Wer spricht heut noch vom Kilchenstock?
Steht er nicht prang im Sonntagsrock,
Der Bösewicht, der einst so grollte
Und stracks nach Linthal stürzen «sollte»!

Heut wackelt's, wie man leider weiss,
Wo anders und macht manchem heiss.
Ein neuer Teufel an der Wand
Bringt uns um Haltung und Verstand.

Es ist die gelbe Kriegstrompete:
Man schwätzt von Schlachtfeld und Muskete
Steigt marschbereit ins Nachtquartier,
Denn: Heut der Negus, morgen wir!

O Mensch, denk an den Kilchenstock,
Und wart noch mit dem Nervenschock!
Wie liess er uns herab am Seile!
Nein, auch mit uns hat's keine Eile!

*Paul Hegibach*
*(Nebelspalter, 15. Mai 1936)*

In diesem Buch sind Fakten und Fiktion vereinigt. Die Menschen, von denen ich erzähle, haben fast alle gelebt, einige wenige unter anderem Namen. Auf Grund von Dokumenten und Gesprächen habe ich versucht, ihr Handeln, Denken und Fühlen nachzuzeichnen, so gut ich konnte. Vieles ist in Vergessenheit geraten, oft musste meine Vorstellungskraft Brücken schlagen. So hätte es sein können, war meine Leitlinie.

Gewiss haben die Betroffenen in vielen Situationen anders geredet und gehandelt – sie mögen mir meine Darstellung verzeihen. Ich habe versucht, mich möglichst nahe an der Wirklichkeit zu bewegen, so wie sie mir zugänglich war.

Doch was ist Wirklichkeit? Auch die Berichte und Gutachten, die Briefe und Zeitungsausschnitte, die wir Fakten nennen, sind ja nicht Wirklichkeit, sondern bereits Auswahl und Interpretation. Selbst in der Erinnerung der Menschen hat sich das Erlebte verändert, vereinfacht und oftmals verklärt.

Ein grosser Dank gehört Heinrich Stüssi, Redaktor des Neujahrsboten für das Glarner Hinterland, der das Archiv und damit die Geschichte des Kilchenstocks vor dem Vergessen bewahrt hat. Er hat unzählige weitere Vorarbeiten für dieses Buch geleistet und mich im Herbst 1994 auf den Kilchenstock geführt. Ebenfalls bedanke ich mich bei meinem Heimatkanton Glarus, der diese Arbeit mit einem Werkjahr-Beitrag unterstützt hat.

Emil Zopfi
Frühling 1996

*Bücher von Emil Zopfi im Limmat Verlag*

## *Sandubren im Fels*

Erzählungen und Reportagen

«So ist denn bei Zopfi das Klettern zweierlei: ‹Selbsterfahrung und Grenzerfahrung zugleich›, ein Spiegel der *condition humaine,* der mit dem Leben ebenso wie mit dem Tod umzugehen lehrt, der zeigt, wie sehr die Zeit des Kreatürlichen gestundet ist.» *Luzerner Zeitung*

«Zopfis Schilderungen von Landschaften, Naturgewalten, leisen Empfindungen und intimen Gedanken sind von solcher Treffsicherheit und Schönheit im Ausdruck, dass viele seiner Sätze wie Prosakunstwerke, wie Aphorismen für sich stehen und leuchten.» *Neue Zürcher Zeitung*

## *Die Wand der Sila*

Zwei Bergsteiger, ein junger Sportkletterer und ein älterer Alpinist, besteigen die Westwand der Sila und geraten durch ein Missgeschick in Schwierigkeiten. Das Wetter schlägt um, die Nacht bricht herein.

«Der Mensch und der Berg – eine Konstellation, die immer wieder beschrieben worden ist, bald romantisierend und sentimental, bald hart und dokumentarisch. Emil Zopfi gelingt so etwas wie eine Synthese von beidem. Er beschönigt nichts, und er weiss, wovon er spricht. Da sitzt jeder Griff, stimmt jeder Haken, die Sprache hält Schritt mit ihrem Gegenstand.» *Die Weltwoche*

«In eindringlichen Nahaufnahmen zeigt das Buch zwei ungleiche Gefährten bei einer schwierigen Besteigung, bei der es um Leben und Tod geht.» *Luzerner Neuste Nachrichten*

## *Die Fabrikglocke*

Vom Aufstand der Glarner Stoffdrucker gegen die Zeit

Der erste Streik in der Geschichte der Schweiz war ein Aufstand der Glarner Stoffdrucker gegen die Zeit. Er entzündete sich an der Fabrikglocke, die Anfang und Ende der Arbeitszeit signalisiert, und endete mit einer Niederlage. Emil Zopfi rekonstruiert die Ereignisse anhand von Dokumenten und erzählt das dramatische Geschehen in Form einer historischen Reportage. Er kennt die Wirklichkeit in den Textilfabriken aus eigenem Erleben.

«‹Die Fabrikglocke› ist ein gelungener Versuch, Geschichte unterhaltsam erfahrbar zu machen.» *Tages-Anzeiger*

## *Lebensgefährlich verletzt*

Eine Nachforschung

«Durch einen Unfall verlor er seine Mutter – ein Verlust von traumatischer Schwere. Sein Schreiben, aus den Wurzeln dieses Verlusts genährt, hilft ihm in diesem Buche nun dazu, das frühe Trauma wiederzubeleben, es zu bewältigen.» *Luzerner Neuste Nachrichten*

«Er habe, sagt Emil Zopfi, im Grunde nie etwas anderes schreiben wollen als dieses Buch über den frühen Tod seiner Mutter. Und, so fährt er fort, ‹wenn mir das einmal gelingen würde, hätte ich alles geschrieben, alles gesagt, was ich zu sagen habe, hätte dem keine Zeile mehr beizufügen›.
‹Trauerarbeit› ist ein viel strapazierter Begriff; hier bekommt er Bedeutung, wenn man nur bereit ist, sich von Zopfis behutsamen Erkundungen anrühren zu lassen.» *Die Weltwoche*